白花丹参（郭巧生摄于陕西商洛）

半夏植株（郭巧生摄于江苏南京）

丹参不同栽培类型——花期不同（郭巧生摄于河南方城）

白术（王志安摄于浙江磐安）　　　　　当归（刘佛珍摄于甘肃岷县）

甘草（郭巧生摄于黑龙江小兴安岭）　　　怀牛膝（郭巧生摄于河南温县）

地黄单株（郭巧生摄于山东沂源）

三年生三七青果期（郭巧生摄于云南文山）

黄芩（郭巧生摄于河南方城）

桔梗初花期（王建华摄于山东农业大学）

黄连大田栽培（郭杰摄于湖北恩施）

浙贝母生产大田（陈斌龙摄于浙江磐安）

广藿香的轮伞花序（郭巧生摄于江苏南京）

肉苁蓉花（郭巧生摄于内蒙古阿拉善）

金银花盛花期（郭巧生摄于河南封丘）

黄花月见草

无梗五加

薄　荷

蒲公英

药用黄菊花（郭巧生摄于江苏射阳）

药用白菊花大田（沈学根摄于浙江桐乡）

杜仲果实（郭巧生摄于湖北来凤）

枸杞花（魏玉清摄于宁夏中宁）

宁夏枸杞田（魏玉清摄于宁夏中宁）

栝楼网架栽培（郭巧生摄于江苏射阳）

牡丹果期（刘晓龙摄于安徽芜湖）

山茱萸（董诚明摄于河南西峡）

五味子红果期（陈振山摄于辽宁凤城）

阳春砂果实（张丹雁摄于广东阳春）

野生砂仁（郭巧生摄于福建长泰）

栽培五味子植株（郭巧生摄于黑龙江小兴安岭）

道地中药材

栽培技术大全

郭巧生
王长林 ◎ 主编

中国农业出版社
北京

图书在版编目（CIP）数据

道地中药材栽培技术大全 / 郭巧生，王长林主编
．—北京：中国农业出版社，2022.12
ISBN 978 - 7 - 109 - 29725 - 8

Ⅰ．①道… Ⅱ．①郭… ②王… Ⅲ．①药用植物—栽
培技术—图解 Ⅳ．①S567 - 64

中国版本图书馆 CIP 数据核字（2022）第 129801 号

中国农业出版社出版
地址：北京市朝阳区麦子店街 18 号楼
邮编：100125
责任编辑：国 圆 孟令洋
版式设计：杜 然 责任校对：吴丽婷
印刷：北京通州皇家印刷厂
版次：2022 年 12 月第 1 版
印次：2022 年 12 月第 1 次印刷
发行：新华书店北京发行所
开本：880mm×1230mm 1/32
印张：11.5 插页：4
字数：365 千字
定价：58.00 元

编 委 会

前　言

　　道地药材是我国传统优质药材的代表，是经过中医临床长期优选出来的，在特定地域，通过特定生产过程所产的，较其他地区所产的同种药材品质佳、疗效好，具有较高知名度的药材。道地药材源自特定产区、具有独特药效，需要在特定地域内生产，目前我国道地药材产区划分为东北、华北、华东、华中、华南、西南、西北七大区域。《全国道地药材生产基地建设规划（2018—2025年）》要求，建设一批设施标准、管理规范、特色鲜明的道地药材生产基地，提升中药材质量，增强中药产业竞争力，助力"健康中国"战略和"乡村振兴"战略实施。

　　中药材生产已由重规模求数量的发展模式，转变为重质量求效益的发展方向。发展道地药材生产，增加优质药材供给，促进中医药产业发展，有利于满足人民群众对健康生活的需要；发展道地药材生产，推进野生药材引种驯化，推广野生抚育和仿野生栽培技术，有利于保护濒危野生药材资源，维护生态平衡；发展道地药材生产，推进规模化、标准化、集约化种植，提升质量效益，带动农民增收，助力乡村振兴；道地药材承载着中医药文化的精髓，发展道地药材生产，有助于中医药传统文化的传承与弘扬。

　　《道地中药材栽培技术大全》以"道地药材发展规划"为导向，遴选了大量适于我国各道地药材主产区发展的药材种类，并注明各品种适于发展的区域，为各道地药材产区发展药材种植提供了更多的合理选择。本书按根类及根茎类、全草类、种子与果实类、花类，系统地分类介绍了约 120 种中药材的药用价值、功效、形态特征、生长习性、选地整地、繁殖栽培、田间管理、病虫害防治、采收加工、留种等技术。本书的出版为有关中药材生产、经营、道地药材的开发利用以及其他经济植物生产的技术或专业人员提供参考，为道地药材生产发展提供很好的指导作用。

　　本书在编写过程中，参考了国内外有关中药材规范化种植研究方面的最新研究成果，同时亦参考了近年出版和发行的大量国内外有关专业文献资料，力求达到当今国内先进水平。在此对有关作者和出版单位表示衷心的感谢！

　　由于编者水平有限，时间也十分仓促，故存在疏漏在所难免，希望广大读者提出宝贵的意见，以便今后继续修订。

编　者

2022 年 9 月 15 日

目 录

第四章 种子及果实类中药材栽培

第五章 全草类中药材栽培

第六章　花类中药材栽培

第七章　皮类中药材栽培

第八章　菌类中药材栽培

第一章
概　述

我国中药材生产的规模和适宜区

一、我国中药材的种类

中药资源包括药用植物、药用动物和矿物药材 3 大类。我国是中药资源非常丰富的国家，据 1985—1989 年全国中药资源普查统计（《中国中药资源》，1995），我国中药资源物种数已达 12 772 种，其中除不足 1％的矿物药材外，99％以上均为可更新的生物再生资源，尤以药用植物最多，计 11 118 种，占全部种数的 87％。可以说药用植物是所有经济植物中种类最多的一类。

中药包括中药材、饮片和中成药，而中药材又是饮片和中成药的原料。据调查，我国市场上流通的中药材大约有 1 200 种，其中野生中药材种类占 70％左右，栽培中药材种类占 30％左右。市场流通的约 1 200 种药材中，植物类药材有 900～1 000 种，占 90％，动物类药材有 100 多种，矿物类药材有 70～80 种。

植物类药材中，根及根茎类药材有 200～250 种，果实及种子类药材有 180～230 种，全草类药材有 160～180 种，花类药材有 60～70 种，叶类药材有 50～60 种，皮类药材有 30～40 种，藤木类药材有 40～50 种，菌藻类药材有 20 种左右，植物类药材加工品如胆南星、青黛、竹茹等有 20～25 种。

动物类药材中，无脊椎动物药材如紫梢花等有 30～40 种，昆虫类药材有 30～40 种，鱼类、两栖类、爬行类药材有 40～60 种，兽类药材有 60 种左右。

二、我国中药材生产的规模

在我国市场上流通的 1 000 余种中药材中，常用的有 500～600 种，其中主要依靠人工栽培的已达 400 多种，且近一半以大部分或全部来源于人工栽培，如板蓝根、地黄、人参等。其生产总量已占市场总需求量的 70％左右，药用植物的栽培化将是大势所趋。

近年来，随着我国农业规模化、集约化以及中医药产业的快速发展，中药材种植具有较高的经济效益，全国中药材种植基地发展迅速。至 2015 年，全国中药材种植面积已达 5 000 万亩[①]以上，中药材产量已突破 350 万吨，其中，三七、川芎、大黄、山药、茯苓、党参、水飞蓟、山茱萸、延胡索、丹参、天麻、甘草、当归、连翘、丹皮、金银花、枸杞子、黄芩、黄芪等重点中药材品种种植面积均在 10 万亩以上。中药材种植主要分布在云南、贵州、湖南、甘肃、陕西、重庆、辽宁、广东等，以云南种植面积最大，2016 年，云南省中药材种植面积已达 665 万亩。

三、各地适宜发展的中药材种类

由于自然条件和用药历史及用药习惯的不同，中药材生产有较强的地域性，这就决定了我国各地生产、收购的中药材种类不同，所经营的中药材种类和数量亦不同，形成了中药材区域化的生产模式。各地在发展中药材生产时，必须因地制宜进行规划和布局，以便生产出质量稳定、适销对路的中药材产品。以下就我国各地药用植物的分布和生产特点分述其适宜区，供各地发展药材生产时参考。

1. 我国各主要区域适宜发展的中药材　我国黄河以北的广大地区，以耐寒、耐旱、耐盐碱的根及根茎类药材居多，果实类药材次之。

长江流域及我国南方广大地区以喜暖、喜湿润类为多，叶类、全草类、花类、藤木类、皮类和动物类药材所占比重较大。

我国北方各省、自治区、直辖市收购的家种、野生药材一般在 200～300 种；南方各省、自治区、直辖市收购的家种、野生药材在 300～400 种。

---

① 亩为非法定计量单位，1 亩＝1/15 公顷，下同。——编者注

东北地区栽培种类以人参、细辛为代表，野生种类则以黄柏、防风、龙胆等为代表。

华北地区栽培种类以党参、黄芪、地黄、山药、金银花为代表，野生种类则以黄芩、柴胡、远志、知母、酸枣仁、连翘等为代表。

华东地区栽培种类以贝母、金银花、延胡索、白芍、厚朴、白术、牡丹为代表，野生种类则以夏枯草、柏子仁等为代表。

华中地区栽培种类以茯苓、山茱萸、辛夷、独活、续断、枳壳等为代表，野生种类则以半夏、射干为代表。

华南地区栽培种类以砂仁、槟榔、益智、佛手、广藿香为代表，野生种类则以何首乌、防己、草果、石斛等为代表。

西南地区栽培种类以黄连、杜仲、川芎、附子、三七、郁金、麦冬等为代表，野生种类则以川贝母、冬虫夏草、羌活为代表。

西北地区栽培种类以天麻、杜仲、当归、党参、枸杞子等为代表，野生种类则以甘草、麻黄、大黄、秦艽、肉苁蓉、锁阳等为代表。

海洋药材以昆布、海藻等为代表。

2. 我国大部分省、自治区、直辖市适宜发展的中药材

北京：黄芩、知母、苍术、酸枣仁、益母草、玉竹、瞿麦、柴胡、地黄、远志等。

天津：酸枣仁、板蓝根、茵陈、地黄、牛膝、北沙参、菊花、红花等。

河北：知母、黄芩、防风、板蓝根、柴胡、远志、苍术、香加皮、白芷、桔梗、藁本、紫菀、丹参、枸杞子等。

山西：黄芪、党参、远志、杏仁、小茴香、连翘、麻黄、秦艽、防风、猪苓、知母、苍术、甘遂、香加皮等。

内蒙古：甘草、麻黄、赤芍、黄芩、银柴胡、防风、锁阳、苦参、肉苁蓉、地榆、升麻、木贼等。

辽宁：人参、细辛、五味子、藁本、黄柏、党参、升麻、柴胡、苍术、远志、酸枣仁等。

吉林：人参、五味子、桔梗、党参、黄芩、地榆、紫花地丁、知母、黄精、玉竹、白薇、穿山龙等。

黑龙江：人参、龙胆、防风、苍术、赤芍、黄柏、牛蒡、刺五加、槲寄生、黄芪、知母、五味子、车前子等。

上海：丹参、菊花、延胡索、白芍、栝楼、玄参、地黄、板蓝根、穿心莲、西红花等。

江苏：桔梗、薄荷、太子参、芦根、荆芥、栝楼、百合、板蓝根、芡实、半夏、丹参、夏枯草等。

浙江：浙贝母、延胡索、白芍、白术、玄参、麦冬、菊花、白芷、厚朴、丝瓜络、郁金、百合、乌梅、山茱萸、夏枯草、乌药等。

安徽：白芍、何首乌、紫苏、白前、独活、柏子仁、枇杷叶、菊花、木瓜、前胡、茯苓、葛根、苍术、板蓝根、半夏、牡丹皮等。

福建：莲子、泽泻、乌梅、枳实、栝楼、狗脊、虎杖、贯众、金樱子、厚朴等。

江西：枳壳、枳实、栀子、荆芥、香薷、薄荷、钩藤、防己、蔓荆子、青葙子等。

山东：金银花、北沙参、栝楼、酸枣仁、远志、黄芩、山楂、茵陈、香附、牡丹皮等。

河南：地黄、牛膝、菊花、山药、金银花、辛夷、柴胡、白芷、桔梗、款冬花、红花、连翘、半夏、猪苓、白附子、栝楼、天南星、酸枣仁、山茱萸等。

湖北：茯苓、黄连、独活、厚朴、续断、射干、杜仲、白术、苍术、半夏等。

湖南：厚朴、木瓜、黄精、玉竹、牡丹、乌药、前胡、白芍、辛夷、陈皮、白及、吴茱萸等。

广东：砂仁、益智、巴戟天、草豆蔻、肉桂、诃子、橘红、仙茅、何首乌、佛手、山柰、陈皮、乌药、广防己、红豆蔻、广藿香等。

广西：石斛、吴茱萸、大戟、肉桂、千年健、莪术、天冬、郁金、土茯苓、山柰、何首乌、八角茴香、栝楼、山豆根、茯苓、三七、葛根等。

海南：槟榔、砂仁、益智、巴戟天、广藿香等。

四川：黄连、川芎、附子、川贝母、川木香、麦冬、郁金、白芷、川牛膝、川木通、白芍、红花、大黄、使君子、川楝子、厚朴、杜仲、黄柏、羌活、泽泻、半夏等。

贵州：天麻、杜仲、天冬、黄精、茯苓、半夏、吴茱萸、川牛膝、何首乌、白及等。

云南：三七、云木香、黄连、天麻、当归、贝母、千年健、猪苓、儿茶、草果、石斛、诃子、肉桂、防风、苏木、马槟榔、龙胆、木蝴蝶、砂仁等。

西藏：羌活、胡黄连、大黄、川木香、贝母、秦艽、麻黄等。

陕西：天麻、杜仲、山茱萸、附子、地黄、黄芩、麻黄、柴胡、防己、野菊花、连翘、远志、猪苓、沙苑子等。

甘肃：当归、大黄、甘草、羌活、秦艽、党参、黄芪、锁阳、麻黄、远志、猪苓、知母、商陆、九节菖蒲、地骨皮、黄芩等。

青海：大黄、贝母、甘草、羌活、猪苓、锁阳、秦艽、肉苁蓉等。

宁夏：枸杞子、甘草、麻黄、银柴胡、锁阳、秦艽、党参、柴胡、白鲜皮、大黄、升麻、远志等。

新疆：甘草、伊贝母、红花、肉苁蓉、牛蒡、紫草、秦艽、麻黄、赤芍、阿魏、锁阳、枸杞子等。

发展中药材生产应注意的问题

近年来，由于粮、棉、油价格偏低，我国农业种植结构已开始大幅度调整，不少地区尤其是低山丘陵地区，利用闲置的荒坡、山地种植中药材或与农作物、林木、果树等套作，有的地方甚至直接利用大田种植中药材发展农村经济，增加农民收益。但从我国主要中药材主产区如亳州、禹州、安国等了解的情况来看，不少种植者因信息不畅通或受虚假广告诱惑而盲目引种或栽培方法不当，甚至有的使用伪劣或高价药材种子等，造成不必要的经济损失。为使种植业结构调整得以顺利进行，现就发展中药材生产应注意的一些问题简单分析说明，以供有志于发展中药材的生产者参考。

一、慎重选择药材品种

1. 根据自然条件因地制宜地选择品种　根据本地区的自然条件，诸如地貌、气候、土壤等情况，选择适于本地种植的品种，因地制宜发展药材生产。如西洋参、人参只适合在北方以及南方海拔1 000米左右的地区种植，在南方亚热带的低海拔地区则不宜种植，而罗汉果、砂仁相反。板蓝根、桔梗、半枝莲、丹参、半夏等可在全国大部分地区栽培。

在具体种植时还应根据不同中药材的生长习性合理安排粮药、果药、林药、长短药、草木本药进行间作套种等，以充分合理地利用土地，提高经济效益。如天南星、半夏喜一定的阴湿环境，其畦边可间作玉米、辣椒、芝麻等；杜仲、银杏的行间可种植胡卢巴、黄芩等。丹参出苗期较长，可在畦边套作早玉米等高秆作物，既提高了土地的利用率，玉米秆适当的遮阴又有利于丹参苗的出土。在山坡、丘陵地则可用杜仲、山茱萸等造林，既使荒山变绿，又使农民致富。南京市浦口区老山林场在杜仲林下种植绞股蓝就是一个草本药用植物、木本药用植物间作成功的例子。在公路、街道两旁种植银杏、杜仲以及牡丹、金银花等，既可起到绿化观赏作用，又能收获药材。如我国沿海有大面积的滩涂，可选择一些有一定耐盐能力的中药材植物种植，如菊花、丹参、薄荷等。

在引种地点的选择方面，考虑到气候条件的相似性和中药材植物生长的适应性，以就近引种为宜。

2. 根据市场信息选择适销对路的品种 选择种植什么品种，归根结底是由市场决定的。要获取准确的市场信息，首先，要注意鉴别真假广告，现在广告宣传很多，但虚假的不少，最好要找内行鉴别，多方比较。其次，尽可能亲自到就近的中药材市场了解行情，以选择适销对路的品种。如离中药材市场较远，可以找可信的中药材科研单位、收购部门及老药农等了解信息，对一些以供种营利为目的所谓民营科研单位和信息部门或无证药贩所提供的信息，应认真鉴别其准确性与真实性。

发展中药材生产要随时注意市场变化，生产多了，不可能人为消费掉，必然导致产品积压、降价，丰产不丰收；生产少了，又满足不了医药的需要，因为中药材多是配伍使用，缺某一味药都是不行的。为此，应以市场需求为前提，同时注重"人有我无、人无我有、人多我少、人少我多、人常我奇"的原则，有计划地发展中药材生产。

二、谨慎购买中药材种子、种苗

在购买中药材种子、种苗时，首先，要买良种，如菊花、地黄、栝楼、金银花、红花、丹参、白芷等中药材都有不同的栽培品种类型。应选购适合本地种植的高产、优质品种。即使是同一药材品种的种子，质量也常常有较大的差异。如桔梗种子，一年生者俗称"娃娃籽"，不管是出苗率还是出苗后的植株生长势均不如二年生植株产的种子；又如丹参苗，种根大了会增加成本，种根小了又会影响其出苗率和田间植株生长势。其次，由于目前中药材种苗没有专营，经营单位大多为个体私营，种子、种苗质量参差不齐。一定要找可靠的、信誉好的售种单位购买，最好是从有专门繁种基地的国家科研部门购种。此外，由于中药材种子、种苗多种多样，一般人较难轻易鉴别，故购种者应掌握鉴别种子真假、好坏的一些基本常识。购种前可查阅一下有关的资料或向供种单位以外的有经验药农或专家请教，以便及时获得有关鉴别知识。

三、谨防虚假广告

近几年，报刊上出现了大量以发展中药材生产为名，实为出售高价中药材种子、种苗的广告，这些广告利用农民想增收致富的心理，以签订产品包销合同和高额的亩产值为诱饵，引诱农民购买其高价种子、种苗以达到挣钱目的。笔者每年都收到不少农民来信，诉说其上当受骗的经历。现将虚假广告惯用的几种欺骗手段分析如下，以供大家对照、鉴别。

1. 故意夸大药材生产的适宜地区 常见词如不择土壤、气候，南北皆宜等。众所周知，除少数品种外，不同的药材均有各自的适宜生长地区，这也是道地药材的成因。如罗汉果、三七（又名田七），均为适合南方温湿气候的药材，如引种到长江流域及以北地区，显然难以成功；而西洋参喜冷凉气候，仅适合在北方种植，如引种到南方，也难以成功。

2. 故意"缩短"中药材的生长周期，以迎合人们致富心切的心理 如山茱萸（又名枣皮、药枣）以去除果核的果实入药，一般6～8年才始花始果，10年以后进入盛果期，而广告常言第2年就可结果，甚至当年收益。再如丹皮和芍药一般需3～4年才能收获，如想收益，需一定的耐心。

3. 虚估产量或产值，以极高的亩产值哄骗购种者 如广告称种植山茱萸、太子参等当年亩产值就可达到几千元甚至几万元。实际上适宜区每亩每年能收到1 500～3 000元的收益已相当不错。菊花、半夏、丹参、桔梗等中药材正常年份亩产值稳定在1 000～3 000元。随着市场的变化，各种中药材的市场价格也是经常变动的。

4. 以回收产品为诱饵，诱使种植者上当受骗，甚至谎称签订回收公证合同 这一点最具诱惑力，因为大多数种植者对市场经济的运作规律还不太清楚，因此，常有的后顾之忧便是种出的中药材销到何处？不法分子利用这一心理，承诺与农民签订回收合同，可实际上一旦种款到手，寄回的所谓产品回收合同绝大多数不具有法律效力，甚至根本就没有合同。有些登广告的销种单位根本不是法人单位，有的伪造公章或者玩弄其他骗术，使受骗者找不到被告。如购种者把钱寄给登广告的销种单位，却不见种苗寄回。去信询问，或石沉大海，或退信告知原单位已撤销或搬迁等。广告销种的单位绝大多数不可能在全国各地设立回收点或根本不具有回收能力，收获的药材即使回收也只能通过邮寄或托运。如一些种植者来信诉说，好不容易种出的药材，按合同运到回收单位，却因规格不符合要求而遭拒收或被判为质量不合格而折价，而究竟有何规格要求，合同上只字未提。运输费加折价费，种植者实际所得可想而知。更有甚者，卖给种植者的是伪劣种子、种苗或根本就不适合在引种地区自然条件下生长的中药材种子、种苗，必然也就无产品可收。此种情况尤以小面积发展的种植者上当受骗为多。

5. 出售伪劣或高价药材种子、种苗，以谋取不义之财 这才是一些不法分子的真正目的。如笔者收到的几十份送检的所谓西洋参、青天葵、咖啡豆等药材种子，经鉴定全为假种。此外还有用茴香籽作柴胡籽；用菠菜籽当作天南星籽；用水仙、百合、石蒜的球茎充作西红花的球茎等情况。

有的则是用没有发芽能力或发芽率低的陈种，或者有意将新旧种子混在一起。如送检的 20 多份桔梗种子虽然都是真的，但发芽率仅 1 份合格（达 78%），其余的均不合格，且大部分无发芽率。桔梗、板蓝根、白术等种子寿命较短，一般情况下，隔年种子基本就失去发芽能力，新采收的种子发芽率最高也仅为 80%～90%，而一些广告声称保证发芽率在 95% 以上，这显然是骗人之词。

有些供种单位，出售的种子虽然是真的，质量也好，但售价高得惊人。有的干脆玩模糊游戏，常常以"份"为单位售种，每份种子几十至上百元，可每份种子究竟有多少，真正能种多少地？却常以"足种三分地"等说明其播种量。

一般情况下，大部分中药材种子费用每亩在 200 元左右，种苗费用每亩在 300 元左右。

四、 了解我国药材市场、开辟销售渠道

我国现有 17 个国家认可的中药材市场，如安徽的亳州、江西的樟树、河南的禹州和百泉、河北的安国等。种药者能从中药材市场获取较为准确的种药信息，还能将收获的药材销往药市。一般中药材市场上的购销情况基本上能反映全国的中药材市场行情。想发展中药材生产，特别是大规模发展的地区，应经常派专人到中药材市场考察，以便掌握第一手资料。

销售是农民发展中药材生产最担心的问题，应千方百计开辟销售渠道，使药材生产步入良性循环。除了销往就近的药市和当地药材收购部门外，还可与药店、某些医院以及厂家直接联系销售。如果某一地区发展中药材生产有一定规模，还可筹建以地产中药材为主要原料的加工企业，一方面解决了中药材的销路问题，另一方面又提高了产品的附加值。如江苏省射阳县洋马镇，即我国最大的药用菊花生产基地，是一个以生产药用菊花为主的中药材基地，所生产的菊花总产量已占全国总产量的 50％以上，现已有几十家菊花加工、销售企业，从而形成了中药材产加销一体的发展模式。

此外，中药材市场的变化除周期性的年波动外，在一年内也存在着十分明显的周期性季节变化。即某种中药材产新时往往货源最为丰富，同时价格也最低，以后随着时间的推移，价格逐渐提高，直至产新前达到最高峰，这与同样进入市场流通的粮、油等农产品形成了鲜明的对比。故一些耐贮的药材如丹参、延胡索等，如收获后当年价廉，可囤积起来，待价昂时再出售。

五、 了解中药材生产的特点

中药材的栽培既有和农作物、果树、蔬菜栽培一致的方面，也有不同于这些植物栽培的方面。由于种类繁多及生长地区的不同，各种中药材对周围环境的适应力也不同，这就决定了中药材栽培方式的多样性。总的来说，中药材生产应注意以下几点。

1. 中药材生产讲究产量、质量并重的原则 栽培的中药材最终是用来防病治病。如果产量高，有效成分含量低或者完全没有，就降低或

失去了药用价值。而产量过低，又影响了药农的收入。药材的质量主要由有效成分的含量和疗效决定。药材的形态、大小、色泽，即商品性状（俗称"卖相"）也是质量的一个方面。因此，广大药农在中药材种植过程中，除大力提高产量外，尤其要注意药材的质量。随着国家《中药材生产质量管理规范》（GAP）的制定和实施，在生产过程中尽量减少农药和化肥的施用，以获得"绿色中药材"，这将是今后中药材生产的必然发展方向。

2. 中药材栽培忌连作　很多中药材，特别是一些根茎类药材如白术、菊花、地黄、丹参等都不宜连作。一方面是由于土壤肥力、土壤结构改变的问题，另一方面是病虫害严重。此外，中药材在生长过程中会分泌一些有毒物质进入土壤，使得连作的效果不好。一般中药材的前作以禾本科植物为宜。

3. 中药材栽培技术的多样性　由于不同中药材的药用部位不同，对环境的要求以及栽培年限不同，形成了中药材栽培技术的多样性。如栽培半夏和绞股蓝要遮阴；西红花为防止种茎退化，生长期间要除芽；菊花为增加分枝要"打头"；根与根茎类药材要摘蕾；枸杞、山栀子要整形修剪；芍药、桔梗采收时需趁鲜去皮等。不同的中药材，栽培技术有自己的特殊性，如不了解或不掌握一些中药材的生产技术要点，很难保证能生产出高产、优质的中药材产品。

第二章
栽培药用植物必须
掌握的基础知识

药用植物生长发育所需的环境条件

药用植物生长发育及产品器官的形成，一方面取决于植物的遗传特性，另一方面取决于外界环境条件。在生产上，要通过育种技术来获得具有新的遗传性状的品种；同时，也要通过栽培技术及适宜的环境条件来控制生长发育，达到高产、优质的目的。

主要的环境条件包括温度（空气温度及土壤温度）、光照（光的组成、光的强度及光周期）、水分（空气湿度及土壤湿度）、土壤（土壤肥力、物理性质及土壤溶液的反应）、空气（大气和土壤空气中的氧气及二氧化碳的含量、有毒气体的含量、风速及大气压）、生物条件（土壤微生物、杂质及病虫害等）。这些条件不是孤立存在而是相互联系的，对于生长发育的影响往往是综合作用的结果。例如阳光充足、温度升高，土壤水分的蒸发及植物的蒸腾就会增加。但当茎叶生长繁茂以后，又会遮盖土壤表面，减少土壤水分的蒸发，同时也增加了地表层空气的湿度，从而对土壤微生物的活动有不同程度的影响。

一、温度

在影响药用植物生长发育的环境条件中，以温度最为敏感。每一种植物的生长发育都有温度三基点，即最低温度、最适温度、最高温度。温度过低、过高都会给植物造成障碍，使生产受到损失。了解药用植物温度适应范围及温度与生长发育的关系是选择品种、安排生产季节、获得高产的重要依据。

1. 药用植物种类对温度的要求 根据药用植物种类对温度的不同要求，可以分为4类。

（1）耐寒的药用植物。如人参、细辛、百合、五味子、刺五加等，能耐-2~-1℃的低温，短期内可以忍耐-10~-5℃低温。同化作用最旺盛的温度为15~20℃。

（2）半耐寒的药用植物。如板蓝根、白芷等，短时间可耐-2~-1℃低温，17~20℃时同化作用最旺盛。

（3）喜温的药用植物。种子萌发、幼苗生长、开花结果都要求较高的温度，同化作用最适温度为20~30℃，而当温度在10~15℃以下时，授粉不良，引起落花，如颠茄、望江南等。

（4）耐热的药用植物。如冬瓜、丝瓜、罗汉果等，它们在30℃左右时同化作用旺盛，个别植物在40℃的高温下仍能生长。

同一种药用植物的不同发育时期对温度有不同的要求。如种子发芽时要求较高的温度，幼苗时期的最适宜生长温度往往比种子发芽时低，营养生长时期又较幼苗期稍高，到了生殖时期，要求充足的阳光及较高的温度。

2. 温周期和春化作用 温度的周期性变化是指温度的季节变化和昼夜变化。我国大部分地区有明显的一年四季之分。在进行药材生产时，可根据药用植物的物候期及当地的气候特点确定播种期、栽培措施等。

除了适应温度的季节性变化外，植物对温度的昼夜变化也有一定的要求。如地黄、白术、玄参、牛膝、党参、川芎等一些根茎类植物的地下贮藏器官在入秋后生长较快，这是由于昼夜温差增大，有利于有机物质的积累。

春化作用是指由于低温所引起的植物发育上的变化。如当归、白芷、牛蒡、板蓝根等都需要经过低温春化才能开花结籽。根据植物通过春化方式的不同，可以分为两大类：①萌动种子的低温春化，如荠菜、萝卜等。②绿体植物（在幼苗时期）的低温春化，如当归、白芷、牛蒡、菊花等。

春化作用是温带植物在发育过程中表现出来的特征。一般春化的温度范围为0~15℃，并需要一定的时间。在药材生产过程中应注意春化问题，以免造成不必要的损失，如板蓝根秋季播种，或春季播种过早，当归、白芷秋季播种过早而幼苗过大，均会引起开花结籽，造成根部空心不能药用。

二、光照

1. 光照强度对药用植物生长发育的影响　光是植物进行光合作用的能量来源。在植物生态学上通常根据植物对光的不同要求将其分为阳性植物、阴性植物及耐阴植物 3 大类。

（1）阳性植物。指在强光环境中才能生长健壮，在荫蔽和弱光条件下生长发育不良的植物。如甘草、黄芪、白术、芍药、地黄、洋地黄、连翘、决明子、北沙参、红花、薄荷等。

（2）阴性植物。指在较弱的光照条件下比在强光下生长良好的植物。但这并不是说阴性植物对光照强度的要求越弱越好，因为当光照过弱，达不到阴性植物的补偿点时，也不能得到正常的生长，所以阴性植物要求较弱的光也仅仅是相对于阳性植物而言。阴性植物多生长在潮湿、背阴的地方或密林内，如连钱草、人参、半夏、细辛、天南星、黄连等。

（3）耐阴植物。指介于上两类之间的植物。这类植物在全日照下生长最好，但也能忍耐适度的荫蔽，或是在生育期间需要较轻度的遮阴。如党参、黄精、肉桂、款冬、垂盆草等。

同一种植物在不同的发育阶段对光的要求也不一样。如厚朴、杜仲等木本植物，幼苗期需遮阴，怕强光。党参幼苗喜阴，成株则喜阳。黄连虽为阴性植物，但不同生长阶段耐阴程度不同，幼苗期最耐阴，栽后第 4 年可除去遮阴物，在强光下生长，以利于根部生长。一般情况下，植物在开花结实阶段或块茎等贮藏器官形成阶段需要较多的养分，对光的要求也更高。了解植物对不同光照强度的生态适应类型，在药用植物合理栽培、间作套种、引种驯化等方面都是非常重要的。

2. 光周期的作用　植物的光周期现象是指日照的长短对于植物的生长发育的影响，是植物发育的一个重要因素。它不仅影响花芽分化、开花、结实、分枝习性，甚至一些地下贮藏器官如块根、块茎、鳞茎的形成也受光周期的影响。这里所谓的光周期，是指一天中日出至日落的理论日照时数，而不是实际有阳光的时数。前者与地区的纬度有关，后者则与降水及云雾多少有关。纬度越高（北半球是越向北方），夏季日照越长，而冬季日照越短。

一般把植物对光周期的反应分为 3 类。

（1）长日照植物。只有当日照长度超过它的临界日长时才能开花的植物。如果它们所需要的临界日长不足，则停留在营养生长阶段，不能形成花芽。如牛蒡、紫菀、凤仙花、除虫菊、红花等。

（2）短日照植物。日照长度只有短于其所要求的临界日长，或者说暗期超过一定时数才能开花的植物。如菊花、龙胆等。

（3）中间型植物。这类植物的开花受日照长短的影响较小，只要其他条件合适，在不同的日照长度下都能开花，如蒲公英。

了解植物对不同日照长度的生态适应类型，对于植物的引种工作极为重要。如短日照植物由南向北引种时，往往出现生长期延长，发育推迟的现象；短日照植物在由北向南引种时，则往往出现生育期缩短，发育提前的现象。而长日照植物由南向北引种时，发育提前；由北向南引种时，则发育延迟，甚至不能开花。

三、水分

栽培的药用植物除莲、泽泻、芡实等要求有一定的水层外，绝大多数植物主要靠根从土壤中吸收水分。在土壤处于正常含水量时，根系入土较深。在潮湿的土壤中，药用植物根系不发达，多分布在浅层土壤中，生长缓慢，特别是一些根茎类药用植物，常因此而发生病害，如延胡索、白术等的菌核病等，大都是由于水分过多、湿度过大而引起的。

通常根据药用植物对水分的不同要求将其分为旱生植物、水生植物、湿生植物、中生植物。

（1）旱生植物。在干旱环境中生长，忍受较长时间干旱而仍能维持水分平衡和正常生长发育的一类植物。在干热的草原和荒漠地区，旱生植物的种类特别丰富。旱生植物又可分为多浆液植物（仙人掌、芦荟、景天科的植物等）、少浆液植物（麻黄）和深根性植物。

（2）湿生植物。在潮湿环境中生长，不能忍受较长时间的水分不足，抗旱能力最小的陆生植物。根据环境的特点还可以分为阴性湿生植物（弱光，大气潮湿）和阳性湿生植物（强光，土壤潮湿）两大类。前者如各种秋海棠、蕨类；后者如灯芯草、半边莲、毛茛等。

（3）中生植物。生长在水湿条件适中环境中的陆生植物。大多数栽培药用植物属于此类型。

（4）水生植物。生长在水中的植物，统称为水生植物。又可分为沉水植物、浮水植物、挺水植物。如泽泻、莲、芡实等。

同一种药用植物在不同的生长发育阶段对水分的要求不相同，因此在引种栽培过程中，还要进一步掌握药用植物不同生育时期对水分的要求，才能有效地制订灌溉排水措施。例如：川芎前期喜湿，后期喜干；薏苡开花结实期不能缺水等。

四、土壤

土壤是植物生长发育的基础。土壤供给植物正常生长发育所需要的水、肥、气、热的能力称作土壤肥力。土壤的这些条件互相影响，互相制约，如水分多了，土壤的通气性就差，有机质分解慢，有效养分少，而且容易流失；相反，土壤水分过少，又不能满足药用植物所需要的水分，同时由于好气菌活动强烈，土壤的有机质分解过快，也会造成养分不足。因此，在药材生产中应综合分析土壤状况。

土壤质地影响土壤的水、肥、气、热状况。沙土可选择种植北沙参、阳春砂（砂仁）等植物。而一般根类或根茎类药用植物多喜在沙壤土或壤土生长。

各种药用植物对土壤酸碱度（pH）都有一定的要求。多数药用植物适宜在微酸性或中性土壤上生长。不过有些药用植物（如肉桂、萝芙木等）比较耐酸，有些药用植物（如枸杞、红花、甘草、金银花等）比较耐盐碱。

药用植物生长发育需要有营养保证，需从土壤中吸收氮、磷、钾、钙、镁、硫、铁、锰、硼、锌、钼等养分，其中尤以氮、磷、钾的需求最多。在栽培过程中应注意平衡施肥，同时重视农家肥的利用，以利改良土壤。

药用植物的繁殖方法

植物产生同自己相似的新个体称为繁殖。这是植物繁衍后代，延续物种的一种自然现象，也是植物生命的基本特征之一。药用植物种类繁多，繁殖方法不一，主要有营养繁殖、种子繁殖、孢子繁殖。近年来，随着科学技术的发展，已采用组织培养的方法繁殖植物新个体。

本部分主要介绍营养繁殖与种子繁殖的基本理论与技术。

一、营养繁殖

高等植物的一部分器官脱离母体后能重新分化发育成一个完整的植株的特性称作植物的再生性。营养繁殖就是利用植物的这种再生能力来繁殖新个体的一种方法。营养繁殖的后代来自同一植物的营养体，它的个体发育不是重新开始，而是母体发育的继续，因此，开花结实早，能保持母体的优良性状和特征。但是，营养繁殖的繁殖系数较低，有的种类如地黄、山药等长期进行营养繁殖容易引起品种退化。

常用的营养繁殖方法分述如下。

1. 分离繁殖　将植物的营养器官分离培育成独立新个体的繁殖方法。此法简便，成活率高。分离时期因药用植物种类和气候而异，一般在秋末或早春植株休眠期进行。根据采用母株的部位不同可分为分球繁殖（如番红花）、分块繁殖（如山药、白及等）、分根繁殖（如丹参、紫菀等）、分株繁殖（如砂仁、沿阶草等）。

2. 压条繁殖　将母株的枝条或茎蔓埋压土中，或用泥土、青苔等包扎树枝，使之生根后，再与母株割离，成为独立植株。压条法有普通压条法、波状压条法、堆土压条法、空中压条法等。马兜铃、玫瑰、何首乌、连翘等都可以用此法繁殖。

3. 扦插繁殖　割取植物营养器官的一部分，如根、茎、叶等，在适宜条件下插入基质中，利用其分生机能或再生能力，使其生根或发芽成为新的植株。通常用木本植物枝条（未木质化的除外）扦插称作硬枝扦插，用未木质化的木本植物枝条和草本植物扦插称作绿体扦插。

（1）扦插时期。露地扦插的时期因植物种类、特性和气候而异。草本植物适应性较强，扦插时间要求不严，除严寒、酷暑外均可进行。木本植物一般以休眠期为宜；常绿植物则适宜在温度较高、湿度大的夏季扦插。

（2）促进插条生根的方法。①机械处理。对扦插不易成活的植物，可预先在生长期间选定枝条，采用环割、刻伤、缢伤等措施使营养物质积累于伤口附近，然后剪取枝条扦插，可促进生根。②化学药剂处理。如丁香、石竹等插条下端用 5%～10% 的蔗糖溶液浸渍 24 小时后扦插，效果显著。③生长调节剂处理。生产上通常使用萘乙酸、2,4-滴、吲哚乙酸等处理插条，可显著缩短插条发根的时间，诱导生根困难的植物插条生根，提高成活率。如用 0.1％ 2,4-滴粉剂处理枳壳（中药名）插条，发根率达 100％。

（3）扦插方法。生产中应用较多的是枝插法。木本植物选一、二年生枝条，草本植物用当年生幼枝作插穗。扦插时选取枝条，剪成 10～20 厘米的小段，上切面在芽的上方微斜，下切面在节的稍下方剪成斜面，每段应有 2～3 个芽。除留插条顶端 1～2 枚叶（大叶只留半个叶片）外，其余叶片除掉。然后插于插床内，上端露出土面为插条的 1/4～1/3。遮阴，经常浇水，保持湿润，成活后移栽。

4. 嫁接繁殖　嫁接繁殖是指把一种植物的枝条或芽接到其他带根系的植物体上，使其愈合生长成新的独立个体的繁殖方法。人们把嫁接用的枝条或芽称作接穗，把下部带根系的植株称作砧木。嫁接繁殖能保持植物优良品种性状，加速植物生长发育，提前收获药材，增强植物适应环境的能力等。药用植物中采用嫁接繁殖的有诃子、金鸡纳、木瓜、山楂、枳壳、辛夷（中药名）等。

嫁接的方法有枝接、芽接、靠接 3 种。

（1）枝接法。又可分为劈接、切接、腹接等形式，最常用的是劈接、切接。切接多在早春树木开始萌动而尚未发芽前进行。砧木直径 2～3 厘米为宜，在离地面 2～3 厘米或平地处，将砧木横切，选皮厚、纹理顺的部位垂直劈下，深 3 厘米左右，取长 5～6 厘米、带 2～3 个芽的接穗削成两个切面，插入砧木劈口，使接穗和砧木的形成层对准，扎紧后埋土。

（2）芽接法。芽接是在接穗上削取一个芽片，嫁接于砧木上，成活后由接芽萌发形成植株。根据接芽形状不同又可分为芽片接、哨接、管芽接和芽眼接等，目前应用最广的是芽片接。在夏末秋初（7—9 月），选直径粗 0.5 厘米以上的砧木，切一个"丁"字形口，深度以切穿皮层、不伤或微伤木质部为宜，切面要求平直，在接穗枝条上用芽接刀削取盾形、稍带木质部的芽，插入切口内，使芽片和砧木内皮层紧贴，用麻皮或薄膜绑扎。

（3）靠接法。将两个准备靠接的枝条的相对一面各削去形状大小一致、长 2～5 厘米的树皮一片，然后相互贴紧，用薄膜或布条绑扎结实即成。成活后将接穗从母株上截下。

二、有性繁殖

有性繁殖又称作种子繁殖，一般种子繁殖出来的实生苗对环境适应性较强，同时繁殖系数大。种子是一个处在休眠期的有生命的活体。只有优良的种子才能产生优良的后代。药用植物种类繁多，其种子的形状、大小、颜色、寿命和发芽特性都不一样。

1. 种子特性

（1）种子休眠。种子休眠是由于内在因素或外界条件的限制，暂时不能发芽或发芽困难的现象。种子休眠期的长短与植物种类和品种有关。种子休眠的原因很多，有内因、外因，主要有以下 3 个方面：一是种皮的障碍，由于种皮太厚太硬，或有蜡质，透水透气性能差，影响种子的萌发，如穿心莲等。二是后熟作用，由于胚的分化发育未完全（如人参、银杏等），或胚的分化发育虽已完全，但生理上尚未成熟，还不能萌发（如桃、杏）。三是在果实、种皮或胚乳中存在抑制性物质，如氢氰酸、有机酸等，阻碍胚的萌芽。

（2）种子发芽年限。指种子保持发芽能力的年限。各种药用植物种子的寿命差异很大。寿命短的只有几天或不超过 1 年，如肉桂种子，一经干燥即丧失发芽力，当归、白芷种子的寿命不超过 1 年，多数药用植物种子发芽年限为 2～3 年，如牛蒡、薏苡、水飞蓟、桔梗、板蓝根、红花等。贮藏条件适宜可以延长种子的寿命，但是生产上还是以新鲜种子为好，因为隔年种子往往发芽率很低。

2. 种子处理　播种前进行种子处理是一项经济有效的增产措施。它可以提高种子品质，防治种子病虫害，打破种子休眠，促进种子萌发和幼苗健壮生长。种子处理的方法很多，可归纳为以下几类。

（1）化学处理。①一般药剂处理。用化学药剂处理必须根据种子的特性选择适宜的药剂和浓度，严格掌握处理时间，才能收到良好的效果。如甘草种子用硫酸处理可打破种皮障碍，提高发芽率；明党参的种子用 0.1% 碳酸氢钠、0.1% 溴化钾溶液浸 30 分钟后播种可提早发芽 10～12 天，发芽率提高 10% 左右。②生长调节剂处理。如用赤霉素处理牛膝、白芷、防风、桔梗等的种子，均可提高发芽率。③微量元素处理。常用的微量元素有硼、锰、锌、铜、钼等。如桔

梗种子用 $0.3\%\sim0.5\%$ 高锰酸钾溶液浸 24 小时后，种子和根的产量均提高。

（2）物理处理。①浸种。采用冷、热水或变温交替浸种，不仅能使种皮软化，增强透性，促进种子萌发，还能杀死种子内外所带病菌，防止病害传播。如穿心莲种子在 37℃ 温水中浸 24 小时后，可显著促进发芽；薏苡种子采用冷、热水交替浸种对防治黑粉病的发生有良好的效果。②晒种。晒种能促进某些种子的后熟，提高发芽率和发芽势，还能防止病虫害发生。③机械损伤处理。采用机械方法损伤种皮，打破种皮障碍，促进种子萌发，如黄芪、甘草、穿心莲等种子可用粗沙擦破种皮，再用温水浸种，发芽率显著提高。④层积处理。层积法是打破种子休眠常用的方法，银杏、人参、黄连等常用此法促进后熟。其方法是将种子和湿润的沙土混匀，放于较低温度下贮藏。

（3）生物处理。生产上主要用细菌肥料拌种。

3. 播种

（1）土地准备。包括耕翻、整地、作畦等。翻地时要施基肥，尤其对根类药用植物更为重要，翻地后细碎土块，以防种子不能正常发芽，根据植物特性和当地气候特点进行作畦，如南方种植根类药材多采用高畦，畦的宽度以便于操作管理为准。

（2）播种期。药用植物特性各异，播种期不一致，但通常以春、秋两季播种为多。一般耐寒性差、生长期较短的一年生草本植物以及没有休眠特性的木本植物宜春播，如薏苡、紫苏、荆芥等。耐寒性强、生长期长或种子需休眠的植物宜秋播，如北沙参、白芷、厚朴等。由于我国各地气候差异较大，同一种药用植物在不同地区播种期也不一样，如红花在南方宜秋播，而在北方则多春播。每一种药用植物在某一地区都有适宜播种期，如当归、白芷在秋季播种过早，第 2 年易发生抽薹现象，造成根部不能药用，而播种过迟，则影响产量甚至发生冻害。在生产过程中应注意确定适宜播种期。

（3）播种方法。①直播。有穴播、条播、撒播 3 种方法，在播种过程中要注意播种密度、覆土深度等。如大粒种子深播，小粒种子宜浅播，黏土宜浅，沙土宜深。②育苗移栽。杜仲、厚朴、菊花、白术、党参、黄连、射干等先在苗床育苗，然后移栽于大田。育苗移栽能提高土地利用率，管理方便，便于培育壮苗。

药用植物的田间管理

药用植物的田间管理是从播种到收获前，在田间所进行的一系列管理措施。其目的是根据植物的生长特性，人为创造适合植物生育的条件，使植物生长健壮，达到丰产的目的。

一、调节田间植株密度

合理密植要求在单位面积有一个适宜的苗数，主要方法包括间苗、补苗等。间苗的原则是宜早不宜晚，去劣留优，分次进行，最后一次间苗叫定苗。在缺苗的地方要及时补苗。

二、中耕除草

中耕可以达到疏松土壤、保持土壤水分、消灭杂草的目的。中耕的深度依药用植物的种类、土壤状况、气候条件等而异。深根类药用植物宜深耕，如黄芪、甘草。而浅根类药用植物宜浅，甚至不中耕，如延胡索。

除草可结合中耕进行，也可化学防除，但一定要正确选择除草剂种类。

三、灌溉与排水

灌溉与排水是调节植物对水分要求的重要措施。应根据土壤墒情、生育时期适时灌溉，通常播种后要求土壤湿润；苗期节制用水，促进根系下扎，以利培育壮苗；封行后需水量增大；花期对水分要求较严，过多常引起落花，过少则影响授粉受精作用；果期土壤可适当湿些。同时，还应根据植物特性及收获目的确定是否灌溉，如薄荷在花初期（即收获前）以土壤稍干为好，否则影响薄荷油含量。田间积水应及时排出，这对怕积水药用植物尤为重要，如丹参、白术、红花等。

四、追肥

追肥是保证药用植物在整个生育期间不断获得养分的方法。追肥的时期、种类和数量应根据植物的种类、生育情况、气候条件、土壤因素等来确定。一般情况下，根及根茎类和豆科类药用植物宜多施磷、钾肥；叶类和全草类药用植物宜多施氮肥；生长前期宜多施氮肥，以促进生长；花期、果期宜多施磷、钾肥，以促进成熟和籽实饱满。施肥方法可采用沟施、穴施及叶面追肥等。

五、植株调整

1. 打顶与摘蕾　利用植物生长的相关性，调节其体内养分的重新分配，促进药用部分生长发育的一项重要措施。打顶可控制地上部分的生长，促进地下部分的生长，或控制主茎生长，促进分枝，如菊花采用打顶的措施来促进多分枝，增加单株开花数。对于根及根茎类药用植物，开花结果会消耗大量的养分，常把摘蕾作为一项增产措施。如地黄、丹参、白术、贝母等。打顶与摘蕾都要注意保护植株，不能损伤茎叶、牵动根部，也不宜在雨天或有露水时进行，以免伤口感染病害腐烂。

2. 整形与修剪　对木本植物来说，整形是通过修剪来控制幼树的生长，合理配置和培养骨干枝，以便形成良好的树体结构，而修剪则是在土、肥、水管理的基础上，根据各地自然条件、树种的生长习性和生产要求，对树体内养分分配及枝条的生长势进行合理调整的一种管理工作。这项工作比较复杂，可借鉴果树整形修剪技术。

除以上管理技术外，根据药用植物的生长特性、气候条件等，还应注意进行培土、覆盖、支架等管理工作。

合理利用土地

合理地安排生产茬口可以经济利用土地，改善田间管理，从而达到提高产量、降低生产成本和提高经济收入的目的。

一、间作套种

间作是指在同一块地里成行或带状间隔的同时种植两种以上生长期相近的植物。套种是在前作的生长后期，在其行间播种另一种植物的种植方式。间作套种可充分利用空间、生长季节、土壤养分，提高土地利用率，增加单位面积的经济收入。进行间作套种时应注意掌握以下技术原理。

1. 选择适宜的植物种类和品种搭配 考虑品种搭配时，在株型方面，可选择高秆与矮秆、深根与浅根植物搭配；在适应性方面，喜阳植物与喜阴或耐阴植物搭配；同时还应注意根系分泌物要互相无害等。根据间作植物种类不同，可分为以下几种。

（1）林药间作。即果药、林药混作，是以林为主，充分利用林下空间发展药材生产的一项措施。在果、林种植之初或果、林郁闭度不大的情况下，可选择种植耐旱或中生矮秆植物，如射干、丹参，后期可种植喜阴或耐阴植物，如半夏、天南星、金钱草、细辛。

（2）农作物与药用植物间作。如沿阶草与玉米，贝母与大豆等。

（3）药药间作。即两种药用植物进行间作。

2. 建立合理的密度和田间结构 进行间作套种时，要有主次之分，处理好植物间的矛盾，保证间作植物有合理的密度，减少争光、争肥水。

3. 采取相应的栽培管理措施 为确保丰收，必须精耕细作，提供充足的水分和养分，使间作套种植物平衡生长。在田间管理时，应区分植物的不同要求。

二、轮作

轮作是指在同一块田地上，按照一定的植物或不同复种方式的顺序，轮换种植植物的栽培方式。而重复种植同种植物的栽培方式称作连作。在植物生产过程中，连作往往引起土壤肥力不平衡、病虫害严重等问题而减产，因此尽量避免连作。

药用植物轮作应注意的问题：正确选择前茬是轮作的中心问题，因为药用植物对前茬植物都有一定的要求。只有选择得当才能有利于植物生长发育，达到优质、高产的目的。

（1）叶类、全草类药用植物。如板蓝根、薄荷等，要求土壤肥沃，需氮肥较多，宜选豆科植物或蔬菜作前茬。

（2）用小粒种进行繁殖的植物。如桔梗、柴胡、党参、白术等，播种覆土浅，易受杂草危害，应选豆科植物或收获期较早的中耕作物作前茬。

（3）避免选择有相同病虫害的植物作前茬。如地黄和白菜的病害，地黄与棉花、芝麻的红蜘蛛（短须螨）。

药用植物的病虫害防治

病虫害防治是药用植物生产过程中的一项重要内容，只有了解发病原因、害虫特性，才能制订科学的防治措施。

一、病害

植物在生长发育过程中，遭受不良环境条件的影响或病原物的感染，使其代谢作用受到干扰和破坏，从而在生理机能和组织结构上发生一系列的变化，以致外部形态表现出病态，植物不能正常生长发育，最后导致产量降低、品质下降甚至局部或整株死亡的现象称作病害。由不适宜的环境因子引起的病害称作生理性病害，因这类病害不具传染性，又称作非侵染性病害；而由致病病原物引起的病害称作侵染性病害，又称作传染性病害。

植物生病后，常出现变色、斑点、腐烂、萎蔫、畸形等不正常表现。

1. 生理性病害发生的原因　生理性病害发生的原因很多，如营养失调、水分失调、光照和温度条件不适宜、空气和土壤中含有有毒物质、施肥不当、农药的不合理施用等，这些都会使药用植物生长发育不正常而发生生理性病害。

2. 传染性病害的病原物　传染性病害的病原物主要有真菌、细菌、病毒、线虫和寄生性种子植物等。其中以真菌引起的病害最多，其次是病毒、细菌和线虫，寄生性种子植物（如菟丝子）是少数。大部分非专性寄生的真菌和细菌，当寄主死亡后，都能在落叶、秸秆等病株残体中存活越冬（越夏）繁殖，其中土、肥是病原物越冬（越夏）的主要场所，种苗也易携带病原物，在生产中应引起注意。

二、虫害

危害药用植物的动物种类很多，其中主要有昆虫，其他还有螨类、蜗牛、鼠类等。昆虫是动物中种类最多的一类，其分布广泛，适应能力强，繁殖快。昆虫中的害虫以植物的根、茎、叶、花、果实等为食，使生产受到损失。但也有些昆虫对人类是有益的，如蜜蜂、蚕、寄生蜂、步行虫、瓢虫。故在植保工作中，要分清害虫和益虫。

昆虫的口器变化很大，可以分为咀嚼式（如甲虫、蝗虫、象鼻虫、蝼蛄、蛴螬及蛾蝶幼虫等）、刺吸式（如蚜虫、椿象、叶蝉和螨类等）、虹吸式（如蛾蝶类的口器）、舐吸式（如蝇类）、嚼吸式（如蜜蜂）口器。了解害虫的口器，不仅能从危害形状去识别害虫的种类，还可为选择防治药剂提供依据。例如：对于咀嚼式口器的害虫，可选用胃毒剂或触杀剂进行防治，而对于刺吸式口器的害虫，则须采用内吸剂或触杀剂进行防治。

三、病虫害的综合防治

综合防治是根据药用植物的生长特性和病虫害的发生规律，结合栽培技术与田间管理进行综合治理，从而提高植物防虫抗病的能力，以便把病虫害控制在最低危害程度。

1. 植物检疫　根据国家制定的一系列检疫法令和规定，对植物检疫对象进行病虫害检验，防止从其他国家或地区传入新的危险性病虫杂草，并限制当地的危险性病虫杂草向外传播蔓延。

2. 农业防治　运用优良的栽培管理技术措施，促进药用植物的生长发育，以达到控制和消灭病虫害的目的。具体措施如下。

（1）合理轮作。连作易使病虫害数量累积，使危害加剧。通过轮作可改变病虫害的生态环境而起到预防效果。

（2）深耕细作。可促进植物生长发育，同时也可直接杀死病虫，如冬耕晒垡。

（3）清洁田园。田间的杂草及病虫残株落叶，往往是病虫隐蔽及越冬的场所，成为翌年病虫来源。将病株落叶收集烧毁、清除田间杂草可以减少病虫害的发生。

（4）调节播种期。有些病虫害常和药用植物某个生长发育阶段的物候期有着密切关系，如这一生长发育阶段避过病虫大量侵染危害的时期，可避免或减轻该种病虫的危害程度。

（5）合理施肥。通过合理施肥促进植物的生长发育，增强其抗病虫的能力或避开病虫的危害期。一般来说，增施磷、钾肥可以增强植物的抗病性，偏施氮肥对病虫发生影响最大。

（6）选育抗病虫品种。不同品种的药用植物对病虫害的抵抗能力往往差别很大，因此，选育抗病虫害的优质、高产品种是一项经济有效的措施。

3. 生物防治　应用自然界某些有益生物来消灭或控制某些病虫害的发生。如利用食蚜瓢虫来防治蚜虫，利用抗生菌产生的抗生素防治病害等。

4. 物理机械防治　如人工及机械捕杀、诱杀、热力消毒等。

5. 药物防治　采用药剂拌种、土壤消毒、喷雾、熏蒸、诱杀等措施防治病虫。目前农药种类较多，应注意根据病虫害的特性正确选用，使用药剂防治时，也要注意人畜安全及残毒。

药用植物的采收与加工

一、采收

药用植物成熟后要及时采收，以保证药材产量和质量。药用植物成熟是指药用部位达到药用标准，符合国家药典规定和要求。药材品质包括内在质量和外观性状，传统中医药比较重视外观性状，如形、色、质地、大小等，内在质量是指有效成分含量。国外从中国进口药材，除要求外观性状、有效成分含量外，往往还检测农药残留量。

现将各类药材传统的采收经验简述如下。

1. 根及根茎类药材　这类药材应在休眠期采收，因为休眠期地下部分积累的有机物质多。但也有例外，如当归、白芷等应在抽薹开花前采收。

2. 皮类药材　树皮入药的一般应在生长到一定树龄，树皮厚度达到用药标准后，选择容易剥皮的时期采收。一般在春末夏初，此时皮部养分和树液增多，形成层细胞分裂快，易于剥皮，且伤口也较易愈合。如杜仲、厚朴、黄柏等。根皮入药宜在植物生长期后期进行采收。如牡丹、远志等。

3. 全草类药材　该类药材应在植株生长最旺盛，开花前或初花期采收。如薄荷、益母草、荆芥、藿香等，但也有个别情况，如茵陈、白头翁在幼苗期采收，而马鞭草则在开花后采收。

4. 叶类药材　叶类药材一般宜在初花或盛花期采收。如毛地黄、颠茄等，但桑叶需经霜后采收，枇杷叶需落地后采收。

5. 花类药材 花类药材因药用植物种类不同，采收期差异较大。金银花、辛夷、款冬、丁香、槐米等在花蕾期采收，而菊花、红花、番红花、旋覆花、凌霄花、佛手花等则在盛花期采收。

6. 果实类药材 该类药材也因植物种类不同，采收期有差异。在果实幼嫩时采收的药材有枳实、黑胡椒、乌梅等；果实不再增大，尚是绿色或接近成熟时采收的有枳壳、青皮、木瓜、香橼等；果实完全成熟采收的有吴茱萸、栀子、砂仁、枸杞子、薏苡、连翘、五味子等；有些果实在成熟经霜后采摘，如山茱萸、川楝子。

7. 种子类药材 一般在成熟后采收，为防止脱落，有的宜分批采收，如续随子、凤仙花等。

二、加工

药材采收后，应及时进行加工处理，其目的是防止霉烂变质，便于贮藏和运输；剔除杂物、质劣部分，保证药材质量；减轻药材的毒性和不良性味，以保证疗效。

各种药材加工的处理措施是不同的，如淘洗、去皮、去壳、抽心、蒸煮、浸漂、发汗、干燥等。

第三章
根及根茎类中药材栽培

人　参

　　人参为五加科植物人参（*Panax ginseng* C. A. Mey.）的干燥根。栽培者习称园参，野生者习称山参。具大补元气、复脉固脱、补脾益肺、生津安神等功能。叶、花和果实亦供药用。主产于东北三省。

一、形态特征

　　人参为多年生草本，株高约60厘米。直根肥大，多分枝，肉质；根茎短而直立，每年增生一节，俗称芦头，顶生越冬芽，侧生不定根；主根粗壮，肉质，圆柱形，多斜生，下部有分枝，外皮淡黄色；须根长，长有多数疣状物。茎直立，单一，不分枝。掌状复叶，轮生茎端，具长柄；一年生植株有1枚三出复叶，二年生有1枚五出复叶，三年生有2枚五出复叶，以后每年递增一叶，最多可达6枚复叶。小叶片以两侧一对较小，中间较大，椭圆形或长椭圆形，先端渐尖，基部楔形下延，边缘具细锯齿，上面绿色或黄绿色，脉上疏生刚毛，下面光滑。伞形花序顶生；花小，多数；花萼5裂；花瓣淡黄绿色；雄蕊5枚；雌蕊1枚，子房下位，2室，花柱上部2裂。核果浆果状，扁肾形，熟时鲜红色，少数呈黄色或橙黄色，内含种子2粒。种子肾形，黄白色或灰白色，具深浅不等的皱纹，质硬。花期5—6月，果期7—8月。

二、生长习性

　　人参为阴性植物，喜凉爽温和的气候，耐寒，怕强光直射，忌高温热雨，怕干热风，适宜生长的温度为 20～28℃，地温5℃时，芽苞开始萌动，10℃左右开始出苗。

人参种子有休眠特性，湿度为 10%～25% 时，需经一个由高温到低温的自然过程才能完成生理后熟。一般先经高温（20℃左右）1 个月后，转入低温（3～5℃）2 个月，才能打破休眠。发芽适宜温度为 12～15℃，发芽率为 80% 左右。种子寿命为2～3年。

三、栽培技术

1. 选地、整地　人参对土壤要求严格，以 pH 4.5～5.8、富含腐殖质、排灌方便的沙壤土或壤土为好，忌重茬。一般利用林地栽参。如用农田栽参，前茬以禾本科作物为好，且要收获后让土地休耕 1 年才能种植。选地后，于封冻前翻耕 1～2 次，深 20 厘米。翌春化冻后结合耕翻，每亩施入农家肥 4 000 千克，与土拌匀，以后每 1～2 个月翻耕一次。栽播前 1 个月左右，打碎土块，清除杂物，整地作畦，畦面宽 1.0～1.5 米，略呈弓形，畦高 25～30 厘米，畦间作业道宽 50～100 厘米。畦向依地势、坡向、棚式等而异，应以采光合理、土地利用率高、有利防旱排水及田间作业方便为原则。平地栽参多采用正南畦向；山地栽参依山势坡度适当采取横山和顺山或以一定角度作畦。

2. 繁殖方法　用种子繁殖，育苗移栽。

（1）育苗。7—8 月，采种后可趁鲜播种，种子在土中经过后熟过程，第 2 年春季可出苗。或将种子进行沙埋催芽。方法是选向阳高燥的地方，挖 15～20 厘米深的坑，其长和宽视种子量而定，坑底铺上一层小石子，其上铺上一层过筛细沙。将鲜参籽搓去果皮，或将干参籽用清水浸泡 2 小时后捞出，用相等体积的湿细沙混合拌匀，放入坑内，覆盖细沙 5～6 厘米，再覆一层土，其上覆盖一层杂草，以利保持湿润，雨天盖严，防止雨水流入以致烂种。每隔半月检查翻动一次，若水分不足，适当喷水；若湿度过大，筛出参种，晾晒沙子。经自然变温，种子即可完成胚的后熟过程，11 月上、中旬裂口时即可进行冬播。亦可春播，时间在春分前后种子尚未萌动时进行。播种方法是在整好的畦面上，按行距 5 厘米、株距 3 厘米条播，覆土 2 厘米，再覆 3～5 厘米厚的秸秆，以利保湿。

经沙藏处理已裂口的人参种子，如用 0.1 毫升/升的 ABT 生根粉溶液浸种,可显著增加人参根重。

(2)移栽。育苗2～3年后移栽,一般在10月底至11月上、中旬进行。如春栽,应在参苗尚未萌动时进行。移栽时选用根部乳白色、无病虫害、芽苞肥大、浆足、根条长的壮苗,按大、中、小3级分别移栽。栽前可适当整形,除去多余的须根,注意不要扯破根皮,并用100～200倍液的代森锌或用1∶1∶140波尔多液浸根10分钟,注意勿浸芽苞。移栽时,以畦横向成行,行距25～30厘米,株距8～13厘米。平栽或斜栽。平栽参根与畦基平行;斜栽芦头朝上,参根与畦基成30°～45°角。斜栽参根覆土较深,有利于防旱。开好沟后,将参根摆好,先用土将参根压住全部盖严,然后把畦面整平。覆土深度视苗大小而定,一般4～6厘米,随即以秸秆覆盖畦面,以利保墒。

3. 田间管理

(1)冬季管理。10月下旬至11月上旬,生长1年以上的人参茎叶枯萎时,应将枯叶及时清出地面,深埋或烧毁。封冻前视畦面情况浇好越冬水,并加盖秸秆。

(2)搭棚遮阴。参苗出土以后要及时搭棚遮阴。参棚分矮棚和高棚两种。矮棚前檐立柱高90～120厘米,后檐立柱高70～90厘米,可用木柱和水泥柱,分立参畦两边。立柱上顺畦向固定好横杆,横杆多用竹竿,亦可用拉紧的铁丝。上面覆盖宽1.2～1.8米的苇帘,使雨水不能直接落到畦面上。雨季到来之前,覆盖第2层苇帘。参棚要平正,防止高低不平。高棚是将整个参地全部覆盖,棚高1.2～1.8米,立柱为水泥柱,用竹竿搭成纵横交错的棚架,其上以苇帘覆盖,透光度为25%～30%。

(3)除草松土。在人参出苗前或土壤板结、土壤湿度过大、畦面杂草较多时,应及时进行除草松土,以保持土壤疏松,减少杂草危害,但宜浅松,次数不宜太多。

(4)排灌。播种或移栽后,若遇干旱,适时喷灌或渗灌。雨水过多时,应挖好排水沟,及时排出积水。

(5)追肥。播种或移栽当年一般不用追肥。第2年春季苗出土前,将覆盖畦面的秸秆去除,撒一层腐熟的农家肥,配施少量过磷酸钙,通过松土与土拌匀,土壤干旱时随即浇水。在生长期可于6—8月用2%的过磷酸钙溶液或1%磷酸二氢钾溶液进行根外追肥。

（6）培土和摘蕾。因覆土过浅或受风摇动，参根松动时，要及时培土。靠近参畦前沿或参地边缘的参株，由于趋光性，茎叶向外生长，夏季高温多雨易引起斑点病、疫病等多种病害，因此，应把向外生长的参株往畦里推压，并培土压实，使其向里生长。人参生长 3 年以后，每年都能开花结籽，对不收种的地块，应及时摘除花蕾。

4. 病虫害防治　人参病虫害较多，已知有 40 多种病害，危害严重，应注意综合防治。虫害主要有蛴螬、蝼蛄、金针虫、地老虎等，主要危害根部。防治方法：可采用毒饵诱杀和人工捕杀等。

（1）立枯病。5 月始发，6—7 月严重危害幼苗，一至三年生人参发病重，受害参苗在土表下干湿土交界处的茎部呈褐色环状缢缩，幼苗折倒死亡。防治方法：播种前每亩用 3 千克多菌灵处理土壤；发病初期用 50％多菌灵 1 000 倍液浇灌病区；发现病株立即清除烧毁，病穴用 5％石灰乳等消毒；加强田间管理，保持苗床通风，避免土壤湿度过大。

（2）疫病。在 7—8 月雨季发生，湿度大时容易发病，危害全株。病情发展很快，植株一旦染病，全株叶片凋萎下垂。防治方法：保持参畦良好的通风排水条件，及时插花上帘，防止雨水侵袭；增施磷、钾肥提高抗病力；发现病株立即拔除烧掉，病穴用 5％石灰乳消毒；发病前用 1∶1∶120 波尔多液或 65％代森锰锌 500 倍液喷洒，连续喷 2～3 次。

（3）锈腐病。全年都能发生，6—7 月为发病盛期。主要侵害根、芦头及越冬芽，病部呈黄褐色干腐状，出现松软的小颗粒状物，从而使表皮破裂，最后使参根或芦头全部烂掉。染病后期，地上部叶片出现红色或黄褐色病斑，最后全叶变红色凋萎死亡。土壤黏重、含水量大、通气不良时发病严重。防治方法：严格挑选无病参苗，参地要充分耕翻、松土，防止土壤湿度过大；发病严重时，秋季挖起参株，用 65％可湿性代森锰锌 100 倍液浸根（勿浸芽苞）10 分钟，另栽于无病地。

四、采收与加工

人参生长 5～6 年即移栽 3～4 年后，于 9—10 月茎叶枯萎时即可采收。采收时，先拆除参棚，从畦的一端开始，用二齿镐将参根逐行挖出，抖去泥土，去净茎叶，并按大小分级。将参根洗净，剪去须根及侧根，晒干或烘干，即为生晒参。选择体形好、浆足、完整无损的大参根放在清水中冲洗干净，刮去疤痕上的污物，掐去须根和不定根，水沸后蒸 3～4 小时，取出晒干，也可在 60℃的烘房内烘干，即得红参。

五、留种技术

人参通常三年生植株开始开花结果，但种子小，数量少，一般五年生植株采收一次种子；若种子不足，四、五年生植株连采两次种子也可。采种时间一般在 7 月下旬至 8 月上旬，当果实充分红熟呈鲜红色时采摘。随采随搓洗，清除果肉和瘦粒，用清水冲洗干净，待种子稍干，表面无水时便可播种或埋藏催芽。若需干籽，则将种子阴干至含水量为 15% 以下即可，注意不宜晒干。阴干的种子置于干燥、低温及通风良好的地方贮藏。

三 七

三七为五加科植物三七［*Panax notoginseng*（Burk.）］的干燥块根，别名田七、田三七、参七、参三七、金不换、滇七等。性温，味甘、微苦，为中成药云南白药的主要原料，生品具止血散瘀、消肿定痛的功效；熟品能补血活血。花也可药用。最近，我国医药学家还发现三七具抗疲劳、耐缺氧、壮阳、抗衰老、降血糖和提高机体免疫功能等多方面的滋补强壮作用。主产于云南。

一、形态特征

三七为多年生草本植物，高 30～60 厘米。主根肉质，多呈短圆锥形。根茎短粗，俗称羊肠头。地上茎直立，光滑无毛，单生，不分枝，有纵条纹。掌状复叶 3～6 枚，轮生茎顶，具长柄；小叶 3～7 枚，长椭圆形至倒卵形，长 5～15 厘米，边缘具细锯齿，两面脉上有刚毛。伞形花序单生于茎顶，花多数，两性，初开时黄绿色，盛开时白色；花萼、花冠各为 5 枚。浆果肾形，成熟时鲜红色，内有白色种子 1～3 粒，多为 2 粒，扁球形。花期 7—9 月，果期 9—11 月。

二、生长习性

三七属喜阴植物。喜冬暖夏凉的环境，畏严寒、酷热；喜潮湿但怕积水，土壤含水量以 22%～40% 为宜。夏季气温不超过 35℃、冬季气温不低于 −5℃ 均能生长，生长适宜温度为 18～25℃。三七对土壤要求不严，适应范围广，但以土壤疏松、排水良好的沙壤土为好。凡过黏，过沙以及低洼易积水的地段不宜种植。忌连作，土壤 pH 4.5～8.0。

一年生三七只有 1 枚掌状复叶；二年生有 2～3 枚掌状复叶，每枚由 5～7 枚小叶构成，开始抽薹开花；三、四年生三七一般生 3～5 枚掌状复叶，每枚多数由 7 枚小叶构成，少数多达 9 枚小叶；五年以上的三七，复叶数可达 6 枚。各年生掌状复叶的多少受生长发育条件影响，营养充足，发育条件适宜，掌状复叶数多。

各年生三七 2—3 月出苗，出苗期 10～15 天。三七出苗后便进入展叶期，展叶初期茎叶生长较快，通常 15～20 天株高就能达到正常株高的 2/3，其后茎叶生长缓慢。

三七对光敏感，喜斜射、散射、漫射光照，忌强光。一般透光度以 30% 为宜。光照过弱，植株徒长，叶片柔软，主根增长缓慢，容易得病；光照过强，植株矮小，叶片容易灼伤。

三七种子具后熟性，保存在湿润条件下才能完成生理后熟而发芽。种子发芽适温为 20℃ 左右。种子在自然条件下的寿命为 15 天左右，种子一经干燥就丧失生命力，因此，宜随采随播或采用层积处理保存。

三、栽培技术

1. 选地、整地　宜选坡度在 5°～15° 的排水良好的缓坡地，应为富含有机质的腐殖质土或沙质壤土。农田地前茬以玉米、花生或豆类植物为宜，切忌茄科作前茬。地块选好，要休耕半年至一年，多次翻耕，深 15～20 厘米，促使土壤风化。有条件的地方，可在翻地前铺草烧土或每亩施石灰 100 千克，进行土壤消毒。最后一次翻地时每亩施充分腐熟的厩肥 5 000 千克，饼肥 50 千克，整平耕细，作畦，畦向南，畦宽 1.2～1.5 米，畦间距 50～150 厘米，畦长依地形而定，畦高 30～40 厘米，畦周用竹竿或木棍拦挡，以防畦土流塌，畦面呈瓦背形。

2. 繁殖方法　用种子繁殖。

(1) 选种及种子处理。每年 10—11 月，选三至四年生植株所结的饱满成熟变红果实，摘下，放入竹筛，搓去果皮，洗净，晾干种子表面水分。用 65% 代森锌 400 倍液或 50% 硫菌灵 1 000 倍液浸种 10 分钟消毒。

（2）播种。用工具划行，以行株距6厘米×5厘米进行点播，然后均匀撒一层混合肥（以腐熟农家肥或与其他肥料混合），畦面盖一层稻草，以保持畦面湿润和抑制杂草生长，每亩用种7万～10万粒，折合果实10～12千克。如播种浇水后采取覆盖银灰色地膜的方法，可起到明显的增产和良好的保水节肥等效果。

（3）苗期管理和移栽。天气干旱时应经常浇水，雨后及时排去积水，定期除草。苗期追肥一般以磷肥为主，通常追施3次，第1次在3月苗出齐后进行，后2次分别在5月、7月进行。苗期天棚透光度要根据不同季节的光照强度变化加以调节。三七育苗一年后移栽，一般在12月至翌年1月移栽。要求边起苗、边选苗、边移栽。起根时，严防损伤根条和芽苞。选苗时要剔除病、伤、弱苗，并分级栽培。三七苗根据根的大小和重量分3级，千条根重量2千克以上的为一级；千条根重1.5～2千克的为二级；1.5千克以下的为三级。移栽行株距一、二级为18厘米×（15～18）厘米；三级为15厘米×15厘米。种苗在栽前要进行消毒，多用300倍代森锌浸蘸根部，浸蘸后立即捞出晾干并及时栽种。

3. 田间管理

（1）除草和培土。三七为浅根植物，根系多分布于15厘米以内的地表层，因此不宜中耕，以免伤及根系。幼苗出土后，畦面杂草应及时除去，在除草的同时，如发现根茎及根部露出地面时应进行培土。

（2）淋水、排水。在干旱季节，要经常淋水保持畦面湿润，淋水时应喷洒，不能泼淋，否则会造成植株倒伏。在雨季，特别是大雨过后，要及时除去积水，防止根腐病及其他病害发生。

（3）搭棚与调节透光度。三七喜阴，人工栽培需搭棚遮阴，棚高1.5～1.8米，棚四周搭设边棚。棚料就地取材，一般用木材或水泥行条作棚柱，棚顶拉铁丝作横梁，再用竹子编织成方格，铺设棚顶盖。棚透光多少对三七生长发育有密切影响。透光过少，植株细弱，容易发生病虫害，而且开花结果少；透光过多叶片变黄，易出现早期凋萎现象。一般应掌握"前稀、中密、后稀"的原则，即春季透光度为60％～70％，夏季透光度稍小，为45％～50％，秋季天气转凉，透光度逐渐扩大为50％～60％。

（4）追肥。三七追肥要掌握"多次少量"的原则。一般幼苗萌动出土后，撒施2～3次草木灰，每亩用50～100千克，以促进幼苗生长健壮。4—5月施1次混合有机肥（厩肥∶草木灰＝2∶1），每亩用2 000千克，留种地块加施过磷酸钙15千克，以促进果实饱满。冬季清园后，每亩再施混合肥2 000～3 000千克。

（5）打薹。为防止养分的无谓消耗，集中供应地下根部生长，于7月出现花薹时，摘除全部花薹，可提高三七产量。打薹应选晴天进行。

4. 病虫害防治

（1）根腐病。根腐病是三七块根、根茎、休眠芽等地下部病害的总称。在田间主要表现两种症状类型，一种为地上部植株矮小，叶片发黄脱落，地下部块根呈黄色干腐，称"黄臭"；另一种为叶片呈绿色萎蔫披垂，地下发病部位有白色菌脓，闻有臭味，称"绿臭"。其发生和发展在很大程度上取决于环境条件，当温度为15～20 ℃，相对湿度大于95％时，就会引起根腐病大发生或流行。防治方法：发现中心病株立即拔除并进行消毒处理，清除病残体及杂草；选择土质疏松、排水较好的沙壤土并在有一定坡度的地块种植，忌连作；实行轮作，轮作时间为6～8年；增施钾肥和有机肥，不偏施氮肥。

（2）立枯病。三七苗期的主要病害。一般在3—4月开始发生，4—5月危害加重，7月以后病害逐渐减轻，低温阴雨天气发病严重。防治方法：选择无病、饱满、健壮的种子，并进行种子和土壤消毒处理；三七出苗后勤检查，发现中心病株应立即拔除，在病株周围撒石灰粉进行消毒。

（3）疫病。叶片受害在叶尖或叶缘处产生水渍状病变，叶片病部披垂，叶脉发黄，叶片脱落。花轴和茎秆受害会导致软腐，潮湿条件下有灰白色稀薄霉层。病菌以菌丝及卵孢子附着在病株残叶上越冬，于4—5月发病，7—8月发病严重。防治方法：冬季清除残株病叶后用波尔多液喷畦面消毒；发病后及时剪除病叶。

（4）蚜虫。危害茎叶，使叶片皱缩，植株矮小，影响生长。防治方法：适当早播；保护和利用食蚜蝇等天敌；发生期用敌敌畏、鱼藤酮（按说明书使用）防治。

（5）短须螨。又称红蜘蛛。群集于叶背吸取汁液，使其变黄、枯萎、脱落。以6—10月危害严重。花盘和果实受害后造成萎缩、干瘪。

防治方法：清洁三七园；3月下旬以后喷 0.2～0.3 波美度石硫合剂，每隔 7 天喷 1 次，连喷 2～3 次。

四、采收与加工

1. 采收　三七一般种植 3 年以上即可收获。在 7—8 月开花前收获的称作春七，质量较好，若 7 月摘去花薹，到 10 月收挖更好。12 月至 1 月结籽成熟且采种后收获的质量较差，称作冬七。收获前 1 周，在离畦面 7～10 厘米高处剪去茎秆，收获时，用铁耙挖出全根。

2. 加工　将挖回的根摘除地上茎，洗净泥土。剪去芦头（羊肠头）、支根和须根，剩下部分称"头子"。将"头子"暴晒 1 天，进行第 1 次揉搓，使其紧实、直到全干，即为"毛货"。将"毛货"置麻袋中加粗糠或稻谷往返冲撞，使外表呈棕黑色光亮，即为成品。如遇阴雨，可在 50℃以下烘干。

三岛柴胡

> 　三岛柴胡为伞形科植物三岛柴胡（*Bupleurum falcatum* L.）的干燥根，为日本汉方中柴胡的主要来源，具解毒、解热、镇痛、消炎及强壮等功效，在日本被广泛用于感冒和肝炎的防治。三岛柴胡原产于日本和朝鲜等地，1965 年开始人工栽培，但生产量仅可满足日本国内需求量的 10％左右。现在我国陕西、北京、成都等地有较大规模生产。

一、形态特征

多年生草本，株高 40～100 厘米。茎直立，细而坚硬，呈绿色，中部以上多分枝，呈锯齿状弯曲，全株无毛。叶呈线形至广线形，坚硬，全缘，尖端与基部渐狭，尖端锐尖，无柄、互生；基生叶有长柄，具 5～7 条平行脉。花呈黄色，多数小复伞形花序着生于枝端，每个小伞形花序由 5～10 朵小花组成；小总苞片 5 枚，呈披针形，先端尖，长 2.5～4.0 厘米，有时比小花柄短；总苞片 1～3 枚，长可达 10 毫米。花瓣 5 枚，由中央向内侧弯曲，黄色；雄蕊 5 枚；子房下位，双悬果圆

形，长 2~3 毫米，无毛。分果肾形，表面黄褐色，具棱。花期 8—10
月，果期 10—11 月。

二、生长习性

三岛柴胡为一年生深根性植物，主根长可达 20 厘米以上。4—5 月
幼苗出土时，幼苗生长缓慢，7—8 月生长加快，10 月以后根重增加明
显，故此期为产量形成的关键时期。

种子容易萌发，但发芽率低，一般在 40% 左右。经层积或激素处
理可提高到 50%~70%。发芽适温为 18~20℃。隔年种子几乎不发芽。

三岛柴胡喜温暖湿润环境，较耐寒，耐旱，但忌高温和涝洼积水。
忌连作。

三、栽培技术

1. 选地、整地　选择阳光充足、土层深厚、疏松的坡地或排水良
好的平原地种植。土质宜选壤土、沙壤土或偏沙性的轻黏土。一般可种
红薯、小麦的地方或山坡初垦地均可种植。深翻 20~30 厘米，整地前
每亩施入充分腐熟的农家肥 4 000~5 000 千克，配施少量磷、钾肥，整
细耙平，作成宽 1.2~1.5 米的高畦。

2. 繁殖方法　种子繁殖，以直播为主，也可育苗移栽。

（1）种子处理。播前用 50℃ 的温水浸种 16~20 小时，随后用少许
草木灰拌种，有利于提高出苗率。有条件的地方可将种子层积 3~4 个
月，也可明显提高出苗率，且出苗较整齐。

（2）播种方法。一般 3~4 月播种。条播，行距 25~30 厘米，播后
稍加镇压，并覆细土 0.5~1.0 厘米，再覆些稻草以利保湿。一般播后
25~35 天即可出苗，每亩用种量为 1.5~2.0 千克。

3. 田间管理

（1）中耕除草。出苗前后杂草滋生，应及时除去覆盖物并进行中耕
除草，至少每隔 10~15 天进行一次。也可用除草剂除草，但应注意选
择具选择性的除草剂，前者在播种前撒施土壤，后者在出苗后 10~20
天，选晴天以喷雾的方式全面喷洒，可达到有效防除杂草的目的，即使
有残存的杂草，人工除去即可。具体除草剂施用浓度可参照说明书。中
耕除草工作对三岛柴胡生长及以后的产量极为重要，一般到 8—9 月，

苗直立后即可停止。

（2）间苗、补苗。可结合中耕除草进行，间去过密苗或弱苗，并保持株距 8～10 厘米为宜。若有缺株，则应及时补苗。

（3）追肥。一般于 5 月下旬，当苗长至 4～6 厘米高时进行追肥。追肥以有机肥为主，如一般肥力的土壤，每亩可追施腐熟堆肥 3 000 千克，菜籽饼 50 千克，过磷酸钙 10 千克。如用其他化肥，可以此为参考，但最好与有机肥配合施用。视生长情况于 9 月上旬可再追肥一次，但此时以磷、钾肥为主。

（4）摘心。一年生植株大部分、二年生植株全部于 8—9 月开始抽薹开花，除留种地外应及时摘蕾，以利地下根生长。具体操作时可用镰刀割除。

（5）灌排。三岛柴胡较抗旱，但忌涝，故除苗期外，一般不必浇水。雨后应及时排出积水。5 月适当干旱有利于主根伸长。

4. 病虫害防治

（1）根腐病。高温多雨季节易发生，尤以二年生植株遇积水时多发。防治方法：雨季及时排出积水；不宜重施氮肥；忌连作，最好与禾本科作物轮作；及时清除病株。

（2）根结线虫病。6 月始发，危害根部直至全株。防治方法：避免与花生或甘薯轮作；用杀虫剂进行土壤消毒后至少半个月再播种。

（3）蚜虫。花期危害严重。防治方法：喷施吡虫啉等内吸性杀虫剂。

四、采收与加工

一般于 11 月下旬至 12 月上旬，待地上部枯黄后采挖，去除茎叶和须根，洗净，放阳光下晒干搓去毛须即可，折干率为 27% 左右。一般一年生植株每亩产干根 20～40 千克，二年生植株产干根 40～60 千克。产品以香气充足、根质柔软、色泽浓厚者为佳。

五、留种技术

一年生植株虽能开花结籽，但量少且质较差，故多用二年生植株留种。对留种田应加强肥水管理，并于 9 月上旬每亩增施磷、钾肥 20 千克左右，一般于 11 月中、下旬，当植株开始枯黄，有 70%～80% 种子成熟时即可采收，晾干扬净后置通风干燥处收藏。采种后的植株根部仍可入药，但质量将有所下降，具体表现为木化、变硬。

千 年 健

千年健为天南星科植物千年健 [*Homalomena occulta*（Lour.）Schott] 的干燥根茎，别名一包针、千年见、团芋、千颗针、湾洪（傣语）。药材含芳香性挥发油成分。味苦、辛，性温。有祛风湿、壮筋骨、止痛、消肿的功效。可治风湿痹痛、肢节酸痛、筋骨痿软、胃痛、痈疽疮肿等症。主产于我国广西南部和云南省的热带地区，福建省东南部亦有分布。

一、形态特征

千年健为多年生草本植物。根茎匍匐，长圆柱形，肉质，直径1～2厘米。鳞叶线状披针形；叶片膜质至纸质，箭状心形，一级侧脉7对，其中3或4对基出，向后裂片下倾而后弧曲上升，上部的斜伸，二、三级侧脉极多数，近平行，细弱。花序1～3个，生鳞叶之腋，佛焰苞宿存，长圆形至椭圆形，长6.0～6.5厘米，席卷成纺锤形，粗约3厘米，盛开时上部略展开成短舟状，具长约1厘米的喙；肉穗花序具短梗或无柄。浆果具多数种子，种子长圆形，褐色，具多数纵肋。花期7—9月。

二、生长习性

千年健喜温暖湿润、荫蔽，怕寒冷、干旱和强光直射，是比较典型的喜阴植物。一般在年平均气温22℃左右、年降水量1 000毫米以上、空气相对湿度80%以上、荫蔽度在70%～90%、土壤含水量在30%～40%的肥沃沙质壤土生长良好。能耐0℃左右短时低温；过于干旱时植株易枯萎死亡。在强光下植物生长缓慢，叶片变黄，甚至发生灼伤现象。

千年健生长缓慢，在生长期间随地上茎的增高，根茎也增长和增粗，并不断从根茎节上抽出新芽，长出新的分株，形成植株丛。一年四季都可抽芽形成新的分株，营养生长期抽芽成株多，花期抽芽成株少。

三、栽培技术

1. 选地、整地　育苗地和种植地均宜选择在树木生长繁茂的阔叶林下或土质疏松肥沃的坡地、河谷或溪边阴湿地。林下栽培应选择地势不超过30°的坡地，山地栽培以选择质地疏松的沙质壤土为宜。忌在干旱、地势低洼、黏重、瘠薄的土壤中栽培。林下栽培时于冬末春初整地，清除林下杂物，保持荫蔽度70%～90%；山地栽培时应先翻地，一般深25～30厘米，作成高或平畦，畦宽、畦高可因地制宜。

2. 繁殖方法　用根状茎繁殖。除12月至翌年2月低温季节外，其他季节均可繁殖。以3—4月繁殖较好，头年可充分生长，利于度过冬、春低温干旱季节。选择健壮的根茎，3～4个节截成一段，长10～12厘米。可先育苗移栽或直接栽植于大田。苗床育苗为按行距15～20厘米、株距12厘米平放茎段，覆土约3厘米，保持苗床湿润，1.5～2个月发根出苗，然后定植于大田。育苗定植要选择凉爽湿润时期进行，并及时做好荫蔽。定植行株距为50厘米×40厘米。每穴栽根苗1株或根茎1～2段。

3. 田间管理　苗期勤除草松土，并追施氮肥，促苗生长。每年春末夏初雨季初期进行压青或开沟施入厩肥、草皮泥等，并结合施肥进行培土，利于茎生长和保暖越冬。土壤易干燥地，冬前应盖草保湿。旱季如遇土壤干燥，必须灌溉。随时保持荫蔽，防止阳光直射。

4. 病虫害防治　目前，发现的病虫害还不多，偶见叶片有病斑，但危害不大，只要及时喷1∶1∶200波尔多液即可消除。

四、采收与加工

种植3～5年后，根茎长至40厘米以上时即可采收。一般以秋、冬季采收为宜。挖出鲜根后，除去茎叶、不定根、外皮及泥沙杂质，切成长15～40厘米的节段，晒干或低温干燥。切忌将千年健切成片或纵切成细条晒干，否则其有效成分挥发油散失太多，会降低药效。据检测，云南产的粗加工的千年健片子，其挥发油含量仅为0.2%，而正常加工的梗子所含挥发油在0.7%～0.8%。很明显，有效成分挥发油含量降低主要是加工方法不当所致。

大　黄

　　大黄为蓼科植物掌叶大黄（*Rheum palmatum* L.）、唐古特大黄
（鸡爪大黄）（*R. tanguticum* Maxim. ex Regel.）、药用大黄
（*R. officinale* Baill.）的干燥根及根茎，又称生军、将军、川军。
性味苦、寒。有泻实热、下积滞、行瘀、解毒功效。用于治疗实热
便秘、积滞腹痛、湿热黄疸、急性阑尾炎、不完全性肠梗阻等症。
主产于青海、甘肃、四川、陕西等地。

一、形态特征

　　大黄为蓼科多年生草本植物，根肉质肥大，木质化，不分权，呈萝卜
形，有的具数个分权，呈牛头形。茎直立，不分枝，高90～120厘米，中
空，有纵沟和短柔毛。根生叶大，近圆形，掌状深裂。花序圆锥形，分枝
紧密，小枝向上挺直，数枚簇生于各节。花小，数朵簇生，绿白色或浓紫
色。瘦果红色，三角形，长圆，具3个棱翅，顶部圆形或微凹，基部心形。

二、生长习性

　　性喜冷凉气候，耐寒，忌高温。野生于我国西北及西南海拔2 000
米左右的高山区；家栽在海拔1 400米以上的地区。要求气候条件为冬
季最低气温要在-10℃以上，夏季气温不超过30℃，无霜期150～180
天，年降水量为500～1 000毫米。对土壤要求较严，一般以土层深厚、
富含腐殖质、排水良好的壤土或沙质壤土最好。在黏重、酸性土壤栽
种，会造成根茎生长不良，影响产量。排水不良、地下水位过高的地块
不宜种植。大黄忌连作，需经4～5年后再种，宜与豆科、禾本科作物
轮作，或以党参、黄连为前茬。

　　大黄种子容易萌发，在15～25℃条件下，发芽率可达85%以上，
种子寿命为1～2年。

三、栽培技术

　　1. 选地、整地　大黄是一种深根性植物，主根可深入土层30～45

厘米，选地以疏松、排水良好的沙质壤土坡地为好，前茬作物玉米、马铃薯等收获后，结合深耕施足基肥，每亩施厩肥 4 000～5 000 千克，如土壤贫瘠，还可增加施肥量。

2. 繁殖方法　主要用种子繁殖，也可用子芽繁殖。种子繁殖又分直播和育苗移栽两种方法。

（1）直播。在初秋或早春进行。直播按行株距 70 厘米×60 厘米穴播，穴深 3 厘米左右，每穴播种 5～6 粒，覆土 2 厘米左右。每亩用种量为 1.5～2.0 千克。

（2）育苗移栽。为了节约种子和提高土地利用率，或在春季干旱、不宜直播栽培的地区，常采用播种育苗，移栽大田。方法是在整好地块作宽 1.2 米、长 21 米的高畦，四边开好排水沟。横向在畦上开沟条播，行距 12 厘米，深 5 厘米，将种子均匀撒入沟内，覆土 2～3 厘米，再覆一层草。发芽出土后揭去覆草。注意拔草。5—6 月施一些稀人粪尿作为追肥。10 月下旬在大黄苗行上培土 3～5 厘米，以防幼苗受损，第 2 年移栽。

育苗第 2 年 4 月中旬（谷雨）或 8 月下旬（处暑）移栽。将苗挖出后把侧根剪去，及时栽植在整好的土地上，株行距各 60 厘米，挖穴 15～30 厘米深，每穴 1 株，覆土，埋住芦头，压实土壤，使根与土紧密贴合。

移栽时可采取曲根定植，即定植时将种苗根尖端向上弯曲呈 L 形，可大大降低植株的抽薹率。

（3）子芽繁殖。在收获大黄时，将母株根茎上萌生的健壮而较大的子芽摘下种植。过小的子芽可栽于苗床里，第 2 年秋天再定植。为防止伤口处腐烂，栽种时可在伤口涂草木灰。

3. 田间管理

（1）中耕除草。大黄第 1 年幼苗小，杂草易生，结合松土要勤除草，在行间种植大豆、玉米，抑制杂草生长。第 2～3 年，在 5 月上旬、7 月中旬除草松土，并在根部多培土。

（2）施肥。大黄为喜肥植物，除施基肥外，每年还需追肥。第 1 年 6 月每亩追施饼肥 50 千克，过磷酸钙 10～20 千克。第 2 年追肥 2 次，分别于 5 月、6 月在行间开沟施入人粪尿，或每亩施过磷酸钙加氯化钾 10～20 千克，施后覆土，浇水。

（3）打薹。大黄栽种后，第2年开始抽薹开花，除留种地外，其余植株的花薹摘掉。打薹应在晴天进行。

4. 病虫害防治

（1）根腐病。在大黄产区普遍发生，危害率达3%～5%，严重时可达50%左右。幼苗根茎的下部和中部表现为湿润性大小不规则的病斑，局部变黑腐烂，呈水渍状，与正常组织有明显的分界，易剥离，发生初期地上部分无明显症状。带病幼苗移栽后尚能出苗，但苗小瘦弱，严重感病的幼苗不能出土。后期叶尖下垂，很快整个叶片萎蔫，根部变黑，腐烂。防治方法：可与禾本科、豆科植物实行5年以上轮作；雨后及时排水；生长期经常松土，防止土壤板结；发现病株及时拔除销毁，收获后认真清除田间病残组织，以减少菌源，用草木灰或生石灰进行局部土壤消毒。

（2）轮纹病。该病在大黄各产区均有分布，主要危害幼苗、成株的叶片。一般发生于5—6月，降水量多，易发病。以三年生大黄最易感病，严重者发病率达40%～50%。发病初期在叶片产生红褐色小点，以后逐渐扩大，病斑颜色逐渐变为灰褐色至褐色，上有不明显同心轮纹，后期在病斑中央出现黑色小点，为病原菌无性时期的分生孢子器。病斑易穿孔。当条件适宜时，病斑往往相互连接，导致叶片提前枯萎。病原菌在田间病残组织上越冬。防治方法：与禾本科、豆科植物实行4年以上轮作；收获后认真清除病残组织，集中沤肥或烧毁，沤肥时应充分腐熟。

（3）霜霉病。主要危害叶片。叶片产生多角形、不规则形病斑，黄绿色，水渍状，边缘不明显。潮湿时，叶背产生灰紫色霉状物。发病严重时，病叶变黄干枯。低温、高湿条件病害发生严重。一般在4月中、下旬开始发病，5—6月为发病高峰。防治方法：与禾本科、豆科植物实行4年以上轮作；及时拔除病株，收获后彻底清除病残组织，集中烧毁或沤肥，减少病原菌。

（4）黑粉病。在大黄各产区均有分布，7—8月发病最重，阳坡地重于阴坡地，严重者发病率为40%～50%。发病初期在叶片产生红疱，病斑周围呈紫红色，病斑叶片正面隆起，隆起部分呈鲜红色脓包状，正面色比背面鲜红，以后隆起部分凹陷，病斑穿孔，叶片枯萎。病原菌在田间病残组织上越冬。防治方法：加强栽培管理，注意苗田、大田和留种田要严格分开，避免连作和交互利用；轮作时间至少3年以上，以减少土壤菌量；要选择无病株隔离栽培留种，将病残体及采收时的大黄叶集中堆放或烧毁，防止残体带菌传病。

（5）炭疽病。主要发生在叶片，发病较早。叶片上的病斑近圆形，直径2～4毫米，病斑中央浅黄褐色，边缘红褐色，后期生有褐色小点，发病后期病斑穿孔。此病多发生在雨水较多的季节和施氮肥较多的地块。病原菌在田间病残组织上越冬，越冬后借风雨传播。防治方法同轮纹病。

（6）斑枯病。叶片受害，初期产生褪绿小点，后扩大为多角形、近圆形病斑，直径为0.8～1.2厘米。防治方法：收获后认真清除病残组织，集中烧毁和沤肥，沤肥时一定要充分腐熟，以杀死组织中的病菌。

（7）蚜虫。一年发生2～3代，在大黄幼苗期和成株期危害，以夏季危害最为严重。主要吸食植株体汁液，导致全株瘦小，严重时叶片卷缩或枯死，造成严重减产。防治方法：喷施吡虫啉等内吸性杀虫剂。

（8）甘蓝夜蛾。主要危害大黄的叶片，初孵化时的幼虫围在一起于叶片背面进行危害。白天潜伏在叶片下、菜心、地表或根周围的土壤中，夜间出来活动，形成暴食。严重时往往能把叶肉吃光，仅剩叶脉和叶柄，污染叶球，还易引起腐烂。防治方法：发生期及时消灭卵块及初孵幼虫；喷90%敌百虫800～1 000倍液；利用黑光灯诱杀。

四、采收与加工

大黄栽种2～3年后，在9—10月地上部枯萎时收获。收获时，先剪去地上部分，将根茎与根全部挖出，仔细将土抖掉，过大的根茎可切成几块，中、小根茎切成片，风干、晒干或烘干。干后装于木箱或撞药设备内冲撞，撞去粗皮，露出黄色即可。每亩可收干货200～250千克。

五、留种技术

选生长健壮无病虫害、品种较纯的三年生植株进行留种，加强田间管理，于5—6月抽花茎时设立支架，以免被风吹断。种子成熟极易被风吹落，应经常注意生长情况。7月中、下旬部分种子呈黑褐色时，即迅速割回，放在通风阴湿处使其后熟，数日后抖下作种用。供春播用的种子应阴干贮藏，勿使受潮发霉。

山　药

山药为薯蓣科植物薯蓣（*Dioscorea polystachya*）的干燥块茎，别名怀山药、白山药、淮山药。性平、味甘。具补脾胃、益肺肾之功效。主治肺虚咳嗽、赤白带下等症。主产于河南，湖南、江西、广西等地亦产，均为栽培。

一、形态特征

多年生缠绕草本，根状茎长而粗壮，可达60厘米长，外皮灰褐色，断面白色，具黏液。茎常带紫色，右旋，叶对生或三叶轮生，三角形或卵形，基部戟形，变异大，叶腋内常生珠芽（零余子）。花极小，单性，雌雄异株，穗状花序，雄花直立，雌花下垂，聚生于叶腋。蒴果扁圆形，具翅，表面常被白粉，种子扁圆形。花期6—9月，果期7—11月。

二、生长习性

山药喜生长于土层深厚、疏松、排水良好的沙质壤土，对气候条件要求不甚严格，但以温暖湿润气候为佳。地上部分经霜就枯死，地下部分也不耐冰冻，生长适温为20～30℃。

山药种子不易发芽，无性繁殖能力强，可用芦头和珠芽繁殖，生产周期为1～2年。

三、栽培技术

1. 选地、整地　选择向阳地块，以地势平坦、土质疏松肥沃、排水良好的沙壤土为宜，低洼积水地不宜种植。选好地块后，于秋后深翻土壤一次，翻深60厘米，每亩施入3 000千克腐熟农家肥，再翻耕一次，使得土壤疏松匀细，于栽前整成高畦或高垄，垄宽在40厘米左右，畦宽在1米左右，两边开好排水沟。

2. 繁殖方法　以珠芽和芦头繁殖，珠芽主要用来育苗，芦头常用来生产山药，芦头连续栽植易引起退化，可用珠芽改良，一般2～3年更新一次，优良品种有铁棍山药、太谷山药等。

（1）珠芽繁殖。于植株枯萎时，摘取珠芽（零余子），选择个大饱满、无病虫害的作种，置室内沙藏或室外越冬。3—4 月播种，按行距 25 厘米开沟，每相隔约 10 厘米种 2～3 粒，深度以 6～8 厘米为宜，播后浇水，约半月出苗。当年秋季挖取根部作种栽，称圆头栽。

（2）芦头繁殖。在收山药时，选粗壮、无病虫害的根茎，于芦头约 10 厘米处切下，切口涂草木灰，置通风处晾干后，放在室内沙藏，温度在 5℃左右为好。畦栽可按行距 30～45 厘米开沟，沟深 15 厘米、宽 15 厘米，再按株距 15 厘米将芦头平放沟内，也可每沟双行，排成"人"字形，将芦头种在沟的中线两旁，相隔 3 厘米，栽后覆土稍镇压。

3. 田间管理

（1）搭架。山药为缠绕性植物，生长期应搭架。苗高 20～30 厘米时即可搭架，材料可就地取材，树条、竹条均可，搭架要牢固，高约 2 米。

（2）浇水。生长期过干、过湿都易造成根分杈。雨季注意排水，高温旱季要注意适时浇水，以早晚浇水为好，浇水深度不宜超过根生长的深度，以土壤不干裂为宜。

（3）间苗。出苗后，结合中耕适时间苗，同时注意对芦头摘芽，以每株留 1～2 个健壮芽为好，其余茎叶全部摘除。

（4）追肥。除施足基肥外，生长期还应进行 2～3 次追肥，搭架时施 1 次，8 月下旬再追施 1 次，以人粪尿或饼肥进行沟施。

4. 病虫害防治

（1）炭疽病。7—8 月发生，危害茎叶，造成茎枯、落叶。防治方法：移栽前用 1∶1∶150 波尔多液浸种 10 分钟；做好田间清洁，防止病原菌传播。

（2）褐斑病。危害叶，病斑不规则、褐色，散生小黑点，雨季严重。防治方法：清除病残叶并烧毁；发病期用 1∶1∶120 波尔多液喷洒，每 7 天 1 次，连续 2～3 次。

（3）白锈病。7—8 月发生，危害茎叶，茎叶上出现白色突起的小疙瘩，破裂，散出白色粉末，造成地上部枯萎。防治方法：及时排灌，防止地面积水；不与十字花科作物轮作；发病期喷 1∶1∶100 波尔多液防治。

（4）线虫病。主要为短体线虫病，危害块根，使受害块根出现大小不等的小瘤，影响质量和产量。防治方法：避免在有线虫害发生的土地上栽种；严格选择，淘汰感染线虫病的芦头和种栽。

四、采收与加工

10月下旬，地上部苗枯黄时即可采挖。先采收珠芽，再拆除支架，剪去藤茎，然后进行采挖。力使完整，芦头作种栽，下部块根洗净后用竹刀刮净外皮，放在坑里用硫黄熏12～24小时，待山药变软后，取出晒干或烘干，置干燥处贮藏。

川 牛 膝

川牛膝为苋科植物川牛膝（*Cyathula officinalis* Kuan）的干燥根，别名牛夕。具和血祛瘀、通利关节等功效，用于治疗经闭、尿血、关节酸痛、跌打损伤等症。四川省乐山、雅安、凉山等地均有分布，以天全县、金口河区、荥经县等栽培历史较久，产量大，质量好。

一、形态特征

多年生草本，高50～100厘米。主根长圆柱形，土棕色，味微甘，茎直立，茎下部近圆柱形，中部近四棱形或近方形，具糙毛，节略膨大。叶对生，叶柄密生糙毛，叶片椭圆形，先端渐尖，基部楔形，全缘，表面暗绿色。顶生或腋生绿白色小花，花密集成圆头状花序。胞果长椭圆状倒卵形，暗灰色，基部略被疏柔毛，种子卵形，赤褐色。花期6—7月，果期8—9月。

二、生长习性

川牛膝喜寒凉湿润的自然环境。四川多栽培于海拔1 200～2 000米的高寒山区，一般年降水量约1 500毫米以上，冬季有3～4个月积雪。

在海拔1 500米左右，生长3～4年植株的成熟种子，播后10～15天即可出苗，且发芽率高，种子寿命为1年，播后第1年为营养生长，第2年为生殖生长。夏季为旺盛生长期，并同时长根，秋末冬初进入冬季休眠期。

三、栽培技术

1. 选地、整地　选疏松肥沃的壤土栽培为宜，山坡一般以向阳坡为佳。9—10 月下雪前深翻土地，深度最好在 30 厘米以上，翻后休耕冻土；翌年清明前后再翻一次，整细耙平后作 1.3 米左右的高畦。

2. 繁殖方法　用种子繁殖。栽培上所用种子实质为胞果，种子发芽力因生长年限而不同，三至四年生植株结的种子最好，栽培当年所结的种子常不能发芽，隔年陈种不作种用。播种分春播和秋播，春播在 4 月前后，由于海拔高度不同，播种时间有所差异，海拔低的可以稍早，以在雪后早播为宜，秋播为 8 月前后。主产区一般采取高山春播、低山秋播的办法，出苗率高，缺窝少。

3. 田间管理

（1）中耕除草和间苗。每年中耕除草 3～4 次。播种当年 5 月中、下旬进行第 1 次中耕除草，宜浅锄或用手扯，并结合匀苗、补苗，每窝留苗 4～6 株，这次除草很重要，宜早尽早；第 2 次在 6 月中、下旬，中耕前再匀苗 1 次，每窝定苗 2～3 株；7—8 月再进行 2 次。第 2 年中耕除草 2～3 次。第 3 年若要收获，就只进行 1～2 次。

（2）施肥、培土。每年结合中耕追肥 3 次。第 1、第 2 次在中耕后，施用人畜粪水及火灰，并进行培土防冻。培土厚度以使根头幼芽埋入土里约 7 厘米为宜。如不培土，根头易被冻坏，造成缺窝减产。

4. 病虫害防治

（1）黑头病。多发生于春、夏季，主要是芦头盖土太薄，冬季受冻害引起发黑霉烂。防治方法：注意排水防涝，冬季培土。

（2）线虫病。多发生在低海拔地区，在根上形成凹凸不平的肉瘤。防治方法：注意选土。

（3）白锈病。发病初期在叶背面呈现白色的近圆形至不规则形疱斑，也就是孢子堆，可引起叶片黄枯，最后枯死。防治方法：注意轮作，深耕和清除病残组织；春寒多雨季节，开沟排水降低田间湿度；从 3 月上旬开始喷洒波尔多液等进行药剂防治。

（4）叶斑病。叶片染病初期在叶面上产生许多水渍状暗绿色圆形至多角形小斑点，逐渐扩大，在叶脉间形成褐色至黑褐色多角形斑；叶柄染病初期出现黑色短条斑，稍凹陷，叶柄干枯卷缩。防治方法：去除病叶，以减少病菌源；采用高畦栽培，严禁大水漫灌，减少水流传染；用硫酸亚铁 500 倍液喷雾防治，隔 10 天左右喷 1 次，连续防治 2～3 次。

（5）毛虫、红蜘蛛。5—6 月危害叶片。防治方法：可喷施苏云金杆菌（Bt）、杀螨剂防治。

四、采收与加工

川牛膝在播后 3～4 年的 10—11 月收获。要求深挖，减少断根。挖后抖去泥土，砍去芦头，剪掉须根，割下侧根，使主根、侧根均成单支。然后按根条大小理顺成小把，立放炕上用无烟煤微火烘炕或放在晒场上日光炕脆。半干后堆放数日，回润后再炕或晒到全干。通常三年生植株每亩产干货 150～200 千克，四年生产 200～250 千克。

川 贝 母

川贝母为百合科植物川贝母（*Fritillaria cirrhosa* D. Don）、暗紫贝母（*F. unibracteata* Hsiao et K. C. Hsia）、甘肃贝母（*F. przewalskii* Maxim. ex Batal.）和梭砂贝母（*F. delavayi* Franch.）的干燥鳞茎。前三者的鳞茎形状有两种，分别习称松贝和青贝，后者习称炉贝。具清热润肺、化痰止咳功效，用于治疗肺热咳嗽、干咳少痰、阴虚劳咳、咯痰带血等症。主产于我国四川、陕西、湖北、甘肃、青海和西藏。

一、形态特征

1. 暗紫贝母 株高 15～60 厘米。鳞茎扁球形或近圆锥形，茎直立，无毛，绿色或具紫色。茎生叶最下面 2 枚对生，上面的通常互生，无柄，线形至线状披针形，先端渐尖。花生于茎顶，通常 1～2 朵；花被片 6 枚，长 2～3 厘米，深紫色，内面有或无黄绿色小方格；叶状苞片 1 枚，先端不卷曲。蒴果长圆形，6 棱，棱上翅宽约 1 毫米。种子卵形至三角状卵形，扁平，边缘有狭翅。

2. 甘肃贝母　与暗紫贝母相似。区别在于花黄色，有细紫斑，花柱裂片通常短于 1 毫米，叶状苞片先端稍卷曲或不卷曲。

3. 川贝母　株高 20～85 厘米。与暗紫贝母区别在于茎生叶通常对生，叶线形、狭线形，先端卷曲或不卷曲；花被长 2.5～4.5 厘米，黄绿色或紫色，具紫色或黄绿色的条纹、斑块、方格斑，花柱裂片长 2.5～5.0 毫米，叶状苞片通常 3 枚，先端向下面卷曲 1～3 圈或成近环状弯钩。蒴果棱与翅宽 1.0～1.5 毫米。

4. 梭砂贝母　株高 15～35 厘米。须根根毛长密；着生叶的茎段较花梗短，茎生叶卵形至椭圆状卵形，花被长 2.5～4.5 厘米；蒴果翅宽约 2 毫米，宿存花被果熟前不萎蔫。

二、生长习性

川贝母喜冷凉气候条件，具有耐寒、喜湿、怕高湿、喜荫蔽的特性。气温达到 30 ℃或地温超过 25 ℃，植株就会枯萎；海拔低、气温高的地区不能生存。在完全无荫蔽条件下种植，幼苗易成片晒死；日照过强会促使植株水分蒸发和呼吸作用加强，易导致鳞茎干燥率低，贝母色稍黄，加工后易成"油子""黄子"或"软子"。

川贝母种子具有后熟特性。播种出苗的第 1 年，植株纤细，仅"一匹叶"；叶大如针，称"针叶"。第 2 年具单叶 1～3 枚，叶面展开，称"飘带叶"。第 3 年抽茎不开花，称"树兜子"。第 4 年抽茎开花，花期称"灯笼"，果期称果实为"八卦锤"。在生长期，如外界条件变化，生长规律即相应变化，进入"树兜子"。"灯笼花"的植株可能会退回"双飘带""一匹叶"阶段。

川贝母植株年生长期 90～120 天。9 月中旬以后，植株迅速枯萎、倒苗，进入休眠期。

三、栽培技术

1. 选地、整地　选背风的阴山或半阴山为宜，并远离麦类作物，防止锈病感染；以疏松、富含腐殖质的壤土为好。结冻前整地，清除地面杂草，深耕细耙，作 1.3 米宽的畦。每亩用厩肥 1 500 千克，过磷酸钙 50 千克，油饼 100 千克，堆沤腐熟后撒于畦面并浅翻；畦面做成弓形。

2. 鳞茎繁殖 7—9月收获时，选择无创伤病斑的鳞茎作种，用条栽法，按行距20厘米开沟，株距3~4厘米，栽后覆土5~6厘米。或在栽时分瓣，斜栽于穴内，栽后覆盖细土、灰肥3~5厘米厚，压紧镇平。

3. 田间管理

（1）搭棚。川贝母生长期需适当荫蔽。播种后，在春季出苗前揭去畦面覆盖物，分畦搭棚遮阴。搭矮棚，高15~20厘米，第1年荫蔽度50%~70%，第2年降为50%，第3年为30%；收获当年不再遮阴。搭高棚，高约1米，荫蔽度50%。最好是晴天荫蔽，阴天、雨天揭棚炼苗。

（2）除草。川贝母幼苗纤弱，应勤除杂草，不伤幼苗。除草时带出的小贝母随即栽入土中。每年春季出苗前及秋季倒苗后各用草甘膦除草1次。

（3）追肥。秋季倒苗后，每亩用腐殖土、农家肥再加25千克过磷酸钙混合后覆盖畦面3厘米厚，然后用搭棚树枝、竹梢等覆盖畦面，保护贝母越冬。有条件的每年追肥3次。

4. 病虫害防治

（1）锈病。锈病为川贝母主要病害，病原菌多来自麦类作物，多发生于5—6月。防治方法：选远离麦类作物的地种植；整地时清除病残组织，减少越冬病原菌；增施磷、钾肥；降低田间湿度；发病初期喷0.2波美度石硫合剂。

（2）立枯病。危害幼苗，发生于夏季多雨季节。防治方法：注意排水，调节荫蔽度以及阴雨天揭棚盖；发病前后用1:1:100波尔多液喷洒。

（3）根腐病。根腐病通常5—6月发生，根发黄腐烂。防治方法：注意排水，降低土壤湿度，拔除病株；用5%石灰水淋灌，防止扩散。

（4）虫害。金针虫、蛴螬4—6月危害植株。防治方法：用灯光诱杀成虫或用引诱剂诱杀。

四、采收与加工

家种、野生川贝母均于6—7月采收。家种贝母用种子繁殖的，播后第3年或第4年收获。选晴天挖起鳞茎，清除残茎、泥土，挖时勿伤鳞茎。

贝母忌水洗，挖出后要及时摊放晒席上；以1天能晒至半干，翌日能晒至全干为好。切勿在石坝、三合土或铁器上晾晒。切忌堆沤，否则冷油变黄。如遇雨天，可将贝母鳞茎窖于水分较少的沙土内，待晴天抓紧晒干。亦可烘干，烘时温度控制在50℃以内。在干燥过程中，贝母外皮未呈粉白色时，不宜翻动，以防发黄。翻动用竹、木器而不用手，以免变成"油子"或"黄子"。

川　芎

川芎为伞形科植物川芎（*Ligusticum chuanxiong* Hort.）的干燥根茎，别名抚芎、台芎等。有活血行气、祛风止痛、疏肝解郁的功能。主治头痛、胸胁痛、痛经、风湿痛等症。主产于川西平原的都江堰、崇州、温江等。此外，江西、湖北、云南、贵州、甘肃等地亦有栽培。

一、形态特征

多年生草本，高20～60厘米。根状茎呈不规则的结节状拳形团块，黄褐色，粗糙不匀，有明显结节状起伏的轮节，节盘凸出。茎直立圆柱形，中空，上部分枝，茎部的节膨大成盘状。叶互生，二至三回羽状复叶，叶柄基部扩大抱茎。复伞形花序生于分枝顶端，花白色。双悬果，广卵形。花期6—7月，果期7—8月。

二、生长习性

川芎喜雨量充沛而较湿润的环境，但在7—8月高温多雨季节，如湿度过大，易引起烂根。川芎苓种培育阶段和苓种贮藏期要求冷凉的气候条件。主产区多选阴凉山洞贮藏苓种。宜选土质疏松肥沃、排水良好、中性或微酸性的沙壤土。忌连作。

三、栽培技术

1. 选地、整地　栽培川芎宜选地势向阳、土层深厚、排水良好、肥力较高、中性或微酸性的土壤。过沙的冷沙土或过黏的黄泥、白鳝泥、下湿田等不宜栽种。栽前除净杂草，烧灰作肥，挖土后整细整平，根据地势和排水条件，作成宽1.6～1.8米的畦。

2. 繁殖方法 采用地上茎节（苓子）进行无性繁殖。

（1）苓种培育。一般在 1 月至 2 月初，先将平地栽培的川芎根茎掘起，除去须根、泥土和茎叶，成为"抚芎"。然后运往高山区繁殖。栽植距离分大、中、小 3 级，分别为 30 厘米×20 厘米、25 厘米×15 厘米、20 厘米×10 厘米。在整平耙细的畦面上开穴 6～7 厘米深，每穴栽"抚芎" 1 块，芽头向上，栽正压实，再浇少量稀薄肥水。每亩"抚芎"用量为 150～250 千克。

（2）苓种田管理。①间苗。3 月上旬陆续出苗，约 7 天左右齐苗。当每墩长出地上茎 10～20 根时，可于 3 月下旬至 4 月上旬，扒开根际周围的土壤，露出根茎顶端，选留其中生长健壮的地上茎 8～10 根，其余的从基部割除，使养分集中供给苓种生长发育，培育壮苗。②中耕除草。3 月中旬和 4 月下旬各进行 1 次中耕除草，宜浅不宜深，避免伤根系，除草要做到"除早、除小、除了"，以减少病虫危害。③追肥。疏苗后进行第 1 次追肥，每亩追施草木灰 150 千克，混入腐熟的饼肥 100千克和人畜粪水 1 000 千克施于行间。4 月下旬再进行第 2 次追肥。

（3）苓种收获与贮藏。①收获。7 月中、下旬，当茎上节盘显著膨大、略带紫色时，选择阴天或晴天的早晨及时采收。挖取全株，剔除有虫害及腐烂的茎秆，去掉叶片，割下根茎。②贮藏。挑选健壮的茎秆，捆成小束，置于阴凉的山洞或窖藏。窖内先铺一层茅草，再将茎秆与茅草逐层相间藏放。堆高 2 米左右，上面盖茅草，注意适时翻动。

（4）选苓。8 月上旬将茎秆取出，用刀切成 3～4 厘米的小段，每段中间需具有 1 个膨大的节盘，即苓子。每根茎秆可切 6～9 个苓子。然后进行分级、个选，剔除无芽、坏芽、虫咬伤、节盘带虫或芽已萌发的苓子，分别按级进行栽种。

（5）栽苓。8 月上、中旬，在整好的畦面上按行株距 33 厘米×20厘米开沟栽种，沟深 2～3 厘米。同时每隔 6～10 行的行间密栽苓子一行，以备补苗。苓子必须浅栽，且平放沟内，芽向上按入土中，使其既与土壤接触，又有部分节盘露出土表。栽后用筛细的堆肥或土粪掩盖苓子，注意必须把节盘盖住。随后在畦面铺盖一层稻草，以减少强光照射或暴雨冲刷的影响。

3. 田间管理

（1）中耕除草。栽后半月左右齐苗，揭去盖草，每隔 20 天左右中耕除草 1 次。缺苗处结合中耕进行补苗。最后一次中耕除草时在根茎周围培土，保护根茎越冬。

（2）追肥。产区在栽后 2 个月内集中追肥 3 次，每隔 20 天 1 次，末次要求在霜降前施下。每亩施肥量：农家肥猪粪尿 3 600 千克，油饼 30 千克，草木灰 100 千克；化肥硫酸铵 25 千克，过磷酸钙 40 千克，硫酸钾 10 千克，分 3 次施入。春季茎叶迅速生长时再追肥 1 次，用量同前。

4. 病虫害防治

（1）白粉病。夏、秋季高温多雨季节发病严重。防治方法：收获后清园，消灭病残体；发病后喷洒 0.3 波美度石硫合剂，每 10 天 1 次，连喷 3～4 次。

（2）斑枯病。5 月上旬发生，主要危害叶片。防治方法：收获后清园，残株病叶集中烧毁；发病初期喷洒 1∶1∶100 波尔多液，每 10 天 1 次，连喷 3～4 次。

（3）块茎腐烂病。危害川芎块茎。川芎块茎腐烂病是苓种被土壤里的尖孢镰刀菌和茄类镰刀菌侵染所引起的腐烂病，发病初期植株嫩叶、根系变黄，继续侵染块茎逐渐变成褐色直至腐烂，叶片、茎尖干枯直至植株完全枯死，产区俗称"水冬瓜"。防治方法：通过处理川芎苓种与采用轮作方式预防，如苓种贮藏与栽种前药剂浸泡、川芎与水稻轮作可有效预防病害发生。

（4）川芎茎节蛾。以幼虫危害川芎茎秆，一般一年 4 代，幼虫从心叶或鞘处蛀入茎秆，咬食节盘，造成"通秆"。防治方法：育苓阶段杀除第一、第二代的老熟幼虫；栽种前精选苓子，并用烟草、麻柳叶和水混合煮液浸泡 1 小时，再取出栽种。

四、采收与加工

以栽后第 2 年的 5 月下旬为最适采挖期。过早，地下根茎尚未充分成熟，产量低；过迟，根茎已熟透，在地下易腐烂。采挖宜选晴天，挖起全株。抖去根茎泥土，除去茎叶，用微火炕干后，放入竹笼里冲撞，去泥土及须根。每亩产干川芎 150～200 千克，芎苓种 500 千克以上。

广 防 己

广防己为马兜铃科植物广防己（*Aristolochia fangchi* Y. C. Wu ex L. D. Chow et S. M. Hwang）的干燥根，别名防己马兜铃、防己等。具有祛风止痛、清热利湿的功效。主产于广东、广西、云南、海南等地。

一、形态特征

多年生木质藤本，长 3～4 米。根粗壮，圆柱形，栓皮发达，长 15 厘米以上。茎下部不分枝，树皮厚，纵裂松软，嫩枝密被褐色长柔毛。叶互生，革质长圆形或卵状长圆形，主脉 3 条，基出，下面网脉凸起。总状花序，紫色，喇叭形，花被合生，紫红色，有黄斑及网纹，外被褐色茸毛，花被管基部膨大，上部短小呈檐部，圆盘状，边缘 3 浅裂。蒴果圆柱形或长圆状披针形；种子褐色，多数。花期 3—5 月，果期 8—10 月。

二、生长习性

广防己喜温暖气候，生长适宜温度为 15～25 ℃。耐旱喜阴，在过于干燥的地方生长较弱。喜生长于微酸性肥沃的沙质壤土中，多生于荒山草坡、灌丛、路旁、疏林地或荒芜地。

三、栽培技术

1. 选地、整地 选择排灌方便、土壤疏松肥沃、土质微酸的山坡地或荒芜地作种植地。全垦或带垦，整地作畦。选择背风、疏松肥沃、有荫蔽条件的疏林地或荒坡地作育苗地。深翻晒土，施足基肥，每亩施人畜粪 1 500～2 000 千克，拌匀整平后作高畦，畦宽 1.3 米，畦高 25～30 厘米，四周开沟，方便排水。苗床用 40％甲醛 1 000～1 200 倍液消毒，杀灭杂菌、虫卵。

2. 繁殖方法 用种子繁殖和扦插繁殖。

（1）种子繁殖。晚秋或翌年春季，取出种子播种。采用条播，在整好的畦上，按行距20厘米开浅沟，将种子撒在沟里，覆土，以不见种子为度，加草覆盖。

（2）扦插繁殖。选择二至三年生且生长旺盛、无病虫害、茎节粗壮的藤蔓作插条。用利刀截成10～15厘米的插条，要求每根插条具有3～4个节。在3月底4月初扦插。按10厘米×15厘米株行距进行扦插，要求斜插，插条埋入土中1/3，上部露出2～3个节。扦插后浇水，盖草保湿。

3. 田间管理

（1）遮阴。植株幼苗喜阴，插后应搭荫棚或间种油菜、木薯等作物遮阴，促进苗木生长。

（2）中耕除草。早春时勤除杂草。雨季土壤易板结，宜勤松土，以利于植株生长。

（3）排灌。经常保持田间湿润，以利于植株成活。成活后少浇水，特别是雨季，要做好排水工作，防止浸渍烂根。

（4）追肥。在开花前，每亩施用2 500千克稀人粪尿、过磷酸钙液；翌年春季在行间开沟，每亩追施1 500千克土杂肥或20～30千克过磷酸钙与10～15千克硫酸铵。

（5）搭设支架。当苗高30厘米时，应设支架，以利茎蔓攀缘生长。

4. 病虫害防治

（1）叶斑病。该病危害叶片，多发于高温高湿夏季。防治方法：用1∶1∶120波尔多液喷雾，每7天喷1次，连喷2～3次。

（2）根腐病。该病多发于夏季，危害根部，排水不良地较严重。防治方法：清除病株，并撒上石灰；用0.5％硫酸铜800～1 000倍液喷雾。

（3）马兜铃凤蝶。幼虫咬食叶片，造成缺刻。防治方法：冬季清洁田园，将残株集中烧毁；幼龄期用青虫菌500倍液喷洒防治。

（4）蚜虫。成虫或若虫成群集于叶片，吸取汁液，致使叶片发黄或枯萎。防治方法：用内吸性杀虫剂喷雾防治。

四、采收与加工

种植4～5年后可采挖，多于秋、冬季进行。用锄头挖取根部，抖净泥土，去掉地上枝蔓与细根。刮去栓皮层，截成10～15厘米的小段，粗大者可劈成两半，晒干或烘干即成商品。

五、留种技术

当果实由绿变黄时，将果实连柄摘下晒干，取出种子即播，或埋于湿沙中，放阴凉处保存。

丹 参

丹参为唇形科植物丹参（*Salvia miltiorrhiza* Bunge）的干燥根，又名血参、赤参、紫丹参、红根等，为常用中药，具活血祛瘀、消肿止痛、养血安神功能。主产于陕西、四川、安徽、江苏等地，我国大部分省份有分布和栽培。

一、形态特征

多年生草本，株高 30～100 厘米，全株密被柔毛。根粗长、肉质，外皮朱红色，内部白色。茎直立，四棱形，紫色或绿色，具节，上部多分枝。奇数羽状复叶，对生，小叶 3～7 枚，卵形，顶端小叶较大，边缘具圆锯齿。轮伞花序顶生或腋生，总状；小苞片披针形，被腺毛。花冠钟状，蓝紫色，二唇形；雄蕊 2 枚，子房上位，4 深裂，柱头 2 裂。小坚果 4 个，黑色或褐色，椭圆形。花期 5—8 月，果期 7—9 月。

二、生长习性

丹参对土壤、气候适应性强，喜阳光充足、暖和湿润环境，耐寒、耐旱。野生种多见于山坡草丛及沟边、林缘等阳光充足、较湿润的地方。春季地温 10℃时开始返青，20～26℃、相对湿度 80％时生长旺盛，秋季气温降至 10℃以下时，地上部分开始枯萎，根在 -15℃的条件下可安全越冬。

种子在 18～22℃时，15 天左右即可出苗，陈种发芽率极低。根段在地温 15～17℃时开始萌生不定芽，根段上部发芽发根均较下部早。

三、栽培技术

1. 选地、整地 丹参为深根性植物，根系发达，深可达60～80厘米，故土层深厚、质地疏松的沙质土最利于根系生长，黏土和盐碱地均不宜生长。忌连作，一般待秋季作物收获后整地，每亩施农家肥3 000千克作基肥，深耕耙平，作成1.3米宽的畦，南方或平原地区宜作高畦，以利排水。

2. 繁殖方法 主要用分根或扦插繁殖，也可用种子繁殖。

（1）分根繁殖。于秋季收获时，留出部分地块不挖，到第2年2—3月起挖，选择直径为0.7～1.0厘米、健壮、无病虫害、皮色红的根作种根，取根条中上段萌发能力强的部分和新生根条，剪成长5厘米左右的节段，按株行距25厘米×30厘米开穴，穴深5～7厘米，每穴放入根段1～2段，斜放，使上端保持向上，注意应随挖随剪随栽，栽后覆土约3厘米，每亩用种根50～60千克。

（2）扦插繁殖。于4—5月植株生长旺期，取丹参地上茎剪成10厘米左右的小段，剪除下部叶片，上部叶片剪去1/2，然后在做好的苗床上按株行距6厘米×10厘米斜插入土1/3～1/2，做到随剪随插，插后浇水遮阴保湿，待根长至3厘米左右时即可移栽大田，此法一般较少用。

在无种根的情况下，亦可用种子繁殖，方法是用当年收的种子秋播，每亩用种子1千克左右。但此法生长期长，产品质量又差，故应少用。

3. 田间管理

（1）中耕除草。分根繁殖者常因盖土太厚妨碍出苗，因此，3、4月幼苗出土时要进行查苗，如发现盖土太厚或表土板结，应将穴土挖开。苗高6厘米时进行第1次中耕除草，中耕要浅，避免伤根。第2次在6月进行，第3次在7—8月进行，封垄后停止中耕。

（2）追肥。结合中耕除草追肥2～3次，第1次以氮肥为主，以后配施磷、钾肥，最后一次要重施，以促进根部生长。

（3）排灌。出苗期要经常保持土壤湿润，以利出苗和幼苗生长。雨季要及时排水，以免烂根。

4. 病虫害防治

（1）根腐病。5—11月发生，尤在高温高雨季节严重，危害根部，严重时植株枯萎死亡。防治方法：雨季注意排水；采取轮作。

（2）根结线虫病。沙性重的土壤因透气性好易发病。防治方法：水旱轮作。

（3）叶斑病。该病是一种细菌性病害，危害叶片。一般5月初发生，一直延续到秋末。初期叶片上生有圆形或不规则形深褐色病斑，严重时病斑扩大会合，致使叶片枯死。防治方法：发病前喷1：1：（120～150）波尔多液，每7天喷1次，连喷2～3次；加强田间管理，实行轮作；冬季清园，烧毁病残株；注意排水，降低田间湿度。

（4）中国菟丝子。防治方法：生长期及时铲除病株；清除菟丝子种子。

（5）棉铃虫。幼虫钻食蕾、花、果，影响种子产量。防治方法：可在蕾期喷50%辛硫磷乳油1 500倍液或50%甲萘威600倍液防治。

（6）银纹夜蛾。幼虫咬食叶片，夏、秋多发。防治方法：可在幼龄期喷90%敌百虫800倍液，每周1次，连续2～3次。

四、采收与加工

春栽于当年10—11月地上部枯萎或翌年春季萌发前采挖。先将地上茎叶除去，在畦一端开一深沟，使参根露出，顺畦向前挖出完整的根条，防止挖断。挖出后剪去残茎。如需条丹参，可将直径0.8厘米以上的根条在母根处切下，顺条理齐，暴晒，不时翻动，七八成干时，扎成小把，再暴晒至全干装箱，即成条丹参。如不分粗细，晒干去杂后装入麻袋称统丹参。有些产区在加工过程中有堆起"发汗"的习惯，但此法会使有效成分含量降低，故不宜采用。

天 门 冬

天门冬为百合科植物天门冬［*Asparagus cochinchinensis* (Lour.) Merr.］的干燥块根，别名天冬、明天冬、小叶青等。味甘苦，性寒，有养阴清热、润肺生津作用。临床主要用于治疗热病口渴、肺阴受伤、燥咳、咯血、肠燥便秘等症。主产于贵州、四川、广西等地区，湖北、浙江、江西等地亦产。

一、形态特征

天门冬为多年生草本，株高30～60厘米，块根肉质，长椭圆形或纺锤形，外皮灰黄色。幼藤直立，老藤攀缘，光滑无毛，茎细长常扭曲，具有多分枝。叶状枝通常2～3个簇生，扁平而具棱，线形。茎与退化叶呈坚硬倒生刺针，小枝与叶退化成鳞片状。花1～3朵簇生下垂，黄白色或白色。浆果球状，幼时绿色，熟时红色。花期6—7月，果期7—8月。

二、生长习性

性喜温暖湿润环境，忌高温，不耐旱，喜荫蔽，忌强光直射，在透光度40％～50％的环境下生长较好，一般野生于山坡、山洼、山谷灌丛或树边。浙江产区年平均温度为16℃，1月平均温度为4℃，7月平均温度为28℃；年降水量1 000毫米左右。适宜栽种在较肥沃的沙质壤土或腐殖质壤土，黏土或土壤贫瘠、干燥的地段不宜栽种。

种子千粒重为47.6～54.3克，干燥后容易丧失活力，不宜久贮，隔年陈种子发芽率低，不宜使用。不同地区的种子休眠习性不同，福建产的种子无休眠期，播种后平均气温18～22℃、土壤湿润条件下5～7天开始发根，经36～42天发芽，发芽率为22％～58％；但浙江产的天门冬种子有休眠习性，1月底室温沙藏，在13.6～20.7℃下，当年只长根，需经低温后才能于第2年春季发芽出苗。

三、栽培技术

1. 选地、整地　在海拔1 000米以下的地方，最好在稀疏的混交林或阔叶林下种植，如林密要疏林。也可在农田与玉米、蚕豆等作物间作以及在两山间光照不长的地方种植。按生长习性选择土壤，深翻30厘米，去除杂树枝等，每亩施腐熟厩肥2 500～3 500千克、饼肥100千克、过磷酸钙50千克，整平耙细后，作成宽150厘米、高20厘米的高畦。

2. 繁殖方法　有种子繁殖和分株繁殖两种，目前多采用分株繁殖。

（1）种子繁殖。每年的9—10月，果实由绿色变成红色时采收种子。堆积发酵后，选粒大而充实的作种。播种期分为春播和秋播。秋播在9月上旬至10月上旬，秋播发芽率高，但占地时间长，费工；春播在3月下旬，占地时间短，管理方便。

播种方法：在畦内按沟距20～24厘米开横沟，沟深5～7厘米，播幅6厘米，种距2～3厘米。每亩用种子10～12千克。育苗1000米² 可定植10000米²。播后盖堆肥或草木灰，再盖细土与畦面相平，上面再盖稻草保湿。气温在17～20℃并有足够的湿度时，播后18～20天出苗。发芽后揭去盖草。幼苗开始出土时需搭棚遮阴，也可在畦间种玉米等作物遮阴，要经常保持土壤湿润。在苗高3厘米左右时拔草施肥。秋季结合松土施肥，肥料以人畜粪为主。每次每亩施用1000～1500千克。

定植方法：1年以后的幼苗即可定植。一般在10月或春季未萌芽前，幼苗高10～12厘米时带土定植。起苗时按大小分级，分别栽植。按行距50厘米、株距24厘米开穴。先栽两行天冬，预留间作行距50厘米，再栽两行天冬。定植时将块根向四面摆匀，并盖细土压紧。在预留的行间，每年都可间作玉米或蚕豆。

（2）分株繁殖。采挖天冬时，选取根头大、芽头粗壮的健壮母株，每株至少分成3簇，每簇有2～5个芽且带有3个以上小块根。切口要小，并抹上石灰以防感染，摊晾1天后即可种植。方法同育苗后的移栽。

3. 田间管理

（1）中耕除草。生长期间需锄草松土4～5次，每次松土不宜太深，以免伤及块根。

（2）搭架。当茎蔓长到50厘米左右时，要设立支架或支柱，使藤蔓缠绕生长，以利茎叶生长和田间管理。

（3）追肥。每年在化冻萌芽前，每亩施厩肥2500～3000千克，用铁耙划土，使粪土均匀混合，6月下旬或7月上旬可追施稀粪水1次或每亩沟施复合肥10千克，覆土后浇水。

4. 病虫害防治

（1）根腐病。先从1条根块的尾端烂起，逐渐向根头部发展，整条根块内成糨糊状，发病1个月后，整条根块变成黑色空泡状。此病多由于土质过于潮湿（积水），或被地下虫害咬伤，或培土施肥碰伤所致。防治方法：做好排水工作，在病株周围撒些石灰粉。

（2）蚜虫。危害嫩藤及芽芯，使整株藤蔓萎缩。防治方法：保护和利用食蚜蝇等天敌；发生期用敌敌畏、鱼藤酮（按说明书使用）防治。

（3）红蜘蛛。5—6月危害叶部。防治方法：冬季注意清园，将枯枝落叶深埋或烧毁；喷0.2～0.3波美度石硫合剂，每周1次，连续2～3次。

四、采收与加工

1. 采收　于11月至翌年早春2月，将茎蔓在离地面7厘米左右处割断，挖出全株，将直径3厘米以上的粗块根作药用，留母根及小块根作种用，产区一般栽植2～3年收获。年数越低，根越嫩，折干率越低，产量也低。试验结果表明，栽植4年植株比栽植3年的根产量要增加1倍以上，因而以栽植4年为宜。

2. 加工　将块根洗去泥沙，放在沸水内煮12分钟左右，用利刀或手将内外两层皮一次性剥净，用清水洗去外层胶质，烘到八成干时，再用硫黄熏10小时，再烘或晒至全干。为防变色，晒时应用白纸盖上。栽植3年的植株每亩可产干货450～500千克。以干净、淡黄色、条粗肉厚、半透明为优。

天 南 星

天南星为天南星科植物掌叶半夏（*Pinellia Pedatisecta* Schott）的干燥块茎，又名狗爪半夏、虎掌、南星。具燥湿化痰、祛风止痉、散结消肿之功能。主产于江苏、河南、安徽等地，除东北以外，我国大部分地区均有分布。

一、形态特征

多年生草本，株高40～60厘米。块茎扁球形，直径2～5厘米，四周常生小块茎。叶近基生，一年生者为单叶，心形，二至三年生者鸟足状分裂，裂片5～11个，披针形，长6～15厘米，宽2～4厘米；叶柄长20～50厘米。花葶长10～40厘米，佛焰苞淡绿色，下部筒状，上部渐狭，顶部稍钝；花单性，雌雄同株，肉穗花序，下部为雌花，贴生于佛焰苞，上部为雄花，顶端附属物细长鼠尾状，黄绿色。浆果卵形，绿白色，种子1粒，棕褐色。花期6—7月，果期8—9月。

二、生长习性

天南星是一种阴性植物，多野生于海拔200～1 000米的山谷或林内阴湿环境中，怕强光，喜水喜肥，怕旱怕涝，忌严寒。

种子和块茎无生理休眠特性。种子发芽适温为22～24℃，发芽率在90%以上。种子寿命为1年。

三、栽培技术

1. 选地、整地　应选择在荫蔽的地方栽种，如在露地种植，应与高秆作物和玉米等间作。土壤宜选湿润、疏松肥沃的黄沙土。施足基肥，每亩施农家肥4 000～5 000千克，经耕翻整平后作成宽1.2～1.5米的畦。

2. 繁殖方法　生产上主要用块茎繁殖，也可用种子繁殖。

（1）种子繁殖。用当年新收的种子，于8月上旬在整好的畦上按12～15厘米的行距进行条播，覆土约1.5厘米。温度在20～25℃时，播后约10天即可出苗。翌年苗高5～10厘米时，按株距15厘米定苗，并间隔一行去一行苗，间出的苗可再移到另一块地栽种。由于种子繁殖生长期长，产量不高，故生产上一般不采用。

（2）块茎繁殖。在10—11月采收时，选无病虫害、健壮完整的中小块茎作种茎，贮放于地窖或室内沙藏，并保持温度在5℃左右。翌年4月取出，在整好的畦上按行距20～25厘米开5～6厘米深的沟，然后按株距15～20厘米播种。栽时要注意芽头向上，覆土4～5厘米，然后浇水1次。每亩用种茎40～60千克。

3. 田间管理　生长期间要注意经常保持土壤湿润，应少浇勤浇，并及时松土，雨季注意排水。6—7月正是生长旺盛期，每亩应追施人粪尿600千克左右；8月再追施豆饼肥60千克，并增施磷、钾肥，以促进块茎的膨大。花期除留种株外，其余花葶可全部摘除。

4. 病虫害防治

（1）红蜘蛛。危害叶片。防治方法：可用阿维菌素喷雾防治。

（2）根腐病。此病在高温季节、田间积水时易发生。发病后地下块茎腐烂，地上部随即倒苗枯死。防治方法：注意排水；拔除病株并用5％石灰水处理病穴或浇灌根部；也可在播种时用 0.5％～2.0％石灰水浸种 12～30 小时。

（3）红天蛾。幼虫危害叶片，咬成缺刻或把叶吃光。防治方法：在幼龄期用 90％敌百虫 800 倍液喷雾；忌连作及与同科作物间作；人工捕杀。

四、采收与加工

秋季地上部枯黄时采挖块茎，去掉泥土、茎叶及须根，然后装入筐内撞去表皮，用清水洗净，未撞净的表皮可用竹片刮净。晒至半干时用硫黄熏制。白天晒，晚上熏，直到色白、全干为止。

天　麻

天麻为兰科植物天麻（*Gastrodia elata* Bl.）的干燥块茎，又名赤箭、木浦、明天麻等。具平肝息风、祛风通络等功效。主产于四川、贵州、云南、陕西、湖北、安徽等地，现全国各地有引种栽培。

一、形态特征

多年生草本，无根，无绿色叶，株高 30～150 厘米。块茎肉质肥厚，椭圆形，外表淡黄色，有均匀的环节，节处有膜质鳞片和不明显的芽眼。具顶生红色混合芽者称箭麻，无明显顶芽者称白麻和米麻。茎单一，圆柱形，一般有 7 节，黄红色，有白色条斑，退化了的小鳞片叶膜质，互生，浅褐色。总状花序顶生，苞片膜质；花淡黄绿色，两性，花被合生成筒，顶端 5 裂；合蕊柱，花药 2 室，块状居顶端，药盖帽状；子房下位，柄扭转呈黄褐色。蒴果长圆形，浅红色，有 6 条纵缝线。种子细小粉末状，放大 50 倍可看到种子呈纺锤形或弯月形。花期 5—6 月，果期 6—7 月。

二、生长习性

天麻喜凉爽湿润的环境，耐寒，怕高温。天麻无根，无叶绿素，无法吸收和制造养分，必须依靠蜜环菌来提供。蜜环菌是一种兼性真菌，常寄生或腐生在树根及老树干的组织内。在6~8℃时开始生长，土壤湿度60%~80%、温度20℃时能正常生长，生长最适温度为20~26℃，28℃以上生长缓慢，32℃以上停止生长。天麻与蜜环菌是营养共生关系。蜜环菌菌索侵入天麻块茎的表皮组织，菌索顶端破裂，菌丝侵入皮层薄壁细胞，将表皮细胞分解吸收，菌丝继续向内部伸展则反被天麻消化层细胞分解吸收，供天麻生长。

天麻在20~25℃生长最适宜，30℃以上生长受抑制。春季15厘米处地温达10℃以上时，天麻芽头开始萌动，并开始繁殖子麻。6—7月生长迅速，9月生长减慢，10月下旬地温下降到10℃以下时进入休眠。从种子到开花需4~5年。

天麻种子无胚乳，胚未分化，自身不能为萌发提供营养来源。在自然条件下，天麻种子萌发除普通绿色植物所需的条件外，还需有真菌参与。自然条件下，种子在5月上旬10~50℃时萌动，但发芽率极低，一般为1%~10%，如将新采收的种子置低温（5℃）干燥和密闭贮藏条件贮藏180天，则仍可保持50%的发芽率。

三、栽培技术

1. 选地、整地　宜选半阴半阳的富含有机质的缓坡地、谷沟地栽种，土质宜选择疏松的壤土、排水良好的沙质壤土或沙土，尤以生荒地为好。土壤pH 5~6为宜。忌用黏土和涝洼积水地，忌重茬。此外还可利用防空洞、山洞、地下室等场所种植天麻。

2. 繁殖方法　主要用块茎繁殖，也可用种子繁殖。

（1）块茎繁殖。冬栽或春栽。冬栽天麻接菌率高，生长快，时间在11月。春栽在3~4月。栽前要培养好菌床。适宜蜜环菌生长的树种以树皮厚、木质坚硬、耐腐性强的阔叶树为好，常用壳斗科的青冈、槲栎、栓皮栎、毛栗等。将选好的木材锯成40~50厘米长的木棒，树皮砍成鱼鳞口。在选好的地块，于栽前2~3个月，挖深25~30厘米、宽60厘米的窖，长度据地形而定。窖底松土整平，铺放一层干树叶或腐殖质土，用处理好的新木棒与带蜜环菌的木材（俗称菌材）间隔摆第1层，相邻两棒间的距离为6~7厘米，中间可夹些阔叶树的树枝，用腐殖质土填实空隙，以防杂菌污染。再覆土3~4厘米。同法摆第2层，上覆土 10 厘米。保持窖内湿润，上盖杂草遮阴、降温、保湿，使蜜环菌正常生长，即成菌床。选无病斑、无冻害、不腐烂的块茎作种栽，大小分开，分别栽培。栽植时，把种麻平行摆放在菌棒间的沟内，紧靠菌棒，用腐殖质土填平空隙，再盖土 3 厘米，以不见底层菌材为宜。同法栽第 2 层，最后盖土 10～15 厘米，上盖一层树叶杂草，保持土壤湿润，越冬期间加厚覆土层，以防冻害。

如采用人工菌床和塑料袋栽培，所用种麻为生长健壮的白麻和米麻，由于采用人工控温，栽培从 11 月至翌年 4 月均可进行。

（2）种子繁殖。选择重 100 克以上的箭麻，随采随栽，抽薹时要防止日光照射，开花时要进行人工授粉。授粉时间可选晴天上午 10 时左右，待药帽盖边缘微现花时进行。授粉后用塑料袋套住果穗，当下部果实有少量种子散出时，由下而上随熟随收。由于天麻种子寿命短，采下的蒴果应及时播种。播种时，将菌床上层菌材取出，扒出下层菌材上的土，将枯落潮湿的树叶散在下层菌材上，稍压平，将种子均匀撒在树叶上，上盖一薄层潮湿落叶，再播第 2 层种子，覆土 3 厘米。再盖一层潮湿树叶，放入土层菌材，最后覆土 10～15 厘米。如每窖 10 根菌材可播蒴果 8～10 个，每个蒴果约有 3 万粒种子，种植得当，第 2 年秋可收到一部分箭麻、白麻、子麻和大量的米麻，可作为块茎繁殖的种栽。

3. 田间管理 天麻栽后要精心管理，严禁人畜踩踏。越冬前要加厚覆土，并加盖树叶防冻；6—8 月高温期应搭棚或间作高秆作物遮阴；雨季到来之前，清理好排水沟，及时排除积水，以防块茎腐烂。春、秋季节应接受必要的日光照射，以保持一定的温度。

4. 病虫害防治

（1）腐烂病。由多种病因引起，俗称烂窝病。防治方法：严格挑选种茎；加强田间的水分管理，做到防旱、防涝又保墒。

（2）杂菌侵染性病害。主要危害菌材，干扰蜜环菌的生长，进而危害天麻块茎。在菌材或天麻表面呈片状或点状分布，部分发黏并有霉菌味。防治方法：杂菌喜腐生生活，应选用新鲜木材培养菌材，尽可能缩短培养时间；种天麻的培养土要填实，不留空隙，保持适宜温度、湿度，可减少霉菌发生；加大蜜环菌用量，形成蜜环菌生长优势，抑制杂菌生长。

（3）蛴螬。以幼虫在窖内嚼食块茎。防治方法：用灯光诱杀成虫。

四、采收与加工

大的白麻和箭麻作种的栽后 1 年即可收获，小的白麻和米麻作种的需栽后 2 年才能收获。一般于初冬或早春进行采挖。先扒开土表，取出菌材，收取天麻，并进行分级，再在空隙处覆盖树叶，让米麻继续生长。箭麻除部分留作种子繁殖用种外，与白麻一起加工入药。加工方法是将分级的天麻洗净，放笼内蒸 10～20 分钟，以蒸至无白心为度，取出晾干水分，再继续用火烘干。如是大天麻，可在天麻上用针穿刺，使内部水分向外散发，半干时压扁，停火"发汗"，再在 70 ℃温度下烘 2～3 天，直至全干即成。

太 子 参

太子参为石竹科植物异叶假繁缕［*Pseudostellaria heterophylla* (Miq.) Pax］的干燥块根，又名童参、孩儿参。具益气健脾、生津润肺之功能。主产于贵州、安徽、福建等地。

一、形态特征

多年生草本，株高 10～20 厘米。块根多数，肉质、纺锤形，外皮淡黄色，疏生须根。茎直立，近方形，节略膨大，节间有两行短柔毛。叶对生，近无柄，下部叶匙形或倒披针形，上部叶卵状披针形至长卵形，长约 7 厘米，宽约 1 厘米；茎顶有 4 枚大形叶状总苞。花腋生，二型；茎下部接近地面的闭锁花小，紫色，萼片 4 枚，闭合，无花瓣，雄蕊通常 2 枚。茎顶部着生普通花 1～3 朵，形大；白色，萼片 5 枚，花瓣 5 枚，倒卵形，雄蕊 10 枚，花柱 3 个，子房上位。蒴果近球形，熟时下垂，开裂。种子 7～8 粒，扁球形，紫褐色，表面具疣点。花期 4—5 月，果期 5—6 月。

二、生长习性

太子参多半野生于阴湿山坡的岩石缝隙和枯枝落叶层中，喜疏松、富含腐殖质、排水良好的沙质壤土。适宜于温和湿润气候，在旬平均10～20℃的气温下生长旺盛，忌炎夏高温强光暴晒，当气温达30℃以上时，植株生长停滞。6月下旬植株开始枯萎，进入休眠越夏。太子参耐寒性强，在−17℃的气温下可安全越冬。喜肥，怕涝，积水后容易烂根。

种子不宜干燥久放，宜随采随播，且必须满足一定的低温条件才能萌发。所以自然条件下，春季才能见到实生苗，由种参长出的无性苗已于春季出苗。出苗后，植株生长逐渐加快，地上部形成分枝，叶片增大。地下茎具茎节生根的特性，并随着地上部的生长膨大成纺锤状的块根。

太子参春季出苗，夏季倒苗，全生育期为4个月左右。

三、栽培技术

1. 选地、整地　选择肥沃疏松、排水良好、含腐殖质丰富的沙质壤土种植。忌连作，前茬以甘薯、蔬菜等为好，坡地以向北、向东为宜。一般在早秋作物收获后，将土地耕翻，重施基肥，肥种以农家肥为主，且应充分腐熟。耧细耙匀，作成宽1.2～1.5米、高20厘米的畦，畦面保持弓背形。

2. 繁殖方法　可分为有性繁殖和无性繁殖。但有性繁殖采种难，当年产量又低，故生产上以无性繁殖为主。

播种时间以10月下旬前为宜，过迟则种参因气温下降而开始萌芽，栽种时易碰伤芽头，影响翌年出苗。种参应选芽头完整，参体肥大、无伤、无病虫害的块根。栽种时，先在整好的畦面上横向开13厘米左右深的条沟，然后将种参按株距5～7厘米斜栽沟内，要求芽头朝上，离畦面6厘米，芽头位置在同一水平上，习称"上齐下不齐"。然后按行距（沟距）15厘米再开第2条沟，并将后一沟的土覆在前一条已排好参的沟，再排参，依此类推。栽完一畦稍加镇压，并将畦面整成弓背形。每亩用种量为40～60千克。

3. 田间管理

（1）防止人畜踩踏。栽后当年不出苗，要保持畦面平整，避免人畜践踏，否则易造成局部短期积水，使参根腐烂，最终导致缺苗减产。留种田越夏期间更应防止踩踏。

（2）除草、培土。2月上旬，幼苗出土时生长缓慢，越冬杂草繁生，可用小锄浅锄一次，以后见草就拔。同时结合整理畦沟，将畦边倒塌的土撒至畦面，或用客土培土，培土厚度以不超过2厘米为宜。5月上旬后，植株早已封行，除了拔除大草外，可停止除草。

（3）追肥。太子参生长期短，主要以施基肥为主，特别是后期，如追肥不当，多施氮肥会导致茎叶徒长，影响产量。如幼苗瘦弱，可在4月上旬每亩施入腐熟的饼肥30～40千克，并随后浇水。

（4）排灌。太子参怕涝，雨后畦沟必须排水畅通。在干旱少雨时，应注意浇水，以保持畦面湿润，利于发根和植株生长。

4. 病虫害防治

（1）病毒病。受害植株叶片皱缩和花叶，植株早枯，块根细而小。防治方法：注意防治蚜虫；选无病株或实生苗留种；轮作。

（2）叶斑病。多发于春、夏多雨季节，危害叶片，严重时植株枯黄而死。防治方法：一般在发病初期用1：1：100波尔多液，每隔7～10天喷施1次。

（3）根腐病。危害根部，受害植株细根先发生褐色干腐，逐渐蔓延至粗根，根部横切维管束断面有明显褐色病变。后期根部腐烂，地上部萎蔫枯死。防治方法：雨后注意排水，防止积水。

（4）地老虎、蛴螬、金针虫。幼虫咬食块根或根茎，尤以块根膨大、地上部即将枯萎时危害严重。防治方法：可采用毒饵诱杀和人工捕杀等。

四、采收与加工

6月下旬，植株枯萎倒苗时，除留种地外，即应起挖，收获时宜选晴天。挖出后洗净泥土，置沸水中烫2～3分钟，捞出暴晒至半干，搓去须根，并堆起来使之回潮，再晒至全干，此法所得产品习称烫参。也可不经水烫，挖出后直接晒干，称生晒参。本品以身干、无须根、大小均匀、色微黄者为佳。

五、留种技术

挖参时，选参体肥壮、芽头饱满、无病虫害的块根作种参，并置室内阴凉处沙藏，经常保持湿润，要15～20天翻动一次，并防雨淋，忌在水泥地上沙藏。直到栽种时取出并再次挑选。也可采用原地保种法，即在挖参时，留出部分参畦不挖，并于5月上旬在参地内套种大豆或红薯。待植株倒苗时，将畦沟中的土覆到畦面上3～5厘米，此时大豆或红薯叶已布满畦面，既遮阴又可保持一定水分，利于种参越夏。

太子参种子发芽能力较强，但果实成熟后易开裂，种子易散落，且种子繁殖生长缓慢，产地可利用自然散落的种子进行原地育苗。方法是当参根收获后即进行施肥、耕翻、整地作畦，栽上萝卜、青菜等蔬菜。翌年早春种子发芽出苗后，清除或收获地上作物，并进行间苗、除草等管理。5月上旬套种大豆等保苗越夏。秋天栽种时，即可收获作种参用。在种参缺乏时，常可用此法繁殖种参。

巴　戟　天

巴戟天为茜草科植物巴戟天（*Morinda officinalis* How）干燥根，又名巴戟、鸡肠风，具有补肾阳、强筋骨、祛风湿的功能。主产于广东、广西、福建、海南等地，栽培或野生。

一、形态特征

多年生木质藤本植物。根圆柱形，收缩成串珠状，似鸡肠。茎圆柱形，灰绿色或暗褐色，小枝初被毛，后变粗糙。叶对生，矩圆形，上面初被毛，下面沿中脉被粗毛。伞形花序，花冠白色。果近球形，红色。种子1～4粒，近卵形。花期6—7月，果期8—10月。

二、生长习性

原产于亚热带、热带地区温和湿润的次生林下，生长适温为20～25℃，喜温暖，怕严寒。适宜生长的气候条件为年平均气温在20℃以上，年平均降水量1 600毫米。在0℃以下和遇到低温霜冻时，植物常落叶，甚至冻伤或冻死。幼株喜阴，成株喜阳。土壤要求土层深厚、肥沃、湿润。如在肥沃的稻田土或含氮过多的土壤中种植，肉质根反而长得很少，产量不高。

野生种分布于广东省大部分山区的山谷林下。20 世纪 60 年代开始，野生种转家栽和引种栽培，且获得成功。

三、栽培技术

1. 选地、整地　宜选择有一定坡度的稀疏林下或有林木覆盖的中下部向阳丘陵地，土壤选择土层深厚、疏松、有一定肥力的沙质壤土。若为灌木丛生的林地，应在冬季将林木杂草清除并烧灰作肥料，也可保留一部分树木遮阴。如遇山苍子、樟树等含挥发性物质的树根，会严重危害巴戟天生长，要通过深翻土壤拔除干净。冬季开荒翻土，春季横坡起畦，作成宽 1 米、高 20 厘米的畦，每亩施火烧土 1 000～1 500 千克作基肥。

2. 繁殖方法　用扦插、块根和种子繁殖。

（1）扦插繁殖。

插条选择和截取：选择一至二年生无病虫害、粗壮的藤茎，从母株剪下后，截成长 5 厘米的单节或 10～15 厘米具 2～3 节的枝条作插穗。插穗上端节间不宜留长，剪平，下端剪成斜口，剪苗时刀口要锋利，切勿将剪口压裂。上端第 1 节保留叶片，其他节的叶片剪除，随即扦插。不能及时插完的插条，用草木灰黄泥浆浆根，放在阴湿处假植。

扦插季节：一般多以春季雨水前后为宜，此时气温已回升，雨量渐多，插后容易成活。

扦插方法：可按行距 15～20 厘米开沟，然后将插穗按 1～2 厘米的株距整齐斜放在沟内，插后覆黄心土或经过消毒的细土，插穗稍露出地面，一般插后 20 天即可生根，成活率达 80% 以上。为了促进生根，可用生长激素处理插穗。

（2）块根繁殖。

块根选择和截取：选根茎肥大均匀、根皮不破损、无病虫害的作种苗，截成长 10～15 厘米的小段。或在采收巴戟天时，在不能供作商品药材的小块根中选取。

块根育苗方法：在整好的苗床上按行距 15～20 厘米开沟，然后将块根按 5 厘米的株距整齐斜放在沟内，覆土压实，块根稍露出土面 1 厘米左右。

（3）种子繁殖。选粗壮、无病虫害的植株作留种母株，加强管理，保证多开花结实。由于种子不宜久藏，最好是随采随播，以10—11月为宜。经过层积贮藏的种子，最好在翌年3—4月播种。按株行距3厘米×3厘米进行点播，撒播密度不宜过大。播种后宜用筛过的黄心土或火烧土覆盖约1厘米深。经1～2个月，种子便可出芽，幼苗成活率可达90%左右。

3. 田间管理

（1）遮阴。扦插后搭设荫棚或插芒萁遮阴，荫蔽度可达70%～80%。随着苗木生根成活和长大，应逐步增大透光度，育苗后期荫蔽度控制在30%左右。

（2）中耕除草。定植后前2年，每年除草2次，即在5月、10月各除草1次。由于巴戟天根系浅而质脆，用锄头容易伤根，导致植株枯死，因此靠植株茎基周围的杂草宜用手拔，结合除草进行培土，勿让根露出土面。

（3）施肥。待苗长出1～2对新叶时，可开始施肥，以有机肥为主，如土杂肥、火烧土、腐熟的过磷酸钙、草木灰等混合肥，每亩1 000～2 000千克。忌施硫酸铵、氯化铵、猪牛尿。如种植地酸性较大，可适当施用石灰，每亩50～60千克。

（4）修剪藤蔓。巴戟天随地蔓生，往往藤蔓过长，尤其三年生植株会因茎叶过长影响根系生长和物质积累。可在冬季将已老化呈绿色的茎蔓剪去，保留幼嫩呈红紫色茎蔓，促进植株的生长，使营养集中于根部。

4. 病虫害防治

（1）茎基腐病。该病在10月下旬开始危害茎基部。防治方法：要加强田间管理，增强抗病能力；不要施铵类化肥，造成巴戟天组织柔软，增加土壤酸性；调节土壤酸碱度，减轻病害发生；发病后把病株连根带土挖掉，并在坑内施石灰杀菌，以防病害蔓延。可将1∶3的石灰与草木灰施入根部，或用1∶2∶100波尔多液喷洒，每隔7～10天喷1次，连续2～3次。

（2）轮纹病。该病主要危害叶片。防治方法：可用1∶2∶100波尔多液喷洒，每隔7～10天喷1次，连续2～3次。

（3）煤烟病。该病是由于蚜虫、介壳虫和粉虱等害虫危害的茎、叶、果受害后，表面生暗褐色霉斑。防治方法：通过防治虫害可达到防病效果；也可用木霉菌制剂进行生物防治。

（4）根结线虫病。此病由根结线虫引起，被线虫寄生的根形成大小不等的瘤状物，初为白色或黄白色，表面光滑，以后颜色加深变成褐色，最后溃烂，影响根部吸收水分和养分，导致地上部分生长发育缓慢，植株矮小，茎叶萎缩褪绿，整株枯死。此病在沙质重的土壤中发病尤为严重。防治方法：选择在新垦的红、黄壤土及排水良好的坡地种植；加强排水，防止积水；施用肥料时不宜直接接触根部；初发病时用15％澄清石灰水淋浇根部。

（5）蚜虫。在春、秋两季巴戟天抽发新芽、新叶时危害。防治方法：可用 0.5 千克烟草配成烟草石灰水喷洒。

（6）介壳虫。成虫、若虫吸食茎叶汁液，并可引起煤烟病。防治方法：幼龄期用煤油 50～100 千克兑水 750 千克喷杀。

（7）红蜘蛛。成虫、若虫群集于叶背或嫩芽。防治方法：用阿维菌素喷雾防治。

四、采收与加工

巴戟天定植 5 年后才能收获。过早收获，根不够老熟，水分多，肉色黄白，产量低。全年均可进行收获，但以冬季采收为佳。起挖后随即抖去泥土。挖取肉质根时尽量避免断根和伤根皮。去掉侧根及芦头，晒至 6、7 成干，待根质柔软时，用木锤轻轻锤扁，但切勿打烂或使皮肉碎裂，按商品要求剪成 10～12 厘米的短节，按粗细分级后分别晒至足干，即成商品。老产区常用开水烫泡或蒸约半小时后才晒，则色更紫，质更软，品质更好。

五、留种技术

巴戟天定植 2 年后开花结果，一般在 9—10 月陆续成熟，当果实由青色转为黄褐色或红色、带甜味时采摘。采回的果实擦破果皮，把浆汁冲洗干净，取出种子，选色红、饱满、无病虫的种子进行播种，或将采下的果实分层放于透水的箩筐内，一层沙、一层草木灰、一层果实，经常保持湿润。

木 香

木香为菊科植物云木香（*Aucklandia costus* Falc.）的干燥根，具芳香健胃、行气止痛之功效。主产于云南、四川、湖北、湖南、陕西等地。

一、形态特征

多年生草本，高1～2米。主根粗壮，圆柱形，有特异香气。基生叶大，具长柄，叶片三角状卵形或长三角形，茎生叶较小，呈广椭圆形。头状花序2～3个丛生于茎顶，几无总梗，花全为管状花，暗紫色。瘦果线形，有棱，上端着生一轮黄色直立的羽状冠毛，熟时脱落。花期5—8月，果期9—10月。

二、生长习性

木香要求冷凉湿润的气候条件，具耐寒、喜肥习性，高温多雨季节生长缓慢，我国大部分地区可栽培。

种子容易萌发，幼苗期怕强光，播种后2年开花结实，一般于第3年采收，如果栽培条件好，也可2年采收，采收的种子作种用。

三、栽培技术

1. **选地、整地**　宜选择排水、保水性能良好，土层深厚、肥沃的沙质壤土。对前茬要求不严，但忌连作。云南产区12月前耕翻1次，深35厘米左右，翌年2月或3月再深翻1次，并施入基肥，一般每亩施腐熟的厩肥2 500～5 000千克，然后整平耙细，作宽1.0～1.2米的高畦，以利排水管理。华北地区多作平畦。若原耕作层浅，则不宜深耕，以免翻出生土，影响木香生长。

2. **繁殖技术**　通常采用种子繁殖，即春季或秋季用种子直播。土壤湿润地区一般在春分前后播种，干旱地区在雨季来临之前播种。选干净的种子用30℃温水浸24小时，晾至半干后播种，如土壤干燥且无灌溉条件，则种子不宜处理。秋播于9月上旬进行，不浸种，按行距50厘米开沟直接播种，播后覆土3～5厘米，稍镇压，每亩用种量为0.7～1.0千克。点播穴距为15厘米，每穴播3～5粒，覆土3～5厘米后稍镇压，每亩用种量为0.5～1.0千克。

3. 田间管理　幼苗期注意间苗，并及时中耕除草，浅松土。第3年植株生长快，苗出土后要进行深耕。生长前期施氮肥，生长后期要多施磷、钾肥，促使根部生长粗大。每年春季出苗后应结合中耕每亩追施腐熟饼肥50～100千克、农家肥1 000～1 500千克，雨水少的地区，追肥后要及时灌溉。生长2年后的植株，要于秋末割去枯枝叶，并结合施肥培土盖苗，以增加根部产量。为促使根部生长，不留种的花薹应全部打掉。

4. 病虫害防治

（1）根腐病。一般于5月初始发，危害根部，地上部分枯萎，高温多雨、排水不良地块易发生。防治方法：选地下水位低且排水良好地块栽种；田间管理时防止根部机械损伤，及时排除病株，不用带菌种苗。

（2）虫害。主要为蚜虫，银纹夜蛾、蚱蜢危害茎叶。防治方法：冬季清除杂草，减少越冬虫；发生期可用网捕杀或喷5%甲萘威粉。

四、采收与加工

一般播后3年采收，如果栽培管理好，2年也可采收。常于9—10月茎叶枯黄后，割去茎秆进行采挖，挖后稍晾，清除茎叶，抖掉泥土（忌水洗），切成长8～12厘米的小节，晒干，装入麻袋内撞去须根、粗皮即可，以质坚实、气味芳香、油性大者为佳。

五、留种技术

3年后大部分植株开花结籽，一般于8—9月当茎秆由青变褐色、冠毛接近散开时，种子即成熟，应及时分批割取健壮植株，剪下果穗，扎成小把倒挂于通风干燥处，促使总苞散开，拍打出种子，除去杂物，晒干后用麻袋或木箱包装并贮藏于通风干燥处。在河北、山东等地，于花期每株选一个果期较大花蕾留种，其余花薹全部摘除，以保证种子饱满，发芽率高。

牛　膝

牛膝为苋科植物牛膝（*Achyranthes bidentata* Blume）的干燥根，又名怀牛膝、对节草。具散瘀活血、消痈肿、补肝肾、强筋骨、降血压等功能。主产于河南，河北、山西、山东、安徽等地亦有栽培。

一、形态特征

多年生草本，株高 50～110 厘米。根长圆柱形，肉质，外皮乳白色或土黄色。茎直立，四棱形，节膨大如牛膝，节上具对生分枝。单叶对生，叶片披针形或长椭圆形，两面被柔毛。穗状花序顶生或腋生。花均向下折，贴近总花梗；每花具 1 枚膜质苞片，顶端渐尖，小苞片 2 枚，刺状，花被片 5 枚，雌蕊 1 枚，子房长椭圆形。蒴果长圆形，褐色。种子 1 粒，长圆形，黄褐色。花期 8—9 月，果期 9—10 月。

二、生长习性

牛膝喜温暖干燥的环境条件，不耐严寒，因根系较深，故耐肥力强，8 月以后为根部生长旺盛期。

种子容易萌发，发芽适温为 15～30℃。种子寿命为 1～2 年。

三、栽培技术

1. 选地、整地　宜选向阳温暖、土层深厚、疏松肥沃、排水良好的沙壤土种植。每亩施农家肥 4 000 千克，配施 40 千克过磷酸钙，深翻 50 厘米，耙细整平，作成 1.3 米宽的畦。

2. 繁殖方法　用种子繁殖。播种期应按当地气候而定，一般南方适宜播种期为 7 月上、中旬，北方在 5 月下旬至 6 月下旬。播前将种子用 20℃温水浸种 24 小时，捞出沥干，拌少量细沙土，按行距 20 厘米左右开 1～2 厘米深的浅沟进行条播，播后覆土，以盖没种子为度，稍加镇压，浇水。也可撒播，每亩用种量为 1 千克左右。一般播后 5～7 天即可出苗。

3. 田间管理

（1）间苗、定苗。苗高 7 厘米时间苗，苗高 17～20 厘米时按株距 15 厘米定苗。

（2）中耕除草。定苗前后进行 2～3 次中耕除草，并结合浅锄松土，将表土内的细根锄断，以利于主根生长。

（3）追肥。一般在定苗后，7 月下旬至 8 月视苗情追施稀薄人粪尿 1 次，如基肥足，可以不施。

（4）排灌。除幼苗期需常保持土壤湿润外，以后一般不宜多浇水，以防地上部徒长。雨季应及时排出积水。

（5）打顶。现蕾时及时割去顶部枝蕾，一般进行 2～3 次，控制株高在 45 厘米左右。

4. 病虫害防治

（1）白锈病。春、秋低温多雨时易发，主要危害叶片。防治方法：清洁田园，清除病残株；发病时用 1∶1∶120 波尔多液喷施。

（2）叶斑病。夏季发生，危害叶片。防治方法同白锈病。

（3）根腐病。在雨季或低洼积水处易发病。发病后叶片枯黄，生长停止，根部变褐色，水渍状，逐渐腐烂，最后枯死。防治方法：注意排水；选择高燥的地块种植；忌连作。

（4）银纹夜蛾。幼虫咬食叶片。防治方法：人工捕杀。

四、采收与加工

播种当年 11—12 月植株枯黄时采挖。收时先将地上茎叶割除，从畦一端深挖 60 厘米的沟，依次将根挖出，去净泥土，剪去芦头，用硫黄熏 4～5 小时，再晒或烘至七八成干，理直并按粗细捆成小把，堆闷 2～3 天后再晒至全干即成。

五、留种技术

收获前在田间进行单株选择。选株高适中、叶圆肥大、健壮、无病虫害的植株，挂上标记。收获时单独起挖，然后选根条长、上下粗细均匀、主根大而无侧根、色泽较白、芦头不超过 3 个根头的作种根，按株行距 40 厘米×50 厘米易地栽种或窖藏后春季栽种，至 9—10 月种子成熟、呈黄褐色时采种，晒干，去杂后置干燥处贮藏。

北 沙 参

北沙参为伞形科植物珊瑚菜（*Glehnia littoralis* Fr. Schmidt ex Miq.）的干燥根，又名莱阳沙参。具养阴清肺、祛痰止咳之功能。主产于河北、山东。

一、形态特征

多年生草本，株高 30 厘米左右。主根细长，圆柱形。茎直立，少分枝。茎生叶具长柄，基部略成宽鞘状，叶一至三回三出分裂至深裂，叶片革质；卵圆形，边缘有锯齿，茎上部叶不裂，两面疏生细柔毛。复伞形花序，密生灰褐色茸毛，伞幅 10～20 厘米，不等长；无总苞，小总苞片 8～12 枚，披针形；小伞形花序有小花 15～20 朵，被茸毛；花小，白色，萼齿 5 个，窄三角状披针形，疏生粗毛；花瓣 5 枚，先端内折；雄蕊 5 枚；雌蕊 1 枚，子房下位，花柱基部扁圆锥形，柱头 2 裂。双悬果球形或椭圆形，果棱有翅，被棕色粗毛，表面黄褐色或黄棕色，种子 1 粒。花期 5—7 月，果期 6—8 月。

二、生长习性

喜温暖湿润气候，抗寒、耐干旱，忌水涝，忌连作和花生茬。

种子属于胚后熟的低温休眠类型，一般需在 5℃以下土温经 4 个月左右才能完成后熟过程，之后种子才能正常发芽。种子寿命为 1 年。

三、栽培技术

1. 选地、整地　选土层深厚、土质疏松肥沃、排灌方便的沙质壤土种植，前茬以小麦、谷子、玉米等为好。黏土、低洼积水地不宜种植。每亩施农家肥 4 000 千克作基肥，深翻 50～60 厘米，整细耙平后作成宽 1.5 米的畦，四周开好深 50 厘米的排水沟。

2. 繁殖方法　用种子繁殖，以秋播为好。播种方法有 2 种。宽幅条播为播幅宽 15 厘米左右，沿畦横向开 4 厘米深的沟，沟底要平，行距 25

厘米，将种子均匀撒入，种子间距 4～5 厘米，覆土方法是开第 2 条沟的土覆盖前沟，覆土厚度以 3 厘米为宜。窄幅条播为播幅宽 6 厘米，行距 15 厘米左右，其他同宽幅条播。播种量依土质而定，一般每亩用种 4～6 千克。纯沙地播种后需用黄泥或小石头镇压，以免大风吹走种子。

3. 田间管理　早春解冻后，若土地板结，要用铁耙松土保墒。由于北沙参是密植作物，行距小，茎叶嫩、易断，故出苗后不宜用锄中耕，必须随时拔草。待小苗具 2～3 枚真叶时，按株距 3 厘米左右呈三角形间苗。如发现小参苗现蕾应及时摘除。雨季积水应及时排出。

4. 病虫害防治

（1）根结线虫病。5 月始发，危害根部。防治方法：水旱轮作。

（2）病毒病。5 月上、中旬始发，危害叶片和全株。防治方法：防治蚜虫、红蜘蛛；选无病株留种。

（3）锈病。又名黄疸，7 月中、下旬始发，危害茎叶。防治方法：清洁田园，处理病株。

（4）钻心虫。以幼虫钻入参叶、茎、根、花蕾中危害。防治方法：于 7—8 月选无风天，在晚上用灯光诱杀成虫。

四、采收与加工

播种后第 2 年 9 月参叶微枯黄时采挖。采挖时先在畦一端挖一深沟，露出根部时用手提出，除去参叶，刨出的参根不能在阳光下晒，否则将不易去皮。收获的参根按粗细分开，选晴天洗去泥沙，拢成 1 千克左右的小把，将尾根先放入沸水中顺锅转 2～3 周（6～8 秒），再把整把全部撒入锅内烫煮，不断翻动，并使水保持沸腾，直至参根中部能捏去皮时捞出，剥去外皮，晒干即可。如遇阴雨天则应烘干，以免变色霉烂。

五、留种技术

选择排水良好的沙质壤土建立种子田，施足基肥，并配施过磷酸钙。秋季收获时，选择植株健壮、无病虫害、株型一致的当年生根作种株。按株行距 20 厘米×30 厘米、沟深 20 厘米将参根斜栽在种子田内，覆土 3～5 厘米，压实，干旱时应浇水，栽后 10 余天即可长出新种，10 月下旬枯萎。翌春 4 月上旬返青抽叶时，每株只留主茎上的果盘，以便集中养分促使籽粒饱满。7 月果实呈黄褐色时采种，随熟随采，以防脱落。晒干后去除杂质，置通风干燥处贮藏。种子田如加强肥水管理，可连续收种6～10年。

半　夏

半夏为天南星科植物半夏［*Pinellia ternata*（Thunb.）Breit.］的干燥块茎，又名麻芋头、三步跳、野芋头，为常用中药，具燥湿化痰、降逆止呕、消痞散结功能。主产于山西、陕西、四川、湖北、安徽、江苏等地，其中四川省产量大，质量好。我国大部分地区有分布。

一、形态特征

多年生草本，株高15～40厘米。地下块茎球形或扁球形，直径0.5～4.0厘米，芽的基部着生多数须根，底部与下半部淡黄色，光滑，部分连年作种的大块茎周边常有数个小块状侧芽。叶基生，具长柄，一年生或较小珠芽长出的叶为卵状心形或戟形单叶，二年生以上为3小复叶，小叶片椭圆至披针形，中间一枚较大，长5～15厘米，宽2～4厘米；先端尖，基部楔形，全缘，光滑无毛。叶柄下部内侧着生一卵形珠芽，偶见小叶会合处着生另一小珠芽。花单性，雌雄同株，肉穗花序顶生，佛焰苞绿色或绿紫色，下部管状不张开，上部微张开，雌花着生于花序基部，雄花生于雌花之上。浆果绿色，卵圆形。种子1粒，灰绿色。花期4—7月，果期8—9月。

二、生长习性

半夏为浅根性植物，喜肥，多野生于潮湿而疏松肥沃的沙质壤土或腐殖质土上。喜温和湿润气候和荫蔽环境，怕干旱，忌高温，夏季宜在半阴半阳环境中生长；土壤含水量在20％～40％时生长较为适宜；干旱缺水易倒苗，一般随生长环境的变化，一年可倒苗1～3次。对于半夏来说，倒苗是对不良环境的一种适应，更重要的是增加了珠芽数量，即进行了一次以珠芽为繁殖材料的无性繁殖。

半夏于8～10℃萌动生长，15℃开始萌芽出苗，15～26℃为最适生长温度，30℃以上生长缓慢，超过35℃且又缺水时开始出现倒苗现象，以地下块茎度过不良环境。当秋季凉爽时，苗又复出，继续生长，秋后低于13℃时开始枯叶。

半夏的块茎、珠芽、种子均无生理休眠特性。种子寿命为1年。

冬播或早春播的块茎，当地表1～5厘米地温达10～13℃时叶柄发出，此时如遇地表气温又持续数天低于以上地温，叶柄即在土中横生，同时长出一代珠芽。地温与气温差持续时间越长，叶柄在土中横生时间越长，地下珠芽就长得越大，当气温升至13～15℃时，叶柄才直立长出土面。

三、栽培技术

1. 选地、整地　选疏松肥沃、湿润，具排灌条件的沙质壤土。黏重地、盐碱地、涝洼地皆不宜栽种，前茬宜选豆科作物为宜，可连作1～3年。半夏根系浅，一般不超20厘米，且喜肥，故播种前应结合整地施基肥，每亩施农家肥5 000千克、饼肥100千克和过磷酸钙60千克，浅耕细耙，整平作成宽1米的畦，长度不宜超过20米，以利灌排。

2. 繁殖方法　生产上多用块茎和珠芽繁殖，也可用种子育苗或用组织培养法进行无性快繁。

（1）种子繁殖。当佛焰苞萎黄时采收种子，夏季采收的种子可随采随播，秋末采收的种子可以沙藏至翌年3月播种。按行距10厘米刨出2厘米深的浅沟，将种子撒入，耧平并保持湿润即可出苗，当年第1枚叶为卵状心形单叶，叶柄上一般无珠芽，第2年有3～4枚心形叶，偶见由3小叶组成的复叶，并可见珠芽。实生苗当年可形成直径为0.3～0.6厘米的块茎，可作为第2年的种茎。

（2）珠芽繁殖。半夏的珠芽遇土即可生根发芽，生产上可于5—6月采收成熟的珠芽，在整好的畦上按行距10厘米、株距3厘米、条沟深3厘米播种，覆土2厘米，当年即可长出1～3枚叶片，并可形成直径为1～2厘米的块茎。

（3）块茎繁殖。收获时，选当年生直径0.5～1.5厘米的块茎作种，一般于春季平均气温10℃左右时下种。在整好的畦上按行距20厘米开4～5厘米深的沟，沟底要平，并按株距3厘米将种茎交叉两行摆入沟内，芽头向上，覆土耧平，稍加镇压，也可结合收获秋季栽种，一般在9月下旬至10月上旬进行，方法同春播。每亩用种茎50~60千克。

3. 田间管理

（1）灌溉、排水。播种后，春季一般20天出苗，如遇严重干旱，适当浇水以保全苗，齐苗后及时中耕除草，并控制浇水，以防止地上部生长过快，提高抗旱耐热能力。5月后，随着气温升高，应多浇水，保持畦面湿润以便延迟倒苗。雨季积水应及时排出，以防烂根。

（2）追肥、培土。半夏珠芽在土内才能很好地发育，故及时追肥、培土是重要的增产措施。5月下旬或6月上旬，当珠芽长成并有脱落时，每亩追施圈肥600千克、尿素5千克，拌匀撒于沟内，并把行间的土培在半夏苗上，以刚好盖住珠芽为度，不要把叶片盖在土内。培土次数可视植株生长情况而定，一般2~3次。另在半夏生长后期，每10天根外喷施1次0.2%磷酸二氢钾或0.5毫升/升的萘乙酸，有一定的增产效果。如不留种，要应及时摘除花葶。

（3）遮阴。生产上可于4月中、下旬在畦边间作玉米和豆类作物，6月上、中旬间作作物长高或搭架遮阴，9月之后气温渐低，应及时收获间作作物。

4. 病虫害防治

（1）根腐病。参见天南星。

（2）病毒病。具体表现为缩叶和花叶，多发生在春、夏季。防治方法：发病后应将病株拔除烧毁，并用石灰消毒。

（3）红天蛾。以幼虫危害叶片，5月以后多发生。防治方法：人工捕杀。

四、采收与加工

9月下旬叶片枯黄时采收。过早影响产量，过晚难以去皮和晒干。收获后需加工的鲜半夏要及时去皮，堆放过久不易去皮。方法是将鲜半夏装入筐内或麻袋内，穿胶鞋用脚踩去外皮，也可用半夏脱皮机去皮，洗净晒干或烘干，即为生半夏。折干率为（3~4）:1。以个大、皮净、色白、质坚、粉足者为佳。作种用的半夏可采用沙藏的办法越冬贮放。

平 贝 母

平贝母为百合科植物平贝母（*Fritillaria ussuriensis* Maxim.）的干燥鳞茎，又称平贝、贝母，为贝母类药材的一种，有清肺化痰、止咳功能。主要分布于东北地区的长白山脉和小兴安岭南部山区，主产于黑龙江、吉林、辽宁及山西、陕西、河北等地。

一、形态特征

平贝母为多年生草本，高 40～60 厘米。鳞茎扁圆形，直径 1.0～1.5 厘米。叶轮生或对生，中上部的叶常兼有互生，条形，先端不卷曲或稍卷曲。花紫色，具黄色格状斑纹，顶花呈卷须状。蒴果宽倒卵形，果皮膜质，内含 100～150 粒种子，具圆棱。花期 4—5 月，果期 5—6 月。

二、生长习性

野生平贝母喜冷凉湿润气候，抗逆性强，并具耐低温、怕高温干旱的特性，适宜在东北地区栽培。

平贝母种子具后熟特性，播种当年不出苗，翌年春出苗。从种子播种到新种子形成需 7 年时间。用鳞片繁殖，3～5 年开花结实，年生育期约 60 天。平贝母鳞茎可以繁殖出许多小鳞茎，是生产上的主要繁殖材料，一般栽后 2～3 年可以收获。

三、栽培技术

1. 选地、整地 应选择土壤肥沃、质地疏松、水分充足、排水良好的腐殖土或黑油沙土，前茬多为豆类、玉米或蔬菜。选地后进行春翻或秋翻，春翻于土壤解冻后顶浆翻，以利保墒；秋翻要于土壤结冻前进行。耕深一般 25 厘米左右，结合耕翻施足基肥，以提高土壤肥力。翻地后随即耙细整平作畦；畦宽 1.2 米左右，畦间距 30～50 厘米，畦长视地形而定。

2. 繁殖方式 平贝母以鳞茎繁殖为主，产区在 6 月上旬至 6 月下旬栽种鳞茎。先按鳞茎大小分级，鳞茎直径大于 0.8 厘米的为大鳞茎，直径在 0.4～0.8 厘米的为中鳞茎，直径小于 0.4 厘米的为小鳞茎。大、中鳞茎按行距 10～15 厘米、株距 3～5 厘米栽种，小鳞茎可宽幅条播，即幅宽 10 厘米、幅间距 8～10 厘米、株距 1.0～1.5 厘米栽种，栽后大鳞茎覆土 4 厘米，小鳞茎覆土 2 厘米。常用播量为每亩用大鳞茎 300～400 千克，中鳞茎 200～300 千克，小鳞茎 120～150 千克。干旱高温地区应适当灌水、松土。

3. 田间管理

（1）除草与松土。早春在平贝母出苗前清理田园，拣出杂物；出苗后随时拔除杂草。植株枯萎后，结合间种遮阴，进行除草松土，松土宜浅，免伤鳞茎，也可于平贝母休眠期施化学除草剂除草。

（2）灌水与排水。春季视土壤干旱情况进行 2 或 3 次沟灌或喷灌，可降低地温，延长生长期，利于平贝母生长。进入雨季前要清沟排水。

（3）追肥。每年需追肥 1 或 2 次，最好是腐熟的农家肥或硝酸铵、过磷酸钙等。第 1 次在展叶时，每亩追施硝酸铵 10～15 千克。第 2 次在摘蕾后，开花前追施硝酸铵和过磷酸钙各 5～8 千克。清园后于 11 月初施 2～3 厘米厚盖头粪。

（4）摘蕾。非留种地植株应及时摘蕾。

（5）种植遮阴作物。平贝母在 6 月上、中旬地上部分枯萎前，在畦两旁种植玉米等遮阴，降低土温。

（6）架设防风栏。平贝母茎秆细弱，易折弯，可用玉米秆、高粱秆等架设防风栏，以防倒状。

4. 病虫害防治

（1）锈病。5 月上旬发生，久旱后降小雨时发病严重。防治方法：及时清除杂草、病株，保持田间卫生。

（2）黑腐病。5—9 月发生，危害地下鳞茎，低洼地和高温潮湿处发病严重。防治方法：轮作；建立无病种田，采用有性繁殖；选择排水良好田块；病穴施石灰。

（3）虫害。平贝母的地下虫害主要是蛴螬、金针虫、蝼蛄，主要危害幼苗。防治方法：可采用毒饵诱杀和人工捕杀等。

四、采收与加工

鳞茎栽种的 2～3 年可采挖，取畦上的大鳞茎采挖，小鳞茎翻入土中，让其继续生长。采挖时间应为地上部分刚枯萎的 5 月下旬或 6 月上旬。有性繁殖的需 5～6 年才可采挖。采后将鳞茎平铺于垫草灰的炕上，上撒一层石灰，然后加火增温，控制在 50℃左右，待干透后，日晒几次即可。

五、留种技术

留种植株应选健壮植株。在留种株旁插棍，使卷叶攀棍生长以防倒伏、烂种。留种植株一般每株留 1～2 个果为好，当果实由绿变黄或植株枯萎时，连茎秆收回阴干，当果实要开裂时，搓出褐色的成熟种子播种。

玄　参

玄参为玄参科植物玄参（*Scrophularia ningpoensis* Hemsl.）的干燥根，又名元参、浙玄参、乌玄参。具滋阴降火、润燥生津、解毒利咽功能。主产于浙江，安徽、江苏、四川、湖北、江西等地有栽培。

一、形态特征

多年生草本，株高 80～150 厘米。根圆柱形或纺锤形，常分权，外皮灰黄色。茎直立，四棱形。叶对生，叶片卵状披针形，先端渐尖，基部圆形，边缘具钝锯齿，下面有稀疏散生的细毛。聚伞花序，呈圆锥状，花序和花梗有明显的腺毛，花萼 5 裂；花冠褐紫色；雄蕊 4 枚，二强雄蕊；子房上位，2 室，花柱细长。蒴果卵圆形。种子椭圆形，黑褐色，具 10 条纵横线。花期 7—8 月，果期 9—10 月。

二、生长习性

玄参喜温暖湿润气候。当气温 12℃时开始出苗，20～27℃时茎叶生长发育较快，在地上部生长发育达高峰之后，根部生长才逐步加快。21～26℃为根部生长发育最适温度，根部明显增粗增重。10 月后植株生长渐慢，11 月地上部枯萎。生长期为 220～240 天。

种子发芽适温为 30℃，但发芽率较低，种子寿命为 1～2 年。

三、栽培技术

1. 选地、整地　玄参为深根性植物，对土壤要求不严，平原、丘陵及低山坡地均可种植，但以土层深厚、疏松肥沃、排水良好的沙壤土为佳。排水不良的低洼地及黏重土不宜栽种。前茬以禾本科作物为好，忌连作，也不宜同白术等药材轮作。在前茬收获后即深翻，同时施足基肥，适当增施磷、钾肥。整细耙平后作成高 25 厘米、宽 130 厘米的畦。

2. 繁殖方法　主要用子芽（即根芽）繁殖，也可用种子繁殖。

（1）子芽繁殖。南方多采用冬种，于 12 月中、下旬至翌年 1 月上、中旬种植为好。早种根系发达，植株健壮，产量高。栽前挑选无病、粗壮、洁白的子芽作种，按行距 40～50 厘米、株距 35～40 厘米开穴，穴深 8～10 厘米，每穴放子芽 1 个，芽向上，覆土 3 厘米左右。长江以北可于早春化冻后栽种。每亩用子芽 80 千克。

（2）种子繁殖。秋播或春播，南方宜用秋播，幼苗于田间越冬，培育 1 年即可收获。北方宜早春育苗，至 5 月中旬苗高 5～6 厘米时定植，当年也能收获。但因种子繁殖根细小，产量低，质量又差，故生产上很少采用。

3. 田间管理

（1）中耕除草。苗期应及时中耕除草，且不宜过深，以免伤根。6—7 月植株封垄后，杂草不易生长，故不必再进行中耕除草。

（2）追肥、培土。植株封垄前追肥 1～2 次，以磷、钾肥为主，并可掺入土杂肥，在植株间开穴或开浅沟施入。结合追肥把倒塌畦下的土培到植株基部，一是可保护子芽生长，利于根部膨大，二是可起到固定植株，防止倒伏的作用，此外还有保湿抗旱和保肥作用。故培土是玄参田间管理工作中的一项重要措施。培土时间一般在 6 月中旬施肥后。

（3）排灌。如干旱严重应及时浇水。雨季应及时排出积水，以减少烂根。

（4）除蘖打顶。春季幼苗出土，每株选留一个健壮的主茎，其余的芽应剪去。7—8 月植株长出花序时，应及时除去，以使养分集中，促进根部生长。

4. 病虫害防治

（1）斑枯病。4 月中旬始发，高温多湿季节发病严重。先由植株下部叶片发病，出现褐色病斑，严重时叶片枯死。防治方法：清洁田园；轮作；发病初期喷1：1：100波尔多液。

（2）白绢病。发病时间同上，危害根部。防治方法：轮作；拔除病株，并在病穴内施石灰水消毒。

（3）红蜘蛛。6月始发，危害叶片。防治方法：清洁田园；忌与棉花轮作或邻作。

四、采收与加工

栽种当年10—11月地上部枯萎时采挖，收后去除残茎叶，抖掉泥土，暴晒6～7天待表皮皱缩后，堆积并盖上麻袋或草，使其"发汗"，4～6天后再暴晒，如此反复堆、晒，直至干燥、内部色黑为止。如遇雨天可烘干，但温度应控制在40～50℃，且须将根晒至4～5成干时才可采用人工烘干。产品以肥大、皮细、外表淡白色、内部黑色、无油、无芦头者为佳。

五、留种技术

收获时严格挑选无病、健壮、白色、长3～4厘米的子芽作种芽，子芽从根茎（芦头）上掰下来后，先在室内摊放1～2天，之后在室外选择高燥、排水良好的地方挖坑贮藏，坑深30～40厘米，北方可深些或直接贮放在地窖内。坑底先铺稻草，再将种芽放入坑中，厚35～40厘米，堆成馒头形，上盖土7～8厘米，以后随着气温下降逐渐加土或盖草，以防种芽受冻。一般每坑可贮100～150千克子芽。坑四周要注意开好排水沟，贮藏期间要勤检查，发现霉烂、发芽或发须根应及时翻坑，并剔除烂芽。

玉　竹

玉竹为百合科植物玉竹［*Polygonatum odoratum*（Mill.）Druce］的干燥根茎。具养阴、润燥、生津止咳之功能。主产于河南、浙江、安徽、江西、四川等地亦产。

一、形态特征

多年生草本，株高30～60厘米。根茎地下横生，呈压扁状圆柱形，表皮黄白色，断面粉黄色。茎单一，上部稍斜，具纵棱，光滑无毛，绿色。叶互生，叶片椭圆形，先端钝尖，基部楔形，全缘，上面绿色，下面粉绿色。花1～3朵，腋生，花梗俯垂，绿白色；花被筒状，顶端6裂，裂片卵圆形；雄蕊6枚，着生于花被筒中部；子房上位。浆果球形，成熟时暗紫色。种子卵圆形，黄褐色，无光泽。花期5—7月，果期7—9月。

二、生长习性

玉竹对环境条件适应性较强，对土壤条件要求不严，但宜生长在湿润的地方。一般温度在9～13℃时根茎出苗，18～22℃时现蕾开花，19～25℃时地下根茎增粗。

种子上胚轴有休眠特性，低温能解除其休眠，胚后熟需25℃、80天以上才能完成。故要使种子正常、快速发育，必须先将种子置25℃条件后熟80～100天，然后置0～5℃条件下1个月左右，再移至室温下就可正常发芽。但生产上一般不用种子繁殖。种子寿命为2年。

三、栽培技术

1. 选地、整地 宜选择土层深厚、排水良好、向阳的微酸性沙质壤土，深翻30厘米以上，同时每亩施入农家肥3 000～4 000千克作基肥，整细耙平，作成宽1.3厘米的高畦。

2. 繁殖方法 用地下根茎繁殖。

（1）种茎选择。于秋季收获时，选当年生长的肥大、黄白色根芽留作种用。随挖随选随种，若遇天气变化不能播种时，必须将根芽摊放在室内背风阴凉处。一般每亩用种茎200～300千克。

（2）栽种方法。一般在10月上旬至10月下旬选阴天或晴天栽种，栽时在畦上按行距30厘米开15厘米深的沟，然后将种茎按株距15厘米左右平排在沟里，随即盖上腐熟粪肥，再盖一层细土与畦面齐平。

3. 田间管理

（1）中耕除草。栽后当年不出苗，翌春出苗后及时除草，第1次可用手拔或浅锄，以免锄伤嫩芽，以后应保持土面无杂草。第3年根茎已密布地表层，只宜用手拔除杂草。

（2）追肥。栽后当年冬季在行间开浅沟，每亩施人畜肥800～1 000千克，然后盖土过冬。第2年苗高7～10厘米时，再施肥1次；至冬季倒苗后，在行间浅松表土，撒施腐熟干肥（牛粪、土杂堆肥等）一层，培土7～10厘米，如加盖青草或枯枝落叶则更佳。第3年春季出苗后，施入人粪水，每亩1 500～2 000千克，施后培土。

4. 病虫害防治

（1）灰斑病。5—6月发生，危害叶片。防治方法：可用1∶1.5∶300波尔多液喷雾防治。

（2）锈病。5—7月发生，危害叶片。防治方法：可喷施三唑酮防治。

（3）虫害。主要有蛴螬、地老虎等地下害虫，危害嫩苗及根茎。防治方法：可采用毒饵诱杀和人工捕杀等。

四、采收与加工

一般栽后2～3年，于8月中旬采挖。在雨后晴天、土壤稍干时，用刀齐地将茎叶割去，然后用齿耙顺行挖根，抖去泥沙，按大小分级，放在阳光下暴晒3～4天，至外表变软、有黏液渗出时，置竹篓中轻轻撞去根毛和泥沙，继续晾晒至由白变黄时，用手搓擦或两脚反复踩揉，如此反复数次，至柔软光滑、无硬心、色黄白时，晒干即可。也可将鲜玉竹用蒸笼蒸透，随后边晒边揉，反复多次，直至软而透明时再晒干。

甘　草

甘草为豆科植物甘草（*Glycyrrhiza uralensis* Fischer）的干燥根及根茎，别名甜草根、粉草等。甘草性味甘、平，具补脾、益气、润肺止咳、缓急止痛、缓和药性之功能。主产于内蒙古、甘肃、新疆，东北地区、河北、山西等地亦产。

一、形态特征

甘草为多年生草木，高达30～80厘米，根茎多横走。主根甚长，粗壮，外皮红棕色。茎直立，有白色短毛和刺毛状腺体。奇数羽状复叶，小叶7～17枚，卵形或宽卵形，先端急尖或钝，基部圆，两面有短毛及腺体。蝶形花冠淡紫色。荚果扁平，呈镰刀状或环状弯曲，外面密生刺毛状腺体。花期6—7月，果期7—9月。

二、生长习性

甘草原产地属大陆性干旱、半干旱荒漠地带，特点是干旱、雨量少、光照强、温差大。甘草长期生长在该气候条件下使其具有抗寒耐热、耐旱、怕涝和喜光的特性，而且特别喜欢钙质土，中国东北、西北及华北干旱地区均可生长。

种子具硬实现象，硬实率在70％～90％，－5～20℃变温发芽良好，一般在50％以上，种子寿命1～2年。种子直播的第4年可采挖，根茎繁殖的2～3年可采挖，种植时间4～5年。

三、栽培技术

1. 选地、整地 栽培甘草应选择土层深厚、地下水位低的沙质壤土，耕翻30厘米左右即可。目前多实行平作，极少作高床。为排水良好及灌溉，也可将地整成小畦，施入基肥。整地最好是秋翻，春翻必须保墒，否则影响出苗、保苗。

2. 繁殖方式 生产上以种子繁殖为主，也可用根茎繁殖、分株繁殖。

（1）种子繁殖。播种前用60℃温水浸泡种子数小时，再用碎玻璃渣与种子等量混合研磨半小时，也可用浓硫酸（浓硫酸：水为1：1.5）浸种约1小时即可。春播在3—4月，秋播在8—9月。条播按行距50厘米开浅沟，沟深3厘米，将种子均匀撒入沟内，然后覆土。穴播者按穴距10～15厘米开穴，每穴播种3～5粒，每亩用种量为2～3千克。播后保持土壤湿润，可在苗床上盖草，土层干旱时要浇水，播后两三周出苗。

（2）根茎繁殖。在春、秋季挖出根茎，截成5厘米左右的小段，每段应有 1～2 个芽，埋到地下，深度根据土壤湿度而定，约 20 厘米左右。

（3）分株繁殖。在甘草老株旁能自行萌发出很多新株，在春季或秋季挖出栽植。

3. 田间管理

（1）灌水。应视土壤类型及盐碱度而定。沙性无盐碱或微盐碱土壤，播后可灌水；土壤黏重或盐碱较重，应播前灌水，抢墒播种，播后不灌水，以免土壤板结和盐碱度上升。人工栽培甘草的关键是保苗，一般植株长成后不进行浇水。

（2）中耕除草。一般在出苗的当年进行中耕除草，从第 2 年起甘草根分蘖，杂草很难与之竞争，不需要中耕除草。

（3）施肥。播前要施足基肥，以厩肥为好。每年生长期可于早春追施磷肥，甘草根具根瘤，有固氮作用，一般不缺氮素。

4. 病虫害防治

（1）锈病。5—6 月发病，危害叶片。防治方法：集中病枝烧毁；发病初期喷施三唑酮。

（2）褐斑病。5—6 月发病，危害叶片。防治方法：集中病枝烧毁；发病初期喷 1∶1∶（100～160）波尔多液。

（3）白粉病。5—6 月发病，危害叶片。防治方法：喷 0.2～0.3 波美度石硫合剂。

（4）蚜虫。危害嫩枝、叶、花、果。成虫和若虫刺吸汁液，严重时可使叶片发黄脱落，影响结实和高品产量。防治方法：忌与豆科作物邻作。

四、采收与加工

在 9 月下旬至 10 月初地上茎叶枯萎时采挖。甘草根深，必须深挖，不可刨断或伤根皮，挖出后去掉残茎、泥土，忌用水洗，趁鲜分出主根和侧根，去掉芦头、主须、枝杈，晒至半干，捆成小把，再晒至全干。也可在春季于甘草茎叶出土前采挖，但以秋季采挖质量好。

五、留种技术

秋季待荚果干燥、颜色变深时采摘，晒干后打下种子，簸去杂质，放阴凉处通风干藏。根茎繁殖时，选如手指粗的根茎截成 10～15 厘米小段，每段应有 1~2 个芽，按沟距 30 厘米、沟深 5 厘米将根茎节段平放沟底，覆土压实。

白　术

白术为菊科植物白术（*Atractylodes macrocephala* Koidz.）的干燥根茎，又名于术、浙术、冬术等。具补脾健胃、燥湿利水、止汗安胎等功能。主产于浙江、河北、安徽等地。

一、形态特征

多年生草本，株高 30~80 厘米。根茎肥厚粗大，略呈拳状，灰黄色，茎直立，基部木质化。叶互生，茎下部的叶有长柄，叶片 3 深裂或羽状 5 深裂，边缘具刺状齿；茎上部的叶叶柄渐短，叶片不分裂，呈椭圆形或卵状披针形。头状花序单生于枝端，形大；总苞片 7~8 层，基部被一轮羽状深裂的叶状总苞所包围；花多数着生在平坦的花托上，全为管状花，花冠紫色；雄蕊 5 枚，聚药雄蕊，花药线形；雌蕊 1 枚，子房下位。瘦果长圆状椭圆形，稍扁，表面被茸毛，冠毛羽状。花期 7—9 月，果期 9—11 月。

二、生长习性

白术喜凉爽气候，怕高温多湿，根茎生长适宜温度为 26~28 ℃，8 月中旬至 9 月下旬为根茎膨大最快时期。

种子容易萌发，发芽适温为 20 ℃左右，需较多水分，一般吸水量为种子重量的 3~4 倍。种子寿命为 1 年。

三、栽培技术

1. 选地、整地　育苗地宜选择肥力一般、排水良好、高燥、通风、凉爽的沙质壤土，每亩施农家肥 2 000 千克作基肥，深翻 20 厘米，耙平整细，作成宽 1.0~1.2 米的畦。大田宜选择肥沃、通风、凉爽、排水良好的沙质壤土，忌连作。前作收获后，每亩施农家肥 4 000 千克，配施 50 千克过磷酸钙作基肥，深翻 20 厘米，作成宽 1.0～1.5 米的畦。

2. 繁殖方法　用种子繁殖，生产上主要采用育苗移栽法。

（1）育苗。选择籽粒饱满、无病虫害的新种，在 25～30 ℃的温水中浸泡 24 小时，捞出催芽。于 3 月下旬至 4 月上旬播种，条播或撒播。条播为播种前先在畦上喷水，待水下渗表土稍干后，按行距 15 厘米开沟播种，沟深 4～6 厘米，播幅 7～9 厘米，沟底要平，播后覆土挡平，稍加镇压，再浇 1 次水，每亩用种 4 千克左右。撒播为待水下渗后，将种子均匀撒入，覆浅土即可，每亩用种 5 千克左右。播后 15 天左右出苗。至冬季移栽前，每亩可培育出 400 千克左右鲜术栽。

（2）移栽。当年冬季就可移栽，术栽以当年不抽叶开花、主芽健壮、根茎小而整齐、杏核大小者为佳。剪去须根，按行距 25 厘米开深 10 厘米的沟，按株距 15 厘米左右将术栽排入沟内，芽尖朝上，并与地面相平。栽后两侧稍加镇压，全部栽完后再浇 1 次大水。一般每亩需鲜术栽 50～60 千克。

3. 田间管理

（1）术栽地管理。幼苗出土后要及时除草，并按株距 4～6 厘米间苗。如天气干旱，可在株间铺草，以减少水分蒸发。有条件的地区可在早晚浇水抗旱。生长后期如发现抽叶，应及时摘除。

（2）大田管理。幼苗出土至 5 月，田间杂草众多，中耕除草要勤，前几次中耕可深些，以后应浅锄。5 月中旬后，植株进入生长旺盛期，一般不再中耕，株间如有杂草，可用手拔除。6 月中旬植株开始现蕾，一般 7 月上、中旬在现蕾后至开花前分批将蕾摘除。摘蕾有利于提高白术根茎的产量和质量。白术生长时期需充足的水分，尤其是根茎膨大期更需水分，若遇干旱应及时浇水灌溉。如雨后积水应及时排出。现蕾前后可追肥 1 次，每亩于行间沟施尿素 20 千克和复合肥 30 千克，施后覆土并浇水。摘蕾后 1 周可再追肥 1 次。应该注意的是，除草松土、施肥、摘蕾等田间操作均应在露水干后进行。

4. 病虫害防治　白术病虫害较多，常见的有以下几种。

（1）立枯病。低温高湿易发，多发生于术栽地，危害根茎。防治方法：降低田间湿度。

（2）铁叶病。又称叶枯病。于 4 月始发，6—8 月尤重，危害叶片。防治方法：清除病株；发病初期用 1∶1∶100 波尔多液喷雾。

（3）白绢病。又称根茎腐烂病。发病期同上，危害根茎。防治方法：与禾本科作物轮作；清除病株，并用生石灰粉消毒病穴；栽种前用哈茨木霉进行土壤消毒。

（4）根腐病。又称烂根病。发病期同上，湿度大时尤重，危害根部。防治方法：选育抗病品种；与禾本科作物轮作或水旱轮作。

（5）锈病。5月始发，危害叶片。防治方法：清洁田园。

（6）术籽虫。开花初期始发，危害种子。防治方法：深翻冻垡；水旱轮作。

四、采收与加工

10月下旬至11月中旬白术茎叶开始枯萎时，将根茎刨出，剪去茎秆。冬天气温低，晒干困难，常烘干。初时火力可猛些，温度可掌握在90～100℃。出现水汽时，降温至60～70℃，2～3小时上下翻动一次，再烘2～3小时，须根干燥时取出闷堆"发汗"5～6天，使内部水分外渗到表面，再烘5～6小时，此时温度控制在50～60℃，2～3小时翻动一次，烘至8成干时，取出再闷堆"发汗"7～10天，再烘干为止，并将残茎和须根搓去。产品以个大肉厚、无高脚茎、无须根、无虫蛀者为佳。

五、留种技术

白术留种可分为株选和片选，前者能提高种子纯度。一般于7—8月，选植株健壮、分枝小、叶大、花蕾扁平而大者作留种母株。摘除迟开或早开的花蕾，每株选留5～6个花蕾为好。于11月上、中旬采收种子。选晴天将植株挖起，剪下地下根茎，把地上部束成小把，倒挂在屋檐下晾20～30天后熟，然后晒1～2天，脱粒、扬去茸毛和瘪籽，装入布袋或麻袋内，挂在通风阴凉处贮藏。注意白术种子不能久晒，否则会降低其发芽率。

白　芍

白芍为毛茛科植物芍药（*Paeonia lactiflora* Pall.）的干燥根，又名芍药，具养血柔肝、缓急止痛之功能。主产于浙江、安徽、四川、贵州、山东等地。

一、形态特征

芍药为多年生草本，高 50～80 厘米。根肥大，常呈圆柱形，外皮棕红色。茎直立，叶互生，下部叶为二回三出复叶，小叶片长卵圆形至披针形，先端渐尖，基部楔形，叶柄较长。花生于花枝的顶端，花大，白色或粉红色。果为蓇葖果，卵形。花期 5—7 月，果期 6—8 月。

二、生长习性

芍药喜温暖湿润气候，耐寒，喜土层深厚、质地疏松、排水良好的壤土或沙壤土。芍药是宿根性植物，每年 3 月萌发出土，4—6 月为生长发育旺盛时期，8 月上、中旬地上部分开始枯萎，是采收最佳时期。

种子为上胚轴休眠类型，播后当年生根，再经过一段低温打破休眠，翌春破土出苗，种子寿命约 1 年，发芽率在 45% 左右。

三、栽培技术

1. 选地、整地 一般多选择排水良好、通风向阳、土层深厚、肥沃的土壤。栽前应精耕细作，深耕 30～40 厘米，耕翻 1 或 2 次。结合耕翻每亩施厩肥或堆肥 2 500～4 000 千克作基肥，耙平作成宽 1.3～2.3 米的高畦，如雨水过多，排水不良，畦宽可减至 1 米左右，畦间排水沟 20～30 厘米，畦长可视地形而定。芍药忌连作。

2. 繁殖技术 主要为分根繁殖，也可用种子繁殖，但因种子繁殖生长周期长，故目前生产上应用较少。

（1）分根繁殖。分根繁殖是芍药生产上常用方法，生产周期短。收获时，将芍药芽头从根部割下，选健壮芽头切成小块，每块具 2～4 个芽，芍芽下留 2 厘米长的头，以利生长，随切随栽或暂时沙藏、窖藏后再栽。芍药 8—10 月种植，按行株距 50 厘米×30 厘米穴栽，穴深 10 厘米左右，每穴放芽头 1～2 个，芽苞向上，放平，然后覆土 5 厘米左右，盖实。每亩栽 2 500 株左右。

（2）种子繁殖。单瓣芍药结实多。8 月上、中旬种子成熟，随采随播，或用湿沙混拌贮藏至 9 月中、下旬播种。苗株生长 2 或 3 年后进行定植。

3. 田间管理 早春松土保墒，出苗后每年中耕除草 4 次，结合锄草在根部培土，10月下旬地冻前在离地面7～10厘米处剪去枝叶，根际培土约15厘米，以利越冬。第2年起每年追肥3次，第1次在3月下旬至4月上旬，施稀人粪尿；第2次在4月下旬，每亩施人粪尿500千克；第3次在10—11月，以圈肥为主，每亩施1 500～2 000千克。第4年收获前追肥2次，追肥时宜于两侧开穴施下。芍药一般不需灌溉，严重干旱时宜在傍晚灌1次透水，多雨季节应及时排灌。每年春季现蕾时要及时将花蕾摘除。

4. 病虫害防治

（1）叶斑病。常发生在夏季，主要危害叶片，病株叶片早落，生长衰弱。防治方法：及时清除病叶；发病前用1∶1∶100倍波尔多液，每7～10天喷1次，连续多次。

（2）锈病。危害叶片，5月上旬发生，7或8月严重。防治方法：选地势高燥、排水良好的土地栽培；消灭病株；发病初期喷0.3～0.4波美度石硫合剂，每7～10天喷1次，连续多次。

（3）根腐病。夏季多雨积水时多发，危害根部。防治方法：选健壮芍芽作种。

（4）虫害。主要有蛴螬、地老虎等，危害根部，5—9月发生。防治方法：可采用毒饵诱杀和人工捕杀等。

四、采收与加工

1. 采收　芍药宜在第3～4年的8月收获，收获时选晴天，割去茎叶，把根刨出，将粗根从芍头着生处切下，将笔杆粗的根留在芍头上，供分株繁殖用，然后将粗根上的侧根剪去，除去头尾，并按芍根自然生长情况切成长9～12厘米、两端粗细相近的芍条，按大小分级，置室内2～3天，每天翻堆1次。

2. 加工　芍药产地加工分以下3个过程。

（1）擦皮。即擦去芍根外皮。将截成条的芍根装入箩筐中浸泡1～2小时，然后放入木床中，床中加入黄沙，用木耙来回搓擦，或人工刮皮，使白芍根条的皮全部脱落，再用水冲洗后浸在清水缸中。

（2）煮芍。先将锅里水烧至80℃左右，将芍条从清水缸中倒入锅中，放在锅内煮沸20～30分钟，具体时间据芍条大小而定。煮时上下翻动，锅水以浸没芍根为宜，注意煮过芍条的水不能重复使用，每锅必须换水。

（3）干燥。煮好的芍条必须马上捞出置阳光下摊开暴晒 1～2 小时，以后逐渐把芍条堆厚暴晒，使表皮慢慢收缩。晒时经常翻动，连续晒 3～4 天，以后于中午阳光过强时用晒席反盖，下午 3—4 时再摊开晾晒，一直晒至能敲出清脆响声时收回室内，堆置 2～3 天后，再晒 1～2 天即可全干。以根条粗壮、外皮赤褐色、质坚实、无枯芍为佳。

五、留种技术

芍药收获时切下药用部分，留下根头 6 厘米左右，纵切数块，每块保留 4～5 个芽苞，在伤口处蘸些石灰放到阳光下微晒一下，使伤口水分干燥，用沙藏法保藏于窖内或室内，9 月下旬至 10 月上旬栽种。

种子在 7 月中、下旬成熟，连壳剪下，放阴凉处 10 天左右，然后脱粒，忌日光暴晒，于 7 月底到 8 月初播种，播种后应注意覆草保温、保湿。

白　芷

白芷为伞形科植物白芷（*Angelica dahurica*）的干燥根，又名香白芷。具祛风散湿、消肿、排脓、止痛之功能。主产于河北、河南、安徽、浙江等地，全国大部分地区有栽培。

一、形态特征

多年生草本，株高 1.0～2.5 米。根粗大，长圆锥形，有香气。茎粗大，圆柱形，中空，常带紫色，有纵沟纹。茎下部叶羽状分裂，互生叶柄下部成囊状膨大的膜质鞘。复伞形花序，伞幅通常 18～40（～70）厘米，总苞片 5～10 枚或更多；花小，无萼齿，花瓣 5 枚，白色，先端内凹。双悬果扁平，广椭圆形，黄褐色，有时带紫色，无毛；分果具 5 条棱，侧棱有宽翅。花期 6—7 月，果期 7—9 月。

二、生长习性

白芷喜温暖湿润气候，较耐寒，喜阳光充足的环境。秋播当年为苗期，第 2 年为营养生长期，但常因种子、肥水等原因，也有少量的植株开花，导致根部变空腐烂，失去药用价值。

种子发芽率较低，发芽适温为 $10\sim25$ ℃的变温，光有促进种子发芽的作用。种子寿命为 1 年。

三、栽培技术

1. 选地、整地　白芷为深根性植物，故宜选土层深厚、肥力中等、排水良好的沙质壤土种植，每亩施农家肥 $2\,000\sim3\,000$ 千克，配施 50 千克过磷酸钙，深翻 30 厘米，耙细整平，作成宽 1.5 米的平畦。

2. 繁殖方法　用种子繁殖，多采用直播。秋播一般于 9—10 月播种，条播按行距 35 厘米开浅沟播种；穴播按穴距（$15\sim20$）厘米×30 厘米开穴播种，播后盖薄土，压实，播后 $15\sim20$ 天就可出苗，每亩用种量条播约 1.5 千克，穴播约 1 千克。如播种前将 2% 磷酸二氢钾水溶液喷洒在种子上，搅拌后闷润 8 小时左右再播种，能提早出苗和大大提高出苗率。

3. 田间管理

（1）间苗、定苗。翌春苗高 5 厘米左右时开始间苗，一般进行 2 次。苗高 15 厘米时定苗，条播按株距 $12\sim15$ 厘米定苗，穴播按每穴留壮苗 $1\sim3$ 株进行定苗。同时除去特大苗，以防早抽薹。

（2）中耕除草。每次间苗时都应结合中耕除草，第 1 次只浅松表土，以后逐渐加深。待植株封行后，停止中耕。

（3）追肥。一般追肥 $3\sim4$ 次。常在间苗、定苗后和封行前进行。肥种以腐熟人粪尿、饼肥等为主，先淡后浓，最后一次在封行前，追肥后应及时培土，以防倒伏。

（4）排灌。播种后若土壤干燥应浇水 1 次，以后幼苗出土前常保持畦面湿润，以利出苗。定苗后应少浇多中耕，促其根部向下生长。雨后注意排水。

4. 病虫害防治

（1）斑枯病。主要危害叶片。防治方法：清除病残组织，集中烧毁；发病初期用 1∶1∶100 波尔多液喷雾。

（2）根结线虫病。病原感染植物的根部，形成大小不等的根结，根结上有许多小根分枝呈球状，根系变密，呈丛簇缠结在一起，在生长季危害根部，十分严重。防治方法：轮作（防治根结线虫病的主要措施之一）；用 1.8%阿维菌素 3 000 倍液灌根，7 天灌 1 次，连灌 2 次。

（3）黄凤蝶。以幼虫危害叶片。防治方法：可用 Bt 喷雾防治。

四、采收与加工

白芷播种后第 2 年 8—9 月茎叶枯黄时即可采挖。收获时挖取根部，除去泥土，切去侧根和残留叶柄，暴晒 1～2 天，再按大小分别晒干即可。

五、留种技术

有原地留种和选苗留种两种方法。

1. 原地留种法 即在收获时留部分植株不挖，翌年 5—6 月抽薹开花结籽后收种。此法所得种子质量较差。

2. 选苗留种法 在采挖白芷时，选主根直、中等大小的无病虫害的根作种根，按株行距 40 厘米×80 厘米开穴另行种植、移栽，每穴栽种根 1 株，覆土约 5 厘米，9 月出苗后加强除草、施肥、培土等田间管理。第 2 年 5 月抽薹后及时培土，以防倒伏，7 月后种子陆续成熟时分期分批采收。采收方法是待种子变成黄绿色时，选侧枝上结的种子，分批剪下种穗，挂在通风处阴干，轻轻搓下种子，去杂后置通风干燥处贮藏。主茎顶端结的种子易早抽薹，故不宜采收，或在开花时就打掉。

龙　　胆

龙胆为龙胆科多年生草本植物龙胆（*Gentiana scabra*）的干燥根和根茎，别名龙胆草、粗糙龙胆、关龙胆，是著名中药关龙胆的主要来源植物之一。具有泻肝胆实火、除下焦湿热及健胃等功效。主产于东北三省，华东、华南等部分省份也有分布，原为野生，近些年因野生资源紧缺，东北地区已开始大量人工栽培。

一、形态特征

株高 30～65 厘米，栽培品种可高达 80 厘米以上。根茎短粗，节密集，有数条至数十条细长的淡黄褐色根，长 10～15 厘米。茎直立，单一或 2～4 条丛生，通常不分枝。单叶对生，无柄，基部叶较小，常呈鳞片状，中部以上叶片变大，卵状披针形或宽披针形，全缘，长 3～7 厘米，宽 1～3 厘米，常具 3～5 条明显主脉。聚伞花序密集于茎的顶部或上部叶腋；花萼绿色，先端 5 裂；花冠深蓝色至蓝紫色，筒状钟形，长 4～5 厘米，先端 5 裂，裂片间有褶；雄蕊 5 枚，子房长圆形，柱头 2 裂。蒴果长圆形，成熟时 2 瓣裂。种子细小，褐色，扁长圆形，边缘有翅。花期 9—10 月，果期 10 月。

二、生长习性

野生龙胆常生于山坡草地、荒地、林缘及灌丛间，喜阳光充足、温暖湿润气候，耐寒冷，喜光照，忌夏季高温多雨，对土壤要求不严格，适宜生长温度为 20～25℃。

一年生幼苗多为根生叶，很少长出地上茎；二年生苗株高 10～20 厘米，多数开花，但结实数量较少；四年生植株平均单株鲜根重可达 30 克以上。栽培种龙胆苦苷的含量高于野生种。

龙胆种子细小，千粒重仅约 0.028 克，发芽适温为 18～23℃，先高温后低温发芽率高，光对种子发芽有促进作用，种子寿命约 1 年。

三、栽培技术

1. 选地、整地　龙胆虽然对土壤要求不严格，但是以土层深厚、土壤疏松肥沃、含腐殖质多的壤土或沙质壤土为好，平地、坡地及撂荒地均可栽培，黏土地、低洼易涝地不宜栽培。育苗地应选土质肥沃疏松、排灌方便的壤土，一般选平地或东西向的缓坡地。移栽地应选阳光充足、排水良好的沙壤土或壤土，也可以利用阔叶林的采伐地或旧人参地栽植，前茬以豆科或禾本科植物为好。选地后于晚秋或早春将土地深翻 30～40 厘米，打碎土块，清除杂物，每亩施充分腐熟的农家肥 2 000～3 000 千克，尽量不施用化肥及人粪尿。育苗地多作成平畦或高畦，畦面宽 1.0～1.2 米、高 10～15 厘米。移栽地畦面宽 1.0～1.2 米、高 20～25 厘米，作业道宽 30～40 厘米。

2. 繁殖方法　主要用种子繁殖，育苗移栽。也可以用分根繁殖和扦插繁殖。

（1）育苗。育苗的播种期为 4 月上、中旬，播种前先对种子作催芽处理，方法是在播种前 5～10 天，将种子用 0.1 毫升/升的赤霉素浸泡 24 小时，捞出后用清水冲洗几次，然后用种子量的 3～5 倍细沙混拌均匀，装入小木箱内，放在室内向阳处，上面用湿纱布盖好进行催芽，温度稳定在 22～25℃，并保证细沙有一定温度，5～7 天种子表面刚露出白色小芽时即可播种。

播种前先用木板将畦面土刮平、拍实，再用细孔喷壶浇透水，待水渗下后，将处理好的种子拌入 10～20 倍的过筛细沙，拌匀之后放入细筛中，轻轻敲筛，使种子均匀散落在畦面上，每平方米播种量为 1.5～2.0 克，播完之后上部盖过筛的细锯末 1～2 毫米，上部盖一层油松叶保湿，最后再少量浇 1 次水。

有的地区处理好的种子播种时不拌细沙，直接拌入过筛的细锯末，1.5 克种子拌 250 克锯末，拌匀后直接用细筛播种，其他方法同上，因锯末保温保湿作用好，出苗率较高。总之，播种应做到"浇透水、浅覆土、高覆盖"。在大面积生产中有的不作种子处理，如果加强管理，也可保证正常出苗。

（2）移栽。春、秋季均可移栽，当年生苗秋栽较好，时间在 9 月下旬至 10 月上旬，春季移栽时间在 4 月上、中旬，在芽尚未萌动之前进行。移栽时选健壮、无病、无伤的植株，按种栽大小分类，分别栽植。行距 20 厘米，株距 10 厘米，横畦无沟，沟深依种栽长短而定，每穴栽苗 1～2 株，盖土厚度以盖过芽苞 3～4 厘米为宜，土壤过于干旱时栽后应适当浇水。

（3）分根和扦插繁殖。龙胆生长 3 年后根茎生长旺盛，可以结合采收同时进行分根繁殖，方法是选生长健壮植株，根据长势情况将其剪成几个根茎段，再按移栽方法进行分栽。

二至三年生龙胆 6 月中、下旬至 7 月初为生长旺季，将地上茎剪下，每 3～4 节为一个插条，除去下部叶片，用 ABT 生根粉处理后扦插于插床内，深度 3～4 厘米，插床基质一般是用 1/2 壤土加 1/2 过筛细沙，扦插后每天用细喷壶浇水 2～3 次，保持床土湿润，插床上部应搭棚遮阴，20 天左右生根，待根系全部形成之后再移栽到田间。

3. 田间管理

（1）育苗管理。播种后要经常检查畦面湿度，种子萌发至第 1 对真叶长出之前，土壤湿度应控制在 70% 以上，1 对真叶至 2 对真叶期间，土壤湿度控制在 60% 左右，因此，育苗床应经常用喷壶浇水。苗出全之后，逐次清除杂草，6—7 月生长旺季根据生长情况适当追肥。8 月上旬以后逐次除去畦面上的覆盖物，增加光照，促进生长。

（2）移栽田管理。生长期内应随时松土除草，保证幼苗正常生长。龙胆喜阴怕强光，可在作业道边适当种植少量玉米，以遮强光。7 月中旬在行间开沟追施尿素，每亩施 25 千克左右。开花期喷 1 次 100 毫克/升的赤霉素，以增加结实率，促进种子成熟，籽粒饱满。花蕾形成之后，除留种植株外及时将花蕾摘去，以利根部更好生长。越冬前清除畦面上残留的茎叶，并在畦面上覆盖 2 厘米厚腐熟的圈肥，防冻保墒。

4. 病虫害防治

（1）猝倒病。主要发生在一年生幼苗期，为鞭毛菌亚门真菌引起的病害，罹病植株在地面处的茎上出现褐色水渍状小点，继而病部扩大，植株成片倒伏于地面，5～8 天后死亡，主要发生于 5 月下旬至 6 月上旬，湿度大、播种密度大时发病严重。防治方法：调节床土水分，发现病害后停止浇水。

（2）斑枯病。该病是当前龙胆发病较多、危害较重的常见病害，多发生在二年生以上植株，以叶片发病最为严重。田间发病高峰期在 7 月至 8 月中旬，气温 25～28℃、降雨多、空气湿度大时易发生。防治方法：应以防为主，防治结合，农业手段和药剂防治相结合。应按要求严格控制选地，地势低洼、易板结地不宜种植，不宜连作；栽种前土壤、种子、种苗用 50% 多菌灵消毒；移栽田畦面覆盖稻草或树叶，以利防病；保持田间清洁，秋末应将残株病叶清出田外，烧掉或深埋；控制中心病株，一旦发现病株病叶立即清除，用药液处理病区。

（3）褐斑病。6 月初开始发病，7、8 月最重，发病初期叶片出现圆形或近圆形褐色病斑，中央颜色稍浅，随病情发展，病斑相融合，叶片枯死，高温高湿条件下本病极易发生。防治方法：同斑枯病。

四、采收与加工

龙胆生长 3～4 年后（移栽 2～3 年后）即可采收入药，以 10 月中、下旬采收的四年生植株龙胆苦苷含量及折干率最高。采收时先除去地上部分，将根挖出，去掉泥土，在自然条件下阴干，温度 18～25℃较好。有条件时在25℃环境下烘干，则龙胆苦苷含量及折干率高，不适宜在65℃以上条件下烘干。每亩产量为200～300千克。不论阴干或烘干，待根部7成干时，将根条整理顺直，数个根条合在一起捆成小把，再晾至全干。

五、留种技术

一般选三年生以上的健壮植株采种，二年生龙胆虽多数能开花结实，但量少质次，多不采收留种。9月下旬至10月中旬种子不断成熟，当果皮由绿变黄、果瓣顶部即将开裂时（种子已由绿色变成黄褐色）将地上部割下，捆成小把，晾晒7～8天，用木棒敲打果实，种子落下后除去茎叶，再晒5～6天，种子放在阴凉通风处贮存。

伊 贝 母

伊贝母为百合科植物伊贝母（*Fritillaria pallidiflora* Schrenk）的干燥鳞茎，别名黄花贝母。性微寒，味苦、甘，有清热润肺、止咳化痰的作用，用于治疗肺热咳嗽、胸闷痰黏、痈肿等症。主产于新疆，河北、北京、内蒙古有引种。

一、形态特征

多年生草本，高50～70厘米，地下鳞茎直径1～3厘米，圆形或卵圆形，由2～3个鳞片抱合而成，外膜较厚。茎直立、粗壮，下部叶互生、狭卵形、基部半抱茎，上部叶对生、无柄，长椭圆形，顶端渐尖。花单生茎顶或多数生于顶端叶腋，钟状，下垂，淡黄色，上有暗红斑点，雄蕊6枚，柱头3裂。蒴果长圆形，种子扁平具翅，淡褐色。花期4—5月，果期6—7月。

二、生长习性

伊贝母原产于新疆北部伊犁河中上游，分布于海拔1 000～1 800米的山地草原、灌木林及林间空地，冬季寒冷，年均气温2℃左右。喜湿润凉爽气候，适宜生长气温在5～15℃，对土壤要求不严，但以肥沃疏松、排水良好的沙壤土为宜。

种子具后熟和休眠特性，需低温沙藏 2 个月后才可萌发，萌发适温为 5℃。野生种 3 月下旬出苗，4 月开花，6 月中、下旬高温即倒苗，生长期 60～90 天，生产周期 2～3 年。

三、栽培技术

1. 选地、整地　选择海拔较高、气候冷凉的环境种植，土壤要求疏松肥沃、排灌方便。于夏季深翻，每亩施腐熟的厩肥或堆肥 5 000 千克、饼肥 30～40 千克作基肥，耙细耙匀，作成宽 1 米的畦待播。育苗地需精耕细作，作成宽 1.2 米的畦。

2. 繁殖方法　用种子和鳞茎繁殖，可春播、秋播，以秋播为好，8—9 月进行。

（1）种子繁殖。因种子具有后熟特性，因此要随采随播，但为节约土地，可在播前 3～4 个月将种子拌湿沙进行催芽，温度在 5～10℃。播前按行距 30～40 厘米开浅沟播种，播幅 8～10 厘米，盖土 1～2 厘米，每亩用种子 15 千克，育苗 1 年后即可移栽，按株行距 5 厘米×12 厘米开沟，沟深 5 厘米，栽后覆土稍镇压。

（2）鳞茎繁殖。可在 5 月下旬至 6 月中旬将鳞茎按大小分级栽植，大鳞茎按行株距 25 厘米×（5～10）厘米栽植，小鳞茎可适当缩小株行距以有效利用土地，每亩用种量为 100 千克左右。有的地区也用带心芽的鳞片繁殖，可以借鉴。

3. 田间管理

（1）合理间套作。合理间套作不但可节约土地，而且可遮阴。可用早熟豌豆、春油菜等间作，沟行间可种植玉米遮阴。

（2）追肥。栽前施足基肥，冬前施越冬肥，可用腐熟厩肥。出苗后可施几次稀薄粪水，每亩 1 000 千克左右，或施复合肥 20 千克。

（3）排灌。雨季要特别注意排水，以免高温高湿引起越夏鳞茎腐烂；干旱则应及时浇水，最好采用喷淋及沟灌法，以免土壤板结。

（4）摘花。商品田孕蕾期应及时摘花。

4. 病虫害防治

（1）根腐病。7—8 月多发，危害地下部分。防治方法：及时排出田间积水，经常松土除草，防止鳞茎受伤。

（2）锈病。危害叶片和茎秆，严重时植株叶片和茎秆枯死。防治方法：发病前期用波尔多液 100 倍液进行喷洒，具有保护作用。

（3）菌核病。危害鳞茎和茎基部，被害植株的地上部分自叶开始逐渐变黄、变黄紫，叶片卷缩，顶叶萎蔫，最后全株逐渐萎黄枯死。防治方法：注意轮作及排水工作；发现病株拔除并进行土壤消毒。

（4）虫害。有蛴螬、金针虫、地老虎等，危害幼苗及嫩茎，使之散瓣破碎。防治方法：冬前清除杂草，基肥要充分腐熟。

四、采收与加工

无性繁殖 2～3 年可收获，种子繁殖 3～4 年收获，6 月中旬倒苗前起挖，去净泥土后晒干即可。

地　　黄

地黄为玄参科植物地黄（*Rehmannia glutinosa*）的新鲜或干燥块根。鲜者入药称鲜地黄；干燥者称生地黄，习称生地；蒸制后再干燥者称熟地黄，习称熟地。具清热凉血、生津润燥、调经补血、滋阴补肾之功能。主产于河南、山西等地。

一、形态特征

多年生草本，株高 20～40 厘米，全株被灰白色柔毛及腺毛。根肥厚肉质，呈块状，圆柱形或纺锤形。基生叶丛生，叶片倒卵状披针形或长椭圆形，先端钝，基部渐窄，下延成长叶柄，边缘具不整齐钝齿，上面多皱。花茎直立，单生或 2～3 枝；苞片叶状，1 至数枚，总状花序，花萼钟形，先端 5 裂，裂片三角形；花冠宽筒状，稍弯曲，紫红色或淡紫红色，有时呈淡黄色，先端 5 浅裂，略呈二唇状；雄蕊 4 枚，二强雄蕊；子房上位，卵形，2 室，花柱单一。蒴果卵形或卵圆形，先端尖，花柱宿存，外为宿萼所包，仅顶部裸出。种子多数，细小，卵形，灰黑色或棕色。花期 4—5 月，果期 5—6 月。

二、生长习性

地黄喜阳光充足、昼夜温差较大的气候，耐寒、耐旱，忌涝，但苗期和块根膨大期需较多水分。忌连作，喜肥。块根在 20～25℃开始膨大增长，25～28℃增长迅速，15℃以下增长很慢。高温高湿易造成烂根。

种子容易萌发，发芽适温为 20～30℃。种子寿命为 1～2 年。

三、栽培技术

1. 选地、整地　选择地势平坦、肥沃、向阳、无荫蔽物、排水良好又有灌溉条件的中性至微碱性沙质壤土为好。前茬以蔬菜、小麦、玉米等为好。重施基肥，每亩施农家肥 1 000 千克、饼肥 150 千克、过磷酸钙 30 千克。深翻 30 厘米，耙细，作成高 25 厘米、宽 70～80 厘米的高垄。干旱地区也可作成宽 1.3 米的平畦。

2. 繁殖方法　主要用块根进行无性繁殖，也可用种子繁殖，但生产上多不用种子繁殖，常用于育种。

（1）块根繁殖。各地栽种时间有所不同，但一般于日平均气温达到 13℃时开始栽种，18～21℃为适种期，如河南早春地黄一般在 4 月上、中旬栽种，晚地黄在 5 月下旬至 6 月上旬栽种。种栽宜选新鲜无病、直径 1 厘米左右的块根，截成 5～6 厘米长的小段，在垄上或畦上按行距 30 厘米左右开沟，每隔 15～20 厘米放种根一段，最好随刨随种，栽后覆土 3～4 厘米，压实后浇水。每亩用种根 30～40 千克。

（2）种子繁殖。于 3—4 月按行距 10 厘米条播，覆细土 0.2～0.3 厘米，保持苗床湿润。待幼苗具 6～8 枚叶时，即可按行距 15～20 厘米、株距 15 厘米左右移栽大田。栽后浇水，到秋季即可采收入药。

3. 田间管理

（1）苗期管理。出苗后如发现双苗或多苗，应及时切掉。如有缺苗应补栽，做到一株一苗。如出现花蕾应摘除。

（2）中耕除草。见草应除，垄内可用小锄松土除草，防止伤根。封行时可人工拔草。

（3）追肥。前期以氮肥为主，每亩施人粪尿 1 500 千克或尿素 10 千克。8—9 月进入块根膨大期，每亩追施复合肥 30 千克、饼肥 60 千克。注意追肥应施于植株旁边，不可施在茎叶上，且施后应及时浇水。

（4）排灌。生长前期应适当浇水，伏天高温，可在早上或晚上灌水降温。雨后或浇水时，有积水应及时排出。

4. 病虫害防治　地黄病虫害较多，主要有以下几种。

（1）斑枯病。4 月始发，7—8 月多雨时危害严重，主要危害叶部。防治方法：参见玄参。

（2）枯萎病。又称根腐病，5 月始发，6—7 月发病严重，危害根部和地上部茎秆。防治方法：选地势高燥地块种植；与禾本科作物轮作；选用无病种根留种。

（3）病毒病。又称花叶病，4 月下旬始发，5—6 月发病严重。防治方法：选无病毒种子繁殖；选无病毒茎尖繁殖；防治蚜虫；选择抗病品种。

（4）大豆胞囊线虫。5 月始发，6—10 月发病严重，危害根部。防治方法：忌连作及以大豆等为前茬；种栽温水浸种处理；土壤消毒等。

（5）红蜘蛛。防治方法：参见玄参。

（6）地黄拟豹纹蛱蝶。4—5 月始发，以幼虫危害叶片。防治方法：清洁田园。

四、采收与加工

栽种当年 9—10 月停止生长后即可收获。将刨出的块根除净泥土即为鲜地黄。将鲜地黄放在火炕上慢慢烘干，至内部逐渐干燥、颜色变黑、全身柔软、外皮变硬时取出，堆放 1～2 天，再烘干即为生地黄。生地黄加黄酒 50％，使酒没过地黄，于罐内或其他容器内封严，放入水浴锅内加热，炖至酒被吸尽，取出晒至外皮稍干即为熟地黄。

五、留种技术

1. 倒栽　即 7 月中、下旬于当年春种的地黄地内选择优良单株刨出，栽植于留种田内，至翌春挖出分栽，随栽随挖。

2. 窖藏　秋天刨收春地黄时，选无病、形状好的块根，立即贮藏于窖内，加强管理，至翌春取出栽种。

3. 春地黄露地越冬　春种较晚或生长较差的地黄块根较小，秋天可不刨，留在地里越冬，待翌春栽种时刨出，选无病虫害、形状好者作种栽。块根较大不宜采用此法。此外，地黄品种容易混杂退化，还应加强良种繁育工作，以保证生产用优良品种。

延 胡 索

延胡索为罂粟科植物延胡索（*Corydalis yanhusuo* W. T. Wang）的干燥块茎，又名元胡、延胡、玄胡索。具行气活血、散瘀止痛的功能。主产于浙江、江苏、安徽等地。

一、形态特征

多年生草本，株高 10～20 厘米，全株无毛。地下块茎扁球形或不规则的球形或椭圆形，内部白色。地下茎肉质纤细，具分枝。茎基部生一鳞叶，其上生 3～4 枚叶；叶有长柄；叶片二回三出羽状分裂。总状花序，顶生，苞片卵形，通常全缘或少数有锯齿；萼片 2 枚，极小，早落；花瓣 4 枚，2 轮，紫红色，顶端微凹，尾部延长成长矩，矩圆筒状，内轮花瓣较小，基部具浅囊状突起；雄蕊 6 枚，2 束，每束 3 枚；子房扁柱形，花柱细短，柱头 2 裂。蒴果荚状，种子肾形，紫红色或紫黑色。花期 3 月至 4 月上旬，果期 4 月。

二、生长习性

喜凉爽湿润气候，耐严寒，怕旱、怕涝，忌强光和高温，昼夜温差大有利于块茎的膨大。块茎有 2 种来源，一是由地下茎节膨大而成，称子元胡，二是由种茎重新形成的块茎，称母元胡，前者在 3 月中旬开始形成，而后者在 2 月底前已全部形成。延胡索根系较浅，大多集中在 5～20 厘米的表土层内，故表土层疏松肥沃有利于根系和块茎的生长。

块茎出苗适温为日平均气温 7～9℃，一般 1 月下旬至 2 月上旬为出苗期。

三、栽培技术

1. 选地、整地　宜选阳光充足、地势高燥、排水良好、表土层疏松而富含腐殖质的沙质壤土和冲积土种植。黏性重或沙质重的地不宜栽种。忌连作，一般隔 3～4 年再种，前茬以禾本科作物或豆类作物为好。前作收后及时深翻 20 厘米，每亩施农家肥 4 000 千克，配施复合肥 50 千克作基肥，充分耙细整平后，作成宽 1 米的高畦。

2. 繁殖方法 用块茎繁殖。

选用直径 1.2～1.6 厘米的种茎于 9 月下旬至 10 月中旬条播。按行距 20 厘米左右开 5～6 厘米深的沟，然后在沟内按粒距 8～10 厘米将种茎交互排放成 2 行，芽向上，边排种边覆土，覆土深度为 5～6 厘米，最后轻轻刮平畦面，每亩用种茎 60 千克左右。

3. 田间管理

（1）中耕除草。一般进行 3～4 次，由于延胡索根系浅，故一般不宜中耕，如土壤板结，可用铁耙在畦表轻轻松土；出苗后不宜进行，杂草可用手拔除。

（2）追肥。除基肥外，应重施腊肥，时间在 12 月上、中旬，每亩施浓人畜粪水 3 000 千克和复合肥 50 千克。2 月上旬还可轻施 1 次苗肥，每亩施入畜粪水 1 500 千克。此外，3 月下旬叶面喷施 2% 的磷酸二氢钾有利于块茎的膨大。

（3）排灌。栽种后遇干旱及时浇水可促进早发根，浇水或灌水时以湿润畦面为度。苗期要注意防止田间积水，经常保持排水沟畅通。

4. 病虫害防治

（1）霜霉病。此病为常见病害，3 月上旬始发，主要危害叶片。防治方法：清洁田园，处理病株，减少病原菌；轮作；用杀菌剂喷雾防治。

（2）菌核病。3 月中旬始发，4 月发病最重，首先危害土表的茎基部，使茎腐烂，植株倒伏。防治方法：水旱轮作或与禾本科作物轮作；增施磷、钾肥；在植物基部施用石硫合剂。

四、采收与加工

栽种第 2 年 4 月底至 5 月初地上部枯萎后即可采收。一般选晴天，用小耙依次挖收。收获的块茎分成大、中、小 3 档，分别装入箩内撞去表皮，洗净泥土，漂去老皮和杂草，沥干后置 80～90℃ 的热水中，上下翻动，至切断面由白变黄时捞出，摊于阳光下晒干，3～4 天后在室内堆 2～3 天，再晒 2～3 天，如此反复，直至晒干。

五、留种技术

植株枯死前选择生长健壮、无病虫害的地块作留种地。采收后挑选当年新生的块茎作种茎，以无破伤、直径在1.2～1.6厘米的中等块茎为好，其余的作商品加工。选好的种茎先在室内摊放2～3天，然后置干燥阴凉的室内进行沙藏。每半月检查一次，发现块茎外露要及时加盖湿润沙或泥，如发现块茎霉烂要及时翻堆剔除。忌在同屋存放化肥和农药。沙藏的地方以泥地为好，切忌堆放在水泥地上。

当　　归

当归为伞形科植物当归 [*Angelica sinensis* (Oliv.) Diels] 的干燥根，别名秦归，为常用中药，具补血、活血、止痛、润肠之功效。主产于甘肃、陕西、云南、四川等地。

一、形态特征

当归为多年生草本，高0.4～1.0米。根肉质，圆锥形，经栽培后多数分枝。栽后第2年抽茎，茎直立，高1.0～1.2米，浅紫色（少数为淡棕色）。叶为二至三出羽状复叶，叶柄基部成鞘状抱茎。顶生复伞形花序，小花白色。果实为椭圆形双悬果，成熟后两瓣开裂。花期6—7月，果期8—9月。

二、生长习性

当归为高山植物，要求凉爽湿润的气候条件，具有喜肥、怕涝、怕高温的特性，海拔低的地区栽培，不易越夏，气温过高易死亡。

种子在10～25℃时发芽良好，10～15天出苗。当归具有早期抽薹现象，生产上应注意克服，一般采用育苗移栽，第3年即可采挖。

三、栽培技术

1. 选地、整地　选择坐南向北、半阴半阳的缓坡地，要求土质疏松、结构良好。小满前深翻一次，打碎土块作苗床，床面宽 1 米，长因地形而异。床与床之间开排水沟，宽 30 厘米，深 15～20 厘米。栽植地要深耕细耙，每亩施基肥 2 500～5 000 千克，与土壤倒翻均匀，整平作高畦，畦宽 1.2～1.5 米。畦间开排水沟，宽 30 厘米，深约 20 厘米。

2. 繁殖方式 生产上常采用育苗移栽。

播种期应根据各地海拔高度与气温而定，甘肃、四川、云南约在 7 月，陕西在 8 月左右。播法为撒播，种子拌灰撒于畦面，稍加镇压，覆少量细湿土，覆草，做到透光、保湿，苗龄不超过 110 天。每亩播种量为 4～5 千克。移栽分冬栽与春栽，株行距 25 厘米×25 厘米。春栽宜于清明节前后进行，冬栽宜于寒露后霜降前进行。采用种子直播法生产，冬、春、秋季均可播种，可控制当归早期抽薹，其中以冬直播稍好，但产量不高。

3. 田间管理

（1）苗期管理。播后必须保持土壤湿润，以利种子萌发。40 天左右挑松盖草。苗高约 3 厘米时松土 1 次，及时拔除杂草。伏天过后选阴天将盖草全部揭去。苗期注意防旱排涝。

（2）起苗、贮苗。寒露至霜降气温下降至 5 ℃左右、苗叶开始枯萎时，将苗挖起，稍带些土扎成小把，晾去水分进行窖藏或堆藏，苗龄过大不宜堆藏，堆藏时注意头朝外、根朝里摆放。

（3）补苗、间苗。正常情况下，移栽后 20 天左右苗出齐后进行间苗、补苗，宜在阴雨天用带土的小苗补栽。栽后约 3 个月进行定苗，拔除病苗、弱苗，每穴保留 1 株。

（4）中耕除草。5 月中旬进行第 1 次除草，宜浅锄，土不埋苗。6 月中旬进行第 2 次锄草，可深锄，以促进根系发育。

（5）拔薹。移栽后植株当年开花结果为早期抽薹，根部不可药用，应全部拔除。

（6）追肥。当归为喜肥植物，6 月下旬叶盛期和 8 月上旬根增长期，应追施磷、钾肥和氮肥。

4. 病虫害防治

（1）麻口病。移栽后的 4 月中旬、6 月中旬、9 月上旬、11 月上旬为其发病高峰期，危害根部，地下害虫多有利于发病。防治方法：定期用广谱长效杀虫剂灌根。

（2）菌核病。危害叶部，低温高湿条件下易发生，7—8 月危害较重。防治方法：不连作。

（3）根腐病。主要危害根部，地上部叶片变褐至枯黄，变软下垂，最终整株死亡。5月初开始发病，6月危害严重，直至收获。防治方法：与禾本科作物轮作，忌连作；高垄栽种，雨后及时排出积水；选用无病健壮种苗；发病初期及时拔除病株，集中深埋，并用石灰消毒病穴。

（4）虫害。主要为金针成虫和小地老虎危害。防治方法：铲除田内外青草，堆成小堆，7～10天换鲜草，用毒饵诱杀。

四、　采收与加工

当归移栽后，于当年霜降前15天割去地上部分，在阳光下暴晒加快成熟。采挖时力求根系完整无缺，抖净泥土，挑出病根，刮去残茎，置通风处，待水分蒸发、根条柔软后，按规格大小扎成小把，堆放竹筐内，用湿草作燃料生烟烘熏，忌用明火，2～10天后，待表皮呈金黄色时停火，待其自干。当归加工时不可太阳晒干或阴干。

五、　留种技术

育苗移栽的当归在秋末收获时，选择土壤肥沃、植株生长良好、无病虫害、较为背阴的地段作为留种田，不起挖，待第2年发出新叶后，拔除杂草，苗高15厘米左右时进行根部追肥，待秋季当归花轴下垂、种子表皮粉红时，分批采收扎成小把，悬挂于室内通风干燥无烟处，经充分干燥后脱粒贮存备用。

直播的当归在选留良种时，必须创造发育条件，促使早期抽薹，形成发育饱满、充实、成熟度高的种子，但该种子只能用于直播，不能育苗移栽。

百　　合

百合为百合科植物卷丹（*Lilium lancifolium* Thunb.）的干燥肉质鳞茎片，别名野百合，有养阴润肺、清心安神之功能。主产于湖南、四川、江苏、山东、安徽、福建等地，全国南北各地均有栽培。

一、植物形态

多年生草本，株高 80～150 厘米。带紫色条纹，具白色绵毛。鳞茎近宽球形，鳞片宽卵形，白色。叶散生，矩圆状披针形或披针形，两面近无毛，先端有白毛，边缘有乳头状突起，上部叶腋有珠芽。苞片叶状，卵状披针形，先端钝，有白绵毛；紫色，有白色绵毛；花下垂，花被片披针形，反卷，橙红色，有紫黑色斑点；内轮花被片稍宽，蜜腺两边有乳头状突起，尚有流苏状突起；雄蕊四面张开。蒴果狭长卵形。花期 5—8 月，果期 7—9 月。

二、生长习性

性喜温暖湿润环境，稍冷凉地区也能生长，能耐干旱，怕炎热、酷暑，怕涝，对土壤要求不甚严格。

百合感温性强，需经低温阶段，即越冬期。播后在土中越冬，至翌年 3 月中、下旬出苗。生长适温为 15～25℃，气温高于 28℃生长受到抑制。于 8 月上、中旬地上茎叶进入枯萎期，鳞茎成熟。种植时间有 6～7 个月。

三、栽培技术

1. 选地、整地 前茬以豆类、瓜类或蔬菜为好，宜选地势高燥、向阳、土层深厚疏松、排水良好的地块。于栽种前深翻土壤 25 厘米以上，然后整细耙平作宽 1.3 米的高畦或平畦，畦沟宽 30 厘米，四周开好较深的排水沟，以利排水，丘陵地带也可采用平畦。

2. 繁殖方式 栽培上主要用子鳞茎繁殖，也可用鳞片、珠芽或子球繁殖。用子鳞茎繁殖，结合采收选根系发达、个大、抱口好、有 3～5 个子鳞茎并且大小均匀的母鳞茎作种。生产上常将大鳞茎作药用，小鳞茎掰下作种用。栽种前把子鳞茎分开，使每个子鳞茎都带有茎底盘。9 月开浅穴栽种，一般行距 24～27 厘米、株距 17～20 厘米，每亩需 1.2 万～1.5 万棵，用种量为 300～350 千克，生长周期为 1 年。用鳞片、珠芽或子球繁殖时需 2～3 年的生长发育过程，培育成种球后再移栽，2 年后起收，整个生产周期为 4～6 年。若用种子繁殖，可在 9 月将种子采收后，在整好的畦内按行距 10 厘米，开 3 厘米深浅沟，将种子均匀播入沟内，覆土盖草，第 3 年春季出苗后移栽。

3. 田间管理

（1）前期管理。冬季选晴天进行中耕，晒表土，保墒保温。春季出苗前松土除草，以提高地温，促苗早发。夏季应防高温引起的腐烂。天凉要保温，防霜冻，并施提苗肥，促进百合的生长。

（2）中期管理。5月上、中旬百合开始逐渐现蕾，为促进幼鳞茎迅速肥大，可采取以下措施：一是清沟排水、降低土湿、防腐烂。二是适时打顶，一般于小满前后打顶。三是打顶后控制施氮肥，防止茎叶徒长，影响鳞茎的发育膨大。

（3）后期管理。夏至前后百合珠芽成熟，进入后期生长，应及时摘除珠芽，一般于6月前后进行。同时，要及时清沟理墒，疏通田内沟，加深田外沟，以降低田间温、湿度。

（4）追肥。第1次在1月前后施早春肥，每亩施有机肥1 000千克、复合肥40千克，先均匀铺施畦面，后立即培土覆盖。第2次在4月上旬左右，每亩施粪水1 500千克。第3次在开花、打顶后适量补施速效肥及0.2%的磷酸二氢钾叶肥。

4. 病虫害防治

（1）立枯病。主要在苗期危害，造成植株枯萎，田间积水或温度过低可加重危害。防治方法：作高畦栽培，并注意开沟排水。

（2）叶枯病。又称灰霉病，是百合植株上发生最普遍的病害之一，发病严重时造成茎叶枯死，花蕾腐烂，影响鳞茎产量。防治方法：将患病植株的叶片集中烧毁，防止病菌传播；实行3年以上的轮作，如水旱轮作也要至少2年，以免病菌通过土壤传播；加强田间管理，合理增施磷、钾肥，增加抗病力，注意清沟排水及田间通风透光。

（3）百合疫病。发病期在6—8月，主要危害茎和叶片。防治方法：将病株挖起集中烧毁；注意清沟排水，中耕除草不要碰伤根茎部，以免病菌从伤口侵入；发病初期用0.5%波尔多液1 000倍液喷洒，喷洒时应使足够的药液流到病株茎基部及周围土壤。

（4）病毒病。该病在干旱情况下发生较普遍，是较难防治的一种病害。叶片变黄或出现黄色斑点、黄色条斑，急性落叶，植株萎缩，花蕾萎黄不能开放，花冠开裂。植株受病害侵染后，生长、开花不良，甚至枯萎死亡。一般是由蚜虫危害而传染，也可由人为的接触如中耕除草、人手抚摸等传播。目前对病毒病主要是通过预防来解决，已经受害的植株很难治好。预防主要有下列措施：一是及时防治蚜虫。蚜虫具有一种刺吸式口器，它像针一样刺入植物，吸取汁液。当它吸取了受病毒感染植株的汁液后，又去刺吸健康的植株，就把病株汁液中的病毒也传了过去。特别是有翅蚜，能在较大范围内传播病害。所以，防治蚜虫是防止病毒蔓延的有效途径。二是防止接触传染。不要经常用手或工具接触百合植株，以减少传染病毒的机会。三是拔除受害严重的植株。受害严重的植株必须及时拔除并烧毁。有轻度感染尚能开花的植株则要勤管理，多施肥，其种球只能作商品，绝不能再作种用。

（5）鳞茎基腐病。主要危害植株茎基部，影响植株生长，导致死亡。防治方法：除用药剂处理种球外，还必须有良好的农业栽培措施相配套；选用健壮无病种球，加强种球贮藏保管措施，防止种球失水。

（6）软腐病。百合鳞茎收获或贮藏运输期间的病害。高温高湿和通风不良是本病发生的主要条件。鳞茎变软并有恶臭。防治方法：选择无病种球繁殖，播种前用杀菌剂浸种 20～30 分钟，晾干后播种；采挖和装袋运输时，尽量不要碰伤鳞茎，贮藏期间注意通风，最好放在低温条件下。

（7）炭疽病。多发生在叶片、花朵和鳞茎上。防治方法：发现病株及时烧毁；加强田间管理，注意通风透光；种球严格检疫。

（8）百合斑点病。主要危害叶片。初时叶片出现褪色小斑，逐渐扩大为褐色斑点，边缘深褐色。以后病斑中心产生多数小黑点，严重时整个叶片变黑枯死。防治方法：清除病叶并烧毁。

（9）青霉病。鳞茎贮藏期发生的病害。鳞片上形成干枯斑块，病斑上又形成蓝绿色的孢子。防治方法：将鳞茎贮藏在加有漂白粉的土中（每 50 千克土拌 0.35 千克漂白粉）；阴干后再进行贮藏。

（10）虫害。主要是蛴螬危害鳞茎和根，一般于 6 月下旬至 7 月中旬危害最盛。防治方法：避免肥料中带入幼虫；栽种时撒用毒饵。

四、采收与加工

宜兴百合在 8 月上、中旬植株枯萎、鳞茎成熟即可采收，兰州百合在立冬前采挖。采收在晴天进行，挖起全株，除去茎秆，剪去茎基部须根，洗净泥土等杂物，剥下鳞片，用开水燎或蒸，以鳞片边缘柔软而中部未熟、背面有极小裂纹为度；燎或蒸后立即用清水漂洗，使之迅速冷却，并洗去黏液，漂洗后摊开晒干。以质硬而脆、断面较平坦、角质样、无臭为佳。

西 洋 参

西洋参为五加科植物西洋参（*Panax quinquefolius* L.）的干燥根，又名花旗参、美国人参、广东人参。具滋补强壮、养血生津、宁神益智等功能。原产于北美洲，自 1975 年以来，我国北京、吉林、山东等地已大面积引种成功。

一、形态特征

多年生草本，株高 60 厘米左右。根肉质，长纺锤形，下部有分枝，外皮淡黄色，有密集细环纹。茎圆柱形，具纵条纹。掌状复叶，轮生茎端，复叶数和小叶数变化与人参相似，小叶膜质，广卵形或倒卵形，先端突尖，基部楔形，边缘具不规则粗锯齿。伞形花序，单独顶生，小花多数，花萼 5 枚，齿状；花瓣 5 枚，绿白色，矩圆形；雄蕊 5 枚；雌蕊 1 枚，子房下位，2 室；花柱上部 2 裂。果实浆果状，扁圆形，熟时鲜红色。种子 2 粒，半圆形。花期 6 月，果期 7—8 月。

二、生长习性

西洋参为半阴植物，要求凉爽湿润环境，喜弱光，怕旱，怕严寒。西洋参较人参喜湿润，但抗寒能力较人参弱。

种子有休眠特性，需经过形态后熟和生理后熟两个阶段，生产上在 15% 湿度，经高温 20℃ 50 天，15℃ 90 天，再放入低温 4～6℃，经 3 个月左右才可打破休眠。发芽适温为 15～20℃ 的变温，发芽率为 90% 左右。种子寿命为 2～3 年。

三、栽培技术

1. 选地、整地　选择土壤肥沃、土质疏松、透气性好、排灌方便的腐殖质土或通透性好、松软不积水的生荒地，pH 5.5～6.5。如农田种植，前茬以禾本科作物为好，忌涝洼积水的黏重土及重茬地。地选好后，在播种前1年耕翻3～5次，每亩施入绿肥或农家肥3000千克左右，配施饼肥100千克、复合肥50千克，同时可用40%五氯硝基苯300倍液、50%多菌灵600倍液进行土壤消毒。为防治地下害虫，还可加施敌百虫、辛硫磷等。畦向多采用东南-西北走向，作成宽1.3～1.5米、高25～30厘米的畦，畦面略呈弓形，作业道宽40～50厘米。

2. 繁殖方法 用种子繁殖，育苗移栽。

（1）育苗。秋播或春播。秋播在11月土壤封冻前；春播在3月中、下旬土壤解冻后。播种前需进行种子处理。方法是将种子沙藏处理6个月以上，待种子裂口后，选无病斑种子用50%多菌灵500倍液或65%代森锌400倍液浸15分钟后播种。生产上以点播为主，株行距5厘米×5厘米，穴深3～4厘米，每穴放1粒，覆土3厘米，上覆鲜稻草或麦秆5～10厘米。翌春出苗，一般从采种到出苗全部过程需20～22个月。每亩用种量为8～10千克。

（2）移栽。西洋参在美国多采用直播法，中国多数地区则采用一三制或二二制移栽。即播种出苗后第1年或第2年移栽。一般在春季土壤解冻后，芽苞尚未萌动、根毛尚未长出时移栽。栽前选健壮、无病、完整的参苗，按大、中、小分级，并用50%多菌灵500倍液或40%代森锌500倍液浸泡50分钟，稍晾后栽种。方法是将参侧根顺直，使主根与地面成30°角。株行距10厘米×20厘米，并可据参根大小适当调整株距，覆土深度为距芽苞3～4厘米。再覆稻草或麦秆10厘米厚，栽后畦面要平整，并做到边起苗边移栽，注意不要使芽苞和根皮部受到损伤。

3. 田间管理

（1）越冬管理。在参畦上覆盖树叶、麦秆等5～6厘米厚，其上压土，以利抗寒，3月下旬将畦面上的覆盖物除去。如畦面干旱，可喷水润湿，以利幼苗出土。

（2）搭棚遮阴。搭棚要求能防止畦内参苗被上午10时至下午4时之间的强光照射，并使上午10时前、下午4时后的阳光射进荫棚，透光度以15%～20%为宜。在出苗前将荫棚搭好，前檐立柱高90～120厘米，后檐立柱高60～90厘米，上面覆盖苇帘，炎热夏天可在参畦外面阳光易进入畦的一边插上带叶的树枝遮光。

（3）除草追肥。出苗后要结合松土及时除草，并注意不要把参苗带出。二年生以上的参苗要特别注意追肥。生长期间可施复合肥或用0.5％磷酸二氢钾溶液于花前进行叶面喷施；休眠期可将腐熟好的豆饼或复合肥撒入畦面，并轻轻松土，使肥与土混合均匀，再覆草。

（4）防旱排涝。干旱时应浇水润土，尤其是5—6月，水量以到达湿土层为准。7—8月注意排涝。

（5）摘蕾补苗。二年生以上的参苗每年开花结果，除留种地外，当花茎抽出1～2厘米时，选晴天及时将花蕾摘除。春季出苗后发现缺苗应及时补齐。

4. 病虫害防治　参见人参病虫害防治。

西洋参与人参具有相似的病害。其中危害严重的有立枯病、疫病、菌核病、黑斑病、锈腐病、猝倒病等。

四、采收与加工

西洋参一般生长4年后于9—10月地上部枯萎时采收。顺畦将参根挖出后，用水冲洗干净，稍在室外风干，然后置干燥室干燥，开始保持温度21～22℃，以后逐渐加温，并适时翻动、通风，注意最高温度不宜超过33℃。经20～30天干透后，按大、中、小分等，贮藏或药用。

五、留种技术

选三年生以上健壮植株留种，并适当疏掉花序中心和迟开的花。待果实变红时采收，将红果放在容器内用清水浸泡1～2天，去果肉、果皮及瘪粒，晾干后贮藏。

防　风

防风为伞形科植物防风 [*Saposhnikovia divaricata* （Turcz.）Schischk.] 的干燥根，别名关防风、东防风，以根入药。味辛、甘，性温。有解表发汗、祛风除湿作用，主治风寒感冒、头痛、发热、关节酸痛、破伤风；此外，防风叶、防风花也可供药用。主产于黑龙江、吉林、辽宁、河北、山东、内蒙古等。东北产的防风为道地药材，素有关防风之称。

一、形态特征

多年生草本，株高 30～100 厘米，全株无毛。主根粗长，表面淡棕色，散生凸出皮孔。根颈处密生褐色纤维状叶柄残基。茎单生，二歧分枝。基生叶丛生，叶柄长，基部具叶鞘，叶片长卵形或三角状卵形，二至三回羽状分裂；茎生叶较小，有较宽的叶鞘。复伞形花序顶生；无总苞片，少有 1 枚；小伞形花序有 4～9 朵花，萼片短三角形，较明显；花瓣 5 枚，白色。双悬果，成熟果实黄绿色或深黄色，长卵形，具疣状突起、稍侧扁。果有 5 棱。花期 8—9 月，果期 9—10 月。

二、生长习性

防风适应性较强，耐寒、耐干旱，喜阳光充足、凉爽的气候条件，适宜在排水良好、疏松干燥的沙壤土中生长，在我国北方及长江流域地区均可栽培。

种子容易萌发，在 15～25℃均可萌发，新鲜种子发芽率可达 50％以上，贮藏 1 年以上的种子，发芽率显著降低，故生产上以新鲜的种子播种为好。防风发芽适宜温度为 15℃，生产上春、秋季播种均可。种子在春季播种 20 天左右出苗，秋播来年春天出苗。

三、栽培技术

1. 选地、整地　防风是深根性植物，主根长可达 50～60 厘米，应选地势高燥、排水良好的沙质壤土种植；黏土地种植的防风极短，分权多，质量差。防风是多年生植物，整地时需施足基肥，每亩用厩肥 3 000～4 000 千克及过磷酸钙 15～20 千克，深耕细耙。北方作成宽 1.3～1.7 米的平畦，南方多雨地区作成宽 1.3 米、沟深 25 厘米的高畦。

2. 繁殖方式　以种子繁殖为主，也可进行分根繁殖。

（1）种子繁殖。在春、秋季都可播种。春播长江流域在 3 月下旬至 4 月中旬，华北在 4 月上、中旬；秋播长江流域在 9—10 月，华北在地冻前播种，第 2 年春天出苗。春播需将种子放在温水中浸泡 1 天，使其充分吸水以利发芽。在整好的畦内按 30～40 厘米行距开沟条播，沟深 2 厘米，把种子均匀播入沟内，覆土盖平，稍加镇压，盖草浇水，保持土壤湿润，播后 20～25 天即可出苗。每亩用种子 1～2 千克。

（2）分根繁殖。在收获时或早春取粗 0.7 厘米以上的根条，截成3厘米长的小段作种。按株行距 15 厘米×50 厘米、穴深6～8厘米栽种，每穴 1 个根段，顺栽插入，栽后覆土 3～5 厘米，每亩用根量约为 50 千克。

3. 田间管理

（1）间苗与定苗。苗高 5 厘米时，按株距 7 厘米间苗；苗高 10～13 厘米时，按 13～16 厘米株距定苗。

（2）除草并培土。6 月前需进行多次除草，保持田间清洁。植株封行时，先摘除老叶，后培土壅根，以防倒伏；入冬时结合清理场地再次培土，以利于根部越冬。

（3）追肥。每年 6 月上旬或 8 月下旬需各追肥 1 次，施人粪尿、过磷酸钙或堆肥，开沟施于行间。

（4）摘薹。两年以上植株除用作留种的外，都要及时摘薹。

（5）排灌。在播种或栽种后到出苗前的时期内，应保持土壤湿润。防风抗旱力强，多不需浇灌，雨季注意及时排水，以防积水而烂根。

4. 病虫害防治

（1）白粉病。夏、秋季危害，危害叶片。防治方法：施磷、钾肥，注意通风透光。

（2）黄翅茴香螟。现蕾开花时发生，危害花蕾及果实。防治方法：在早晨或傍晚用 Bt 乳剂 300 倍液喷雾防治。

（3）黄凤蝶。5 月开始危害，幼虫咬食叶、花蕾。防治方法：人工捕杀；在幼龄期喷 Bt。

四、采收与加工

一般在种植后第 2 年 10 月下旬至 11 月中旬或春季萌芽前采收。春天分根繁殖的防风，在水肥充足、生长茂盛的条件下当年可收获。防风根部入土较深，根脆易断，收时应从沟的一端开深沟，顺序采挖。去除残留茎叶和泥土，晒到半干时去掉须毛，按根的粗细长短分级，扎成 0.25 千克的小把，晒至全干即可。

五、留种技术

选生长旺盛、没有病虫害的二年生植株。增施磷肥，促进开花、结实饱满。待种子成熟后割下茎枝，搓下种子，晾干后放阴凉处保存。另外，也可以在收获时选取粗 0.7 厘米以上的根条作种根，边收边栽，或者在原地假植，等翌年春季移栽定植用。

何 首 乌

> 何首乌为蓼科植物何首乌 [*Fallopia multiflora*（Thunb.）Harald.] 的干燥块根，别名首乌、赤首乌、地精。有补肝肾、益精血的功效；其干燥茎藤称首乌藤，又名夜交藤，可养心、安神；其叶可治疗疥癣、瘰疬。主产于贵州、云南、湖北、广西等。

一、形态特征

多年生缠绕草本，长可达 3 米多。根细长，末端形成肥大的块根，质坚实，外表红褐色至暗褐色。茎上部多分枝，无毛，常呈红紫色。单叶互生，具长柄，叶片为狭卵形或心形，先端渐尖，基部心形或箭形，全缘；胚叶鞘膜质，抱茎。圆锥花序顶生或腋生，花小密集，白色；花被 5 深裂；裂片倒卵形，外面 3 片背部有翅。瘦果卵形至椭圆形，具 3 棱，黑色有光泽。花期 10 月，果期 11 月。

二、生长习性

何首乌多野生于草坡、路边及灌木丛等向阳或半荫蔽处，适应性较强，喜温暖湿润的气候，怕积水，在富含腐殖质的壤土和沙质壤土中生长佳，在中国南方及长江流域均能正常生长。

春季播种及扦插的何首乌，当年都能开花结实。3 月中旬播种的何首乌，4—6 月其地上的茎藤迅速生长时，地下根也逐渐膨大成块根；而同期扦插的，要到第 2 年才能逐渐膨大成块根。扦插生根快，成活率高，种植年限短，结块多，因而生产上多用这种方法繁殖。

种子容易萌发，发芽率在 60%～70%，但因生长期较长，生产上较少采用。

三、栽培技术

1. 选地、整地　可在林地、山坡及房前屋后零星地块种植。选排水良好、较疏松肥沃的土壤或沙质壤土栽培为好。选好的地块在冬前深翻 30 厘米以上，使其充分风化。整地前每亩施杂肥 4 000 千克，用犁耙平整，打碎泥土后，育苗地起成高约 20 厘米、宽约 1 米的平畦，定植地起成高约 30 厘米、宽约 1.3 米的高畦。

2. 繁殖方式　以扦插繁殖为主，也可块根繁殖。

（1）扦插繁殖。每年早春选生长粗壮、半年生的藤蔓作插条。剪成有 3 个节的小段，按行距 15～18 厘米开深 10 厘米沟，以株距 3 厘米将扦插条摆入沟中，覆土压实，插条有 2 个芽要埋入土中，注意要顺芽生长的方向插，畦面上盖草。若天气较干旱，要经常淋水，雨季注意排水。10 天后就会长出新根，30 天后便可移栽到定植地。

（2）块根繁殖。在春季采收时选健壮、无病害的小块根，截成每段带有 2～3 个健壮芽头 的种块，在 2 月下旬至 3 月上旬按株行距 15 厘米×25 厘米开穴，穴深 6～10 厘米，每穴栽入 1 个，覆土后及时浇水。

移栽定植宜在春季进行。在定植地上按株行距 25 厘米×35 厘米挖穴，每穴种入 1 株种苗，每畦种 2 行，种完后覆土压实，浇淋定根水。

3. 田间管理

（1）浇水、除草。定植初期要经常浇水，保持土壤湿润，幼苗期应勤于除草，一般搭架后不宜入内除草。

（2）搭架。当苗高 30 厘米以上时，用竹子或树枝搭成"人"字形、高约 1.5 米的支架，以利于茎藤向上缠绕生长。

（3）追肥。定植后 15 天，每亩施腐熟的人粪尿 500 千克，开浅沟施于行间，以后每隔 15 天追肥 1 次，施肥浓度可逐次提高。前期以氮肥为主，后期追施磷、钾肥。开花后追施 2% 的食盐水和石灰，可提高产量。

（4）打顶、剪蔓。藤蔓长到 2 米高时，摘去顶芽，以利分枝。30 天后剪去过密的分枝和从基部萌发的徒长枝，以减少养分消耗。摘掉茎基部的叶及不留种的花蕾，以利通风透光。

（5）培土。南方产区在 12 月底进行根际培土，以增加繁殖材料，促进块根生长；北方入冬前培土，以利于越冬。

4. 病虫害防治

（1）叶斑病。在高温多雨季节开始发病，田间通风不良时发病重，危害叶。防治方法：保持通风透光，剪除病叶；发病初期喷 1∶1∶120 波尔多液，每隔 7～10 天喷 1 次，连续 2～3 次。

（2）根腐病。多在夏季发生，危害根部。防治方法：注意淋水；拔除病株，病穴撒上石灰，盖土踩实。

（3）锈病。2 月下旬开始发病，3—5 月和 7 月、8 月危害重，危害叶片。防治方法：清除病叶、病株及地上残叶。

（4）蚜虫。危害茎叶。防治方法：用内吸性杀虫剂喷雾防治。

四、采收与加工

种植 3～4 年即可收获，扦插的第 4 年收获产量较高。秋季落叶后或早春萌发前采挖，除去茎藤，挖出根，洗净泥土，大的切成 2 厘米左右的厚片，小的不切，晒干或烘干即可。以体重、质坚、粉性足者佳。

夜交藤于栽后第 2 年起秋季割下茎藤，除去细枝和残叶，晒干即可。以质脆、易折断者佳。

苍　术

苍术为菊科植物苍术 ［*Atractylodes lancea*（Thunb.）DC.］ 或北苍术 ［*A. chinensis*（DC.）Koidz.］ 的干燥根茎；苍术别名南苍术、茅术，主产于河南、江苏、湖北等地；北苍术别名枪头菜、华苍术，主产于河北、山西、陕西等地。苍术味辛、苦，性温。有健脾燥湿、祛风辟秽的作用。

一、形态特征

苍术为多年生草本，高达 80 厘米。根状茎横走，长块状或肥大呈结节状。茎直立，下部木质化。叶互生，草质，上部叶一般不分裂，无柄，卵状披针形至椭圆形，有光泽，边缘有刺状锯齿；下部叶不裂或分裂，中央裂片较大，卵形，两侧的裂片小。头状花序顶生，下有羽裂的叶状总苞一轮，花多数，全为管状，两性花与单性花多异株，花冠白色。瘦果长圆形，密生灰白色柔毛。花期 8—10 月，果期 9—10 月。

北苍术与苍术区别在于：叶片较宽，卵形或狭卵形，一般羽状 5 深裂，茎上部叶 3～5 羽状线裂或不裂。头状花序稍宽。

二、生长习性

两者都喜凉爽气候，耐寒。北苍术喜昼夜温差较大，光照充足的气候；苍术相对较喜湿润的气候，怕强光和高温。生活力都较强，对土壤要求不严，荒山、坡地、瘠土都可生长，以排水良好、地下水位低、结构疏松、富含腐殖质的沙质壤土较好，忌水浸，故低洼地不宜种植。生长期最适生长温度为 15～22℃。

苍术自交结实率低，但自然授粉结实率可达 60％以上。种子发芽适温在 16～18℃，发芽率在 50％左右，如在有足够温度的土壤内，10～13 天就可出苗。种子寿命为 1～2 年。

三、栽培技术

1. 选地、整地　选择向阳荒山或荒坡地，土壤以疏松肥沃、排水良好的腐殖土或沙壤土为好，不可选低洼、排水不良的地块。选好地后，每亩施 2 000 千克农家肥作基肥，进行翻耕耙细，在干旱的地区作成平畦，雨水多的地方则应作成高畦，畦宽一般 1.3 米左右，长度不限。

2. 繁殖方法　以种子繁殖为主，也可用分株繁殖。

（1）种子繁殖。在 4 月初进行育苗，苗床选择向阳地，播种前施基肥再耕细耙平，作成宽 1 米的畦，进行条播或撒播。条播为在畦面横向开沟，沟距 20～25 厘米，沟深为 3 厘米，把种子均匀撒于沟中，然后覆土；撒播为直接在畦面上均匀撒上种子，覆土 2～3 厘米。每亩用种3～4 千克，播后都应在上面盖一层稻草，经常浇水保持土壤湿度，苗长出后去掉盖草。苗高 3 厘米左右时进行间苗，10 厘米左右即可定植，株行距 15 厘米×30 厘米，栽后覆土压紧并浇水。一般在阴雨天或午后定植易成活。

（2）分株繁殖。在 4 月芽刚要萌发时，把老苗连根挖出，去掉泥土，将根茎切成若干小块，每小块带1～3个芽，然后栽于大田。

3. 田间管理

（1）中耕除草。幼苗期应勤除草松土，定植后注意中耕除草。如天气干旱要适时灌水，也可以结合追肥一起进行。

（2）追肥。一般每年追肥3次，结合培土，防止倒伏。第1次追肥在5月施清粪水，每亩大约1000千克；第2次在6月苗生长盛期时施入人粪尿，每亩用约1250千克，也可以每亩施5千克硫酸铵；第3次追肥应在8月开花前，每亩用人粪尿1000～1500千克，同时加施适量草木灰和过磷酸钙。

（3）摘蕾。在7—8月现蕾期，对于非留种地的苍术植株应及时摘除花蕾，以利地下部生长。

4. 病虫害防治

（1）根腐病。一般在雨季发病严重，在低洼积水地段易发生，危害根部。防治办法：进行轮作；选用无病种苗；生长期注意排水，以防止积水和土壤板结。

（2）蚜虫。苍术在整个生长发育过程中均易受蚜虫危害，以成虫和若虫吸食茎叶汁液。防治方法：清除枯枝和落叶，深埋或烧毁；在蚜虫发生期用吡虫啉等内吸性杀虫剂进行防治。

（3）小地老虎。常从地面咬断幼苗并拖入洞内继续咬食，或咬食没出土的幼芽，造成断苗缺株。当苍术植株基部硬化或天气潮湿时也会咬食分枝的幼嫩枝叶。防治方法：3—4月清除田间周围杂草和枯枝落叶，消灭越冬幼虫和蛹；清晨日出之前检查田间，发现新被害苗附近土面有小孔时，立即挖土捕杀幼虫。

四、采收与加工

家种的苍术需生长两年后才可收获。苍术多在秋季采挖；北苍术春、秋两季都可采挖，但以秋后至翌年春初苗未出土前采挖的质量好。野生苍术春、夏、秋季都可进行采挖，以8月采收的质量最好。

苍术挖出后，去掉地上部分并抖落根茎上的泥沙，晒干后撞掉须根；也可以晒到9成干时用微火燎掉须毛。北苍术挖出后，除去茎叶和泥土，晒到5成干时装进筐中，撞去部分须根，表皮呈黑褐色；晒到6～7成干时再撞1次，以去掉全部老皮；晒到全干时最后撞1次，使表皮呈黄褐色，即为商品。都以个大、质坚实、断面朱砂点多、香气浓者佳。

远　　志

远志为远志科植物远志（*Polygala tenuifolia* Willd.）或卵叶远志（西伯利亚远志）（*P. sibirica* L.）的干燥根或根皮，远志别名小草、细叶远志，卵叶远志又名宽叶远志，两者在商品上不区分，味苦、辛，性温，有安神益智、散郁化痰的功能。在分布地区上也基本相同，分布于华北、东北、西北、华东各地；主产于山西、陕西、吉林、河南等地。药用植物以远志为主，远志在东北、华北、西北、华东及华中地区都可栽培。

一、形态特征

远志为多年生草本，株高约 30 厘米。根圆柱形，长而微弯。茎在基部丛生，纤细，无毛。叶互生，线形，叶柄短或近无柄。总状花序生于茎顶，花小，稀疏排列；萼片 5 枚，其中 2 枚呈花瓣状，绿白色；花瓣 3 枚，淡紫色，其中一枚较大，呈龙骨状，先端有丝状附属物。蒴果倒卵形而扁，先端微凹，边缘开裂。种子卵形，扁平，黑色，密被白色茸毛。花期 5—8 月，果期 6—9 月。

二、生长习性

野生远志多见于山坡、林下、路旁或草地上，喜冷凉气候，耐干旱，忌高温，适宜在肥沃、湿润、排水通畅的腐殖质壤土或含大量腐殖质的沙质壤土上生长，而潮湿或积水地对其生长不利，常会引起叶片变黄脱落，不宜种植。忌连作。

远志种子发芽率为 50%～60%，发芽时间不整齐。播种后在温度 15～18℃、有足够湿度的条件下，10～15 天可出苗。其幼苗生长缓慢，3 个月的幼苗株高不超过 10 厘米；第 3～4 年生长较快，花茎可达 30 个以上。第 2 年 5 月可开花，远志几乎全部开花，但宽叶远志只有

75％开花，要到第 3 年才能全开花。种子 6 月中旬成熟，成熟蒴果开裂，种子散落，易被蚂蚁等昆虫搬运，所以留种应在果 7、8 分成熟时采收种子。

三、栽培技术

1. 选地、整地 根据其生长习性选择向阳、地势高燥且排水良好的沙质壤土地块。每亩施厩肥 2 500～3 000 千克，最好再施入鸡粪 500 千克、草木灰 500 千克，深翻 25～30 厘米，翻地时可施用磷酸二氢铵 50 千克，耙细整平，作成平畦。在北方多采用宽 1 米的平畦，进行条播。

2. 繁殖方法 以种子繁殖为主，也可用分根繁殖。

（1）种子繁殖。采用直播或育苗移栽均可。

直播：春播在 4 月中、下旬；秋播在 10 月中、下旬或 11 月上旬；因地制宜，不可过晚，以保证出苗后不因气温太低而死亡。一般先在整好的地上浇足水，水下渗后再进行播种。每亩用种 1.0～1.5 千克，播前用水或 0.3％磷酸二氢钾水溶液浸种一昼夜，捞出后与种子量的 3～5 倍细沙混合，在畦内按行距 20～30 厘米开 1.0～1.2 厘米的浅沟，将混匀的种子均匀撒入沟中，上面覆盖未完全燃尽的草木灰 1.5～2.0 厘米，以不露种子为宜，稍加镇压，视墒情浇水（最好用喷壶）。北方风大不易保墒，可用农膜覆盖。播后半个月出苗。秋播用当年种子，于 8 月下旬播种，在第 2 年春出苗。

育苗移栽：3 月上、中旬进行，在苗床上条播，播后覆土约 1 厘米，保持苗床湿润，温度控制在 15～20℃为佳，播后约 10 天出苗，待苗高 5 厘米时进行定植。定植株行距（3～6）厘米×（15～20）厘米，在阴雨天或午后进行。

（2）分根繁殖。选择健壮、无病害、色泽新鲜、粗 0.3～0.5 厘米短根，在 4 月上旬开始播种。在整好的地上按行距 15～20 厘米开沟，每隔 10～12 厘米放短根 2～3 节，然后覆土。

3. 田间管理

（1）间苗、补苗。在苗高 3～5 厘米时，按株距 3～5 厘米进行间苗，缺苗的地方及时补苗。

（2）松土除草。因远志植株矮小、苗期生长缓慢，应注意松土除草，松土要浅，用耙子浅浅地均匀松地，连松两遍，保持土表疏松湿润，避免杂草掩盖植株。

（3）浇水、追肥。远志喜干燥，除种子萌发和幼苗期需适量浇水外，在生长后期一般不宜经常浇水。每年春、冬季节及 4、5 月各追肥 1 次，以提高产量。肥种以磷肥为主，每亩可施饼肥 20～25 千克或过磷酸钙 12～18 千克。

（4）根外追肥。每年 6 月中旬至 7 月上旬，在远志生长旺盛期，每亩喷施 1％的硫酸钾溶液 50～60 千克或 0.3％的磷酸二氢钾溶液 80～100 千克，隔 10～12 天喷施 1 次，连喷 2～3 次，喷施时间以下午 4 时以后为佳。喷施钾肥能增强远志的抗病能力，并能促进根部的生长和膨大。

（5）覆盖柴草。当年的苗在松土除草后或生长 2～3 年的苗在追肥、浇水后，每亩顺行覆盖麦秆、麦糠等 800～1 000 千克，不需翻动，连续覆盖 2～3 年，直到收获为止。

4. 病虫害防治

（1）根腐病。多雨季节及低洼地易发，危害根部。防治方法：尽早发现病株拔掉并烧毁，病穴用 10％的石灰水消毒。

（2）叶枯病。高温季节易发，危害叶片。防治方法：清洁田园；发病初期用 1∶1∶100 波尔多液喷雾。

（3）蚜虫。危害茎叶。防治方法：用吡虫啉喷雾防治。

（4）豆芫菁。6—8 月发生，危害叶片和嫩茎。防治方法：人工捕杀等。

四、采收与加工

栽种 2 年以上可收获，以生长 3 年的产量最高。在春季出苗前或秋季回苗后采挖，刨出鲜根，抖去泥土，趁水分未干时，用木棒敲打至松软，抽掉木心，晒干即可，直径超过 0.3 厘米以上可加工成远志筒，一等直径 0.6 厘米以上，二等 0.5 厘米以上，三等 0.4 厘米以上。远志肉不分粗细，抽去木心而得。最细小的根不去木心，直接晒干而成远志棍。远志鲜根的折干率在 3∶1 左右。一般以条粗、皮厚者为好。细叶远志地上部称小草，也可药用。

附　子

> 附子为毛茛科植物乌头（*Aconitum carmichaelii* Debeaux.）的子根（侧根）加工品，又名鹅儿花、铁花。药用侧生块根味辛，性大热，有毒，具有回阳救逆、温中止痛、散寒燥湿的功能。主产于我国四川、云南、陕西、甘肃、湖北等地，北方各地也有引种。

一、形态特征

多年生草本，株高60～120厘米。块根通常2个连生，栽培品种的侧根通常肥大，倒卵圆形至卵形，直径可达5厘米，表皮茶褐色至深褐色、平滑，周围有瘤状突起，下部有多数或无细小须根。茎直立，圆柱形，青绿色，下部老茎多带紫色。叶互生，有柄，叶片卵圆状五角形，坚纸质或略革质，表面暗绿色，背面灰绿色。总状花序，花序轴上密生反曲的白色柔毛；小苞片窄条形，萼片5枚，呈花瓣状；花蓝紫色，外被短毛。果长圆形，具横脉，黄棕色。花期6—7月，果期7—8月。

二、生长习性

喜生于气候温暖湿润、阳光充足、地势平坦及土层深厚、疏松肥沃、排水良好又有灌溉条件的绵沙、细沙土壤，黏土或低洼积水地区不宜栽种。忌连作，一般需隔3～4年再栽，可以安排水稻、玉米、小麦、蔬菜为前茬作物。

5月上旬到6月下旬，气温20～25℃时，是附子膨大增长时期，7月下旬气温高达26℃左右时，是附子产量最高的时期。

乌头种子不易完全成熟，发芽率很低，出苗后块根生长发育缓慢，且新生子根很少，故不作为繁殖用种。

三、栽培技术

1. 选地、整地　选土层深厚、疏松肥沃的土壤，一般以水稻为前茬最好。在水稻收获后，放干田水，使土壤充分熟化，增加肥力。从大雪（节气）开始，犁深20～30厘米，三犁三耙，务必使土块细碎、松软，10 月下旬（霜降）每亩地施厩肥或堆肥 4 000～5 000 千克作基肥，按 1.2 米宽（包括排灌沟）作畦，畦面宽 1 米，将过磷酸钙 50 千克、菜饼 50 千克碎细混合撒入畦面，搅拌均匀，拉耙定距，以备播种。

2. 繁殖方式　用块根繁殖。

先要选种根，块根按大小可分 3 级，一级每 100 个块根重 2 千克，二级每 100 个块根重 0.75～1.75 千克，三级每 100 个块根重 0.25～0.50 千克。一级和三级块根多用作乌头种根，二级块根用作附子种根，每亩用块根 11 000～12 000 个，130～150 千克。凡是块根皮上带黑疤的、感染水旋病及有伤口和病虫害的块根不可作种。种根挖出后，放在背风阴凉的地方摊开（厚约 6 厘米）晾 7～15 天，使皮层水分稍干一些就可栽种。11 月上、中旬（立冬后）在畦中按顺序以株行距 15 厘米×18 厘米、窝深 12 厘米稳苗入坑，栽成 3 行，后覆土 9 厘米厚，做成鱼背形，以利于排水。在栽种时每隔 10 株可多栽一块根，以利补苗，确保丰产。可在两侧套种萝卜，翌年 2 月收获萝卜，修根后套种玉米，收玉米后又可栽包心白菜。

3. 田间管理

（1）中耕除草。11 月中旬前后浅锄草 1 次，保持田间无杂草。

（2）补苗。第 2 年早春苗出齐后，及时进行补苗。取健苗带土补栽，压实，浇清水以利成活。

（3）追肥、培土。一般追肥 3 次。第 1 次在 2 月上旬出现 5～6 枚叶时，每亩用猪粪水 1 000 千克、尿素 10 千克，兑水 2 000 千克淋灌；第 2 次在 5 月修病根后，施入人畜粪 1 000 千克、尿素 5 千克，兑水 2 000 千克淋灌；第 3 次在 8 月上旬，每亩用人畜粪水 1 000 千克、尿素 10 千克，兑 1 000 千克水淋灌。在追肥的同时进行培土，厚 6～15 厘米，做成鱼背形。

（4）摘尖。苗高 30～36 厘米时进行。第 1 次摘高尖，7 天后摘二类苗的尖，再过 7 天摘三类苗的尖。摘尖后腋芽生长快，应及时摘掉。

（5）修根。在 4 月上旬谷雨前、立夏后修根 1 次：轻轻刨开根部土，均匀地保留 2～3 个健壮的新生附子，其余小附子全部切掉取出，注意勿伤根和茎秆。

4. 病虫害防治

（1）白绢病。多发于夏季高温多雨季节，危害附子根茎部。防治方法：选无病乌头作种；轮作；修根时，杀菌剂与干细土拌匀，施在根茎周围再覆土；发病初期深埋病株和病土，并用 5％石灰淋灌病株附近的健壮植株。

（2）霜霉病。3—5 月发生，危害叶片。防治方法：及时拔除病苗，并用 1∶1∶200 波尔多液喷洒。

（3）根腐病。4—7 月发生，危害根部。防治方法：修根时勿伤根茎；不过多施用碱性肥料。

（4）蚜虫。3 月下旬或 4 月上旬始发，5—6 月大量发生，危害植株顶部嫩茎。防治方法：喷施内吸性杀虫剂。

四、采收与加工

在 7 月下旬收获。用二齿耙挖出全株，抖去泥沙，摘下附子，去掉须根成泥附子，需马上加工。同时砍下母根，晒干成乌头。

泥附子的主要加工有如下 3 种：①黑顺片。选大、中个的泥附子，洗净，浸入食用胆巴（制食盐的副产品，主要成分是氯化镁）的水溶液，5 天后捞出，连同浸液煮至透心，捞出，水漂，纵切成约 0.5 厘米的厚片，再用水浸漂，取出用调色液（黄糖及菜油制成）染成浓茶色，蒸至现油面光泽时，烘至半干，再晒干而成。②白附片。选大小均匀的泥附子，同①方法煮至透心捞出，剥去外皮，纵切成约 0.3 厘米的薄片，用水浸漂，取出蒸透，用硫黄熏后晒干。③盐附子。同①浸泡过夜后加食盐水继续浸泡，每日取出晾晒，逐渐延长时间，直到附子表面出现大量结晶盐粒、质地变硬为止。

盐附子以个大、坚实、灰黑色、表面起盐霜者为佳；黑顺片以片大、厚薄均匀、表面油润光泽者为佳；白附片以片大、色白、半透明者为佳。

麦　冬

麦冬为百合科植物麦冬 [*Ophiopogon japonicus*（L. f.）Ker-Gawl.] 的干燥块根，又名麦门冬，具养阴生津、润肺止咳之功能。主产于浙江、四川，福建、江苏、安徽等地亦有栽培。

一、形态特征

多年生草本，株高 14～30 厘米。根茎细长，匍匐有节，节上有白色鳞片，须根多且较坚韧，微黄色，先端或中部常膨大为肉质块根，呈纺锤形或长椭圆形。叶丛生，狭线形，先端尖，基部绿白色并稍扩大。花茎从叶丛中抽出，比叶短；总状花序，每苞片内着生 1～3 朵花，花被 6 枚，淡紫色，偶有白色，小型；雄蕊 6 枚；雌蕊 1 枚，子房半下位，3 室。浆果球形，成熟时蓝黑色。种子 1 粒，球形，蓝绿色或黄褐色。花期 7—8 月，果期 8—10 月。

二、生长习性

麦冬喜温暖湿润、较荫蔽的环境。耐寒，忌强光和高温。7 月见花时地下块根开始形成，9—10 月为发根盛期，11 月为块根膨大期，翌年 2 月底气温回升后，块根膨大加快。

种子有一定的休眠特性，5℃左右低温经 2～3 个月才能打破休眠而正常发芽。种子寿命为 1 年。

三、栽培技术

1. 选地、整地　宜选疏松肥沃、湿润、排水良好的中性或微碱性沙质壤土种植，积水低洼地不宜种植。忌连作，前茬以豆科植物（如蚕豆、黄花苜蓿）和麦类为好。每亩施农家肥 4 000 千克，配施 100 千克过磷酸钙和 100 千克腐熟饼肥作基肥，深耕 25 厘米，整细耙平，作成宽 1.5 米的平畦。

2. 繁殖方法　以小丛分株繁殖。一般在 4 月中旬至 5 月上旬栽种，结合收获进行，边收边选边栽。选生长旺盛、无病虫害的高壮苗，剪去块根和须根以及叶尖和老根茎，拍松茎基部，使其分成单株，剪除残留的老茎节，以基部断面出现白色放射状花心（俗称菊花心）、叶片不开散为度。按行距 25～30 厘米、穴距 20～25 厘米开穴，穴深 5～6 厘米，每穴栽苗 8～10 株，苗基部应对齐，垂直种下，然后两边用土压紧，做到地平苗正，及时浇水。每亩需种苗 60 千克左右。

3. 田间管理

（1）中耕除草。一般每年进行 3～4 次，宜晴天进行，最好经常除草，防止土壤板结。

（2）追肥。麦冬生长季长，需肥量大，一般每年5月开始结合松土追肥3～4次。肥种以农家肥为主，配施少量复合肥，前期以氮肥为主，后期以磷、钾肥为主，以利块根膨大。

（3）排灌。栽种后经常保持土壤湿润，以利出苗。7—8月可灌水降温保根，但不宜积水，灌水和雨后应及时排水。

4. 病虫害防治

（1）黑斑病。4月中旬始发，危害叶片。防治方法：发病前用1：1：100波尔多液喷雾预防；清除残体；防止积水，降低田间湿度。

（2）根结线虫病。参见丹参。

虫害还有蝼蛄、地老虎、蛴螬等，可用毒饵诱杀。

四、采收与加工

麦冬各地收获年限不同，江浙一带栽后2～3年收获，一般于4月下旬选晴天用铁耙将块根挖起，切下块根，置箩中用水洗净，然后再翻晒3～5天，如此反复多次，至7、8成干时剪去须根，再晒至全干。也可边晒边搓，直至晒干、搓尽须根为止。

刺 五 加

刺五加是五加科植物刺五加 [*Eleutherococcus senticosus* （Rupr. & Maxim.）Maxim.] 的干燥茎和根，别名刺拐棒、刺老牙。叶也可作药用，皮可加工成五加皮。刺五加性温，味辛，微苦，有益气健脾、补肾安神、扶正固本的功效，主治胃腹胀痛、黄疸、尿血、月经不调等症。主产于黑龙江、吉林、辽宁、河北、山西等地。

一、形态特征

刺五加是多年生落叶灌木，株高1～3米。根茎发达，呈不规则圆柱形，表面黄褐色或黑褐色。茎及根都具有特殊香气。茎枝通常密生细长倒刺，有时少刺或无刺。叶为掌状复叶，互生，叶柄有细刺或疏毛；小叶5枚，椭圆状倒卵形至长圆形，叶背面沿叶脉有淡褐色刺，边缘有锐尖重锯齿，小叶柄被褐色毛。伞形花序单个顶生或 2～4 个聚生，花多而密；花萼无毛，有不明显 5 齿或几无齿；花瓣 5 枚，黄白色，卵形。核果浆果状，近球形或卵形，紫黑色，干后具明显 5 棱。种子 4～5 粒，薄而扁，新月形。花期 6—7 月，果期 7—10 月，种子在 9—10 月成熟。

二、生长习性

刺五加适宜生长在土壤较为湿润、腐殖质层深厚、微酸性的杂木林下及林缘，种植在排水良好、疏松肥沃的夹沙土壤中最好。其对气候要求不严，喜温暖，也能耐寒；喜阳光，又能耐轻微荫蔽；但以夏季温暖湿润多雨，冬季严寒的大陆兼海洋性气候最佳。刺五加生存能力很强，不需太多的管理且病虫害发生也少，容易栽培成活。

刺五加果实于 9—10 月成熟，但种子的种胚没有发育成熟，不论是当年秋播还是第 2 年进行春播，都需要经过一个夏季（在温度、湿度适合的条件下完成形态后熟）和一个冬季（低温完成生理后熟）才能萌发。刺五加种子寿命为 3 年，在生产上适用年限为 2 年。

三、栽培技术

1. 选地、整地　在山林地区应选取被砍伐后的山坡地，坡度在 20°以下，或山地缓坡撂荒地；以疏松肥沃的沙质土为好。选好地后，在秋季进行耕翻，经过一个冬天的充分风化后，在第 2 年春季进行耙压、作畦、打垄。一般育苗田作宽 1.2 米、高 20 厘米的高畦；大田作 60 厘米的大垄，以待播种。

2. 繁殖方式　采用种子和扦插繁殖。

（1）种子繁殖。采摘成熟变黑的刺五加果实，趁鲜时揉搓、水洗，漂出种子，用 2 倍量的湿沙混拌均匀，放在花盆或木箱中，在 20℃左右温度下催芽，每隔 7～10 天翻动 1 次，约 3 个月左右，待种子有 50% 左右裂口时，放在 3℃以下低温贮藏，到第 2 年 4 月中旬便可进行播种，5 月便可出苗。也可采用与刺五加天然种子繁殖相似的方法，即把收取的种子立即播种或第 2 年 6、7 月播种，等到第 3 年 5 月才能出苗。制作宽约 1 米、长 5～10 米的育苗床，床土要深翻耙细，浇透底水，按株行距 8 厘米×8 厘米穴播，每穴 2～3 粒种子，播后覆土 2 厘米左右，上盖 3～5 厘米厚树叶等遮阴。出苗后及时去掉覆盖物，适当浇水保持床土湿润，幼苗期要设遮阴帘并保持床面无杂草，生长2年后移栽。刺五加种子有胚后熟休眠特性，且种子空瘪的较多，故种子繁殖有一定难度，可用扦插繁殖。

（2）扦插繁殖。选取当年发的幼茎或尚未开花、生长健壮的带叶枝条，剪成长度约20厘米的插条。插条带1枚复叶，摘去两侧小叶，只留中部3枚小叶；如中央小叶过大，可剪去1/2。扦插于苗床内，并保持一定温度和湿度，插床上要覆盖薄膜，为避免强光直射，可在苗床上搭帘以遮阴，每天浇1～2次水，并适当通风，扦插后30～40天生根，去掉薄膜，到50～60天便可进行移栽。移栽应选阴天或傍晚进行，以带土移植好。8月以后气温降低，易生长不良，故移栽不宜过晚。移植成活的幼株当年不宜定植于不方便管理的山地，最好精心培育1年，到第3年再移植于大田。

3. 田间管理 种植刺五加不需太多的特殊管理。在移植后进行遮阴，适当加以管理，成活后便不需特别管理。必要时进行中耕除草，并视土壤的干旱程度、肥力情况适当进行浇水、施肥便可。

4. 病虫害防治 刺五加病虫害发生少，偶有蚜虫危害。防治方法：用黄板诱杀有翅成蚜；保护瓢虫、食蚜蝇、蚜茧蜂等天敌资源；喷施内吸性杀虫剂。

四、采收与加工

人工栽培的分蘖株要3～4年后采收，实生苗则需更长时间才可采收。刺五加的根、根茎、茎、叶均可药用。五加皮在夏、秋季挖取根部，洗净，剥取根皮，晒干后即成；根、根茎和茎在春末出叶前或秋季叶落后采挖，去掉泥土，切成30～40厘米长，晒干后捆成小捆即可，也可采收后切成5厘米左右的小段，晒干装袋保存；叶可在8月叶片展平而又鲜嫩时采摘，及时风干。

明 党 参

明党参为伞形科植物明党参（*Changium smyrnioides* Wolff）的干燥根，又名山胡萝卜、明沙参、山花根、土人参等，生晒品又称粉沙参。具润肺化痰、养阴和胃、平肝解毒之功能。主产于江苏、安徽，浙江、湖北、江西、四川等地也有分布。

一、形态特征

多年生草本，株高 50～100 厘米，全株光滑无毛。根圆柱形或纺锤形，表面粗糙，淡黄色；内部粉质，白色。茎直立、中空、上部分枝。基生叶具长柄，柄基部鞘状包茎；叶片二至三回三出复叶，第二回为 3～5 对羽状小叶，最终小叶片无柄，宽卵形；茎上部叶通常退化呈鳞片状或鞘状。复伞形花序顶生或侧生，总苞无或 1～3 枚，伞梗 5～10 个，小伞梗 10～15 个。花蕾淡紫色，开放后白色。侧生花序通常不育。萼齿 5 枚，小；花瓣 5 枚，卵状披针形，有一明显紫色中脉，顶端内折，凹入；雄蕊 5 枚；雌蕊 2 枚，子房下位。双悬果长椭圆形至卵形，略扁，棕黑色，具不明显纵棱。花期 4—5 月，果期 5—6 月。

二、生长习性

明党参喜凉爽湿润环境，耐旱，怕涝。具有一定的耐寒性，但不耐高温，当日平均气温高于 25℃时，植株生长受阻，地上部开始枯萎。幼苗期忌阳光直晒。野生种多见于土层深厚、肥沃的向南或半阴半阳的山坡上、山脚稀疏林下及草丛、竹林、石缝中间。

种子有生理后熟特性，一般要在 10℃左右经 30 天左右，胚才能完成后熟过程。2～3 个月后能整齐发芽，发芽适温为 10℃左右，如超过 20℃，种子将进入二次休眠。种子寿命为 1 年。

三、栽培技术

1. 选地、整地　明党参对土壤要求不严，但以略有斜坡、富含腐殖质的疏松壤土为佳，低洼积水地不宜种植。大田应深翻 30 厘米左右，并且每亩施入农家肥 3 000～4 000 千克作基肥，整细作畦。育苗地宜浅耕 10 厘米左右，作成宽 1.2 米的畦。

2. 繁殖方法　用种子繁殖，生产上可直播，也可育苗移栽。

（1）直播。于 10 月中旬条播或穴播。条播行距为 30 厘米，沟深 5 厘米左右；穴播按穴距 30 厘米×15 厘米开穴。播后覆土，以不见种子为度。每亩用种量为条播 3 千克，穴播 2 千克左右。

（2）育苗移栽。一般于 10 月中旬条播或撒播。条播行距 20 厘米，沟深 5 厘米，播后覆细土，每亩用种量为条播 5 千克，撒播 6 千克左右。播种后翌春2—3月出苗,9—10月即可移栽,并将参根按大、中、小分档,在整好的畦上按株行距10厘米×30厘米将参根斜放在行沟内,芽头向上,覆土在芽头以上5厘米左右。移栽时宜边起参苗边栽参,以防日晒失水。栽后及时浇水。

3. 田间管理

(1)间苗、定苗。春季种子出苗后,当苗高3~4厘米时应及时间苗。直播者出苗后第2年定苗,条播按株距10厘米定苗,穴播每穴留1~2株壮苗,同时做好补苗工作。

(2)追肥。定苗或移栽出苗后,及时中耕除草,同时追施畜粪水,冬季清沟保墒,追施腊肥。移栽后2~3年为生长速度最快时期,应适当增施追肥,并配施磷、钾肥。

(3)排灌。播种后要经常保持土壤湿润,有条件可以加盖一层草帘。出苗后揭除。雨后积水应及时排除。苗期可在畦面或行间间作高秆作物,如大豆、玉米等遮阴保苗。

(4)套作。5—6月植株枯萎后,可在畦上套作生长周期较短的作物,如蔬菜、大豆等,以充分利用土地,同时起到降温保参作用。

4. 病虫害防治

(1)根腐病。参见丹参。

(2)裂根病。明党参种植在黏重、干旱的土壤上,如遇降雨集中或大量浇水时,根部表皮组织因大量吸水膨胀而形成纵向裂口,易感染病菌,引起伤口腐烂,进而枯死。防治方法:选择适宜土壤种植,做到及时排水或浇水,控制土壤湿度。

(3)猝倒病。高温潮湿季节幼苗易感染此病,致使茎基折断而死亡。防治方法:于播种前将根部或种子用乙蒜素1 000倍液浸泡24小时,取出后晾干种植;发病后可用乙蒜素1 000倍液浇根部。

(4)蚜虫、红蜘蛛。危害幼苗和叶片。防治方法:可用杀虫剂、杀螨剂喷雾防治。

(5)黄凤蝶。以幼虫危害幼苗嫩枝。防治方法:可用Bt喷雾防治。

四、采收与加工

明党参一般栽后2~3年于4—5月抽茎前后采挖,如需采收种子,可在 6 月下旬采挖。选择晴天采挖，割去地上部分，将参根挖出，除去茎须、泥土，然后按大、中、小分档，分别放在沸水中煮 3～10 分钟，至参根内无白心为度，捞出放入清水冷却，并及时用竹片或瓷碗片刮去外皮，再放入 0.3％明矾水浸漂 2～3 小时，捞出洗净，晒干或烘干即可。亦可将鲜参直接刮去外皮晒干，其产品习称粉沙参。

五、留种技术

明党参第 2 年开始抽薹开花结实，但留种株宜选三至五年生、健壮无病的植株，并适当打去侧枝，使养分充分供给主干。于 6 月中旬至下旬，当种子变为褐色或黑褐色时即可分批采收。采收的种子可采用湿沙贮藏或干沙贮藏，如有低温晾藏条件则更好。播种前将种子浸入清水 24 小时左右，捞出拌入湿沙置室内阴凉处待播。

板　蓝　根

板蓝根为十字花科植物菘蓝（*Isatis indigotica* Fort.）的干燥根，别名草大青，叶称大青叶，由鲜叶加工制得的深蓝色粉末状物为青黛，三者均为常用中药，药性类同，具清热解毒、凉血消肿之功能。主产于河北、江苏、安徽、江西等地，全国各地均有栽培。

一、形态特征

二年生草本，高 40～120 厘米。主根长圆柱形，肉质肥厚，灰黄色。茎直立略有棱，上部多分枝，稍带粉霜；基部稍木质，光滑无毛。基生叶有柄，叶片倒卵形至倒披针形，蓝绿色，肥厚，先端钝圆，基部渐狭，全缘或略有锯齿；茎生叶无柄，叶片卵状披针形或披针形，有白粉，先端尖，基部耳垂形，半抱茎，近全缘。复总状花序，花黄色，花梗细弱，花后下弯成弧形。短角果矩圆形、扁平，顶端钝圆而凹缺，或全截形，边缘有翅，成熟时黑紫色。种子 1 粒，稀 2～3 粒，呈长圆形。花期 4—5 月，果期 5—6 月。

二、生长习性

板蓝根对气候和土壤条件适应性很强，耐严寒，喜温暖，但怕水渍，在我国长江流域和广大北方地区种植均能正常生长。

种子容易萌发，15～30℃时均发芽良好，发芽率一般在80%以上，种子寿命为1～2年。

板蓝根正常生长发育过程必须经过冬季低温阶段才能开花结籽，故生产上就利用这一特性采取春播或夏播，当年收割叶片和挖取根，种植时间为5～7个月。如按正常生育期栽培，仅作留种用。

三、栽培技术

1. 选地、整地 板蓝根是一种深根性植物，主根长可达40～50厘米，故应选土层深厚、排水良好的肥沃沙壤土种植，排水不良的低洼地或黏土不利板蓝根生长。播种前深翻土地20～30厘米，沙土地可稍浅些，施足基肥，基肥以农家肥为主，然后打碎土块，耙平作畦，在北方雨少的地方可作平畦，南方宜作高畦以利排水，一般畦宽1.5～2.0米，高约20厘米。

2. 繁殖方式 用种子繁殖。

可分春播和夏播，春播在3—4月，夏播在5—6月，方法相同。播种时先在畦面上按20～25厘米行距挖出2厘米左右深的浅沟，然后将种子均匀撒入沟内，覆土1厘米左右，稍加镇压，干旱地区适当浇水。温度适宜时，播种后7～10天即可出苗，每亩用种量为1.5～2.0千克。

3. 田间管理 苗高7～10厘米时应结合中耕除草及时间苗，最后按株距6～8厘米定苗。定苗后，根据植株生长情况适当追施1次人粪尿或化肥，平原多水地区或多雨季节应在田四周加开深沟，以利及时排水，避免烂根。如遇伏天干旱天气可在早晚浇水，切忌在阳光暴晒下进行。

4. 病虫害防治

（1）霜霉病。3—4月始发，尤在春、夏梅雨季节发病严重，主要危害叶部。防治方法：参见延胡索。

（2）菌核病。4月始发，5—6月多雨高温时发病严重，从土壤中传染而来，故基部叶片首先发病，然后向上危害茎、茎生叶及果实。防治方法：参见延胡索。

（3）白锈病。受害叶面出现黄绿色小斑点，叶背长出一隆起的、外表有光泽的白色脓疱状斑点，破裂后散出白色粉末状物，叶畸形，后期枯死。于 4 月中旬发生，直至 5 月。防治方法：不与十字花科作物轮作；选育抗病新品种；发病初期喷洒 1∶1∶120 波尔多液。

（4）根腐病。根腐病的病原为腐皮镰刀菌，发病适温为29～32℃。

（5）菜粉蝶。5 月起幼虫危害叶片，尤以 6 月上旬至下旬危害最重。防治方法：可用生物农药 Bt 乳剂，每亩 100～150 克进行喷雾。

四、采收与加工

春播板蓝根在收根前可收割 2～3 次叶片，第 1 次在 6 月中旬，苗高 20 厘米左右时进行，留茬 2～3 厘米以利发新叶；第 2 次于 8 月下旬收割，伏天高温季节不宜收割，以免引起成片死亡。收割后的叶片晒干即为药用大青叶。以叶大、少破碎、干净、色墨绿、无霉味者为佳。板蓝根应于入冬前选晴天采挖，挖时务必刨深，以防把根刨断。起土后去净泥土和茎叶，摊晒至7～8成干，扎成小捆，再晒至全干即可。以根长直、粗壮、坚实、粉足者为佳。

五、留种技术

春、夏播种的板蓝根于入冬前采挖时，选择无病、健壮的根条移栽到留种地上，株行距 3 厘米×40 厘米，留种地宜选在避风、排水良好、阳光充足的地方。翌年发棵时加强肥水管理，适当施些磷、钾肥。于 5—6 月种子由黄转黑时，全株割下，晒干脱粒。也可在采挖板蓝根时留出部分植株不挖，自然越冬收籽。如因茬口关系，还可采取秋播、幼苗越冬的办法，促使翌年正常结籽。做过种子的板蓝根已木质化，故不能作药用。

泽　泻

泽泻为泽泻科植物东方泽泻［*Alisma orientale*（Sam.）Juz.］的干燥块茎。别名泽夕、水泽、如意花，性寒、味甘，具清湿热、利小便、降血脂之功效，主治冠心病、心血管病和肾脏疾病，主产于福建、江西、四川等地，广东、广西、云南、贵州、安徽等也有栽培。

一、形态特征

多年生沼泽草本，高 50～100 厘米。块茎球形，须根多数。叶丛生，柄长 5～50 厘米，基部鞘状，叶片椭圆形或宽卵形，光滑，叶脉 5～7 条。花茎自叶丛中抽出，花序 3～5 轮分枝，集成大型轮生状圆锥花序，花小，白色，两性。瘦果多数，倒卵形，褐色，环状排列。花期 8—9 月，果期 10—11 月。

二、生长习性

泽泻为水生植物，喜生长在温暖地区，耐高温，怕寒冷，喜肥沃而稍带黏性的土壤，幼苗期喜荫蔽，移栽后喜光照充足的环境，全生育期约 170 天。

种子成熟期不一致，干种子不出苗，隔年种子发芽率降低。发芽适温为 20℃，1～2 天发芽，生长适温为 20～25℃，0℃以下易受冻害，在水肥条件好的地区，当年可完成生育期。

三、栽培技术

1. 选地、整地 育苗地宜选阳光充足、土层深厚、肥沃略带黏性、排灌方便的田块，播种前几天放干水。耕翻后每亩施入腐熟堆肥 3 000 千克，然后耙匀，作成宽 1.0～1.2 米的畦，要求做到田平如镜、泥烂如绒。整好的田晾半天或一夜后即可播种。移栽地可选早稻或早中稻收获后的田块，排出田间过深的积水，至部分现泥为止。每亩施 3 000 千克土杂肥，然后犁耙 2～3 次，达到泥细、田平、水浅。

2. 繁殖方法 用种子繁殖，育苗移栽。

（1）育苗。6—7 月播种，选中等成熟度的种子。播前将选好的种子用纱布包好，放流动清水中冲洗 1～2 天，取出后晾干表面水分，拌种子量 10～20 倍的细沙或草木灰，撒于苗床上，播后用扫帚拍打畦面，使种子入土，防止被水冲走，阳光过强可于畦边插荫蔽物。每亩用种量为 0.25 千克，约 3 天后幼芽出土。一般育苗田与大田的比为 1∶25。

（2）移栽。8 月下旬收获早稻后，于阴雨天或晴天下午带泥挖起健壮幼苗，去掉脚叶、病叶、枯叶。一般按行株距30 厘米×25 厘米移栽，每穴栽苗 1 株，苗要浅栽，入泥 2～3 厘米深，栽直、栽稳，定植后田间保持浅水勤灌。

3. 田间管理

（1）苗期管理。泽泻苗期需遮阴，可在苗床上搭棚或插杉树枝条遮阴，荫蔽度控制在 60% 左右，1 个月后可逐步拆除荫棚。苗期需常湿润畦面，可采用晚灌早排法，水以淹没畦面为宜。苗高 2 厘米左右时，浸 1～2 个小时后即要排水，随着秧苗的生长，水深可逐渐增加，但不得淹没苗尖。当苗高 3～4 厘米时，即可进行间苗，拔除稠密的弱苗，保持株距 2～3 厘米，结合间苗进行除草和追肥 2 次，第 1 次每亩施稀薄人畜粪 1 000 千克或硫酸铵 5 千克，兑水 1 000 千克，浇时勿浇在苗叶上，第 2 次可在 20 天后再追施 1 次，追肥前排尽田水，肥液下渗后再灌浅水。

（2）定植后管理。定植 2 天后，要把浮起的幼苗重新栽稳，把缺苗补齐，并适时追肥，第 1 次在栽后半个月，可用人粪尿、饼肥等混合施用，每隔半个月 1 次，后几次施肥量可逐渐减少，并保持田内 3～5 厘米深浅水，11 月下旬可排干田水以利收获。抽薹的植株要及时打薹，从茎基部摘除。

4. 病虫害防治

（1）白斑病。危害叶、叶柄，产生红褐色病斑，8—9 月发病严重。防治方法：播种前用 40% 的甲醛 80 倍液浸种 5 分钟，洗净晾干待播；发现病叶立即摘除，用 1∶1∶100 波尔多液喷雾防治。

（2）蚜虫。7—8 月多发，危害叶柄和嫩茎。防治方法：在田间可用吡虫啉药剂喷雾防治。

（3）银纹夜蛾。以幼虫咬食叶片，8—9 月危害严重。防治方法：人工捕捉。

四、采收与加工

1. 采收　于 8 月下旬至翌年 1 月初采收，采收时用镰刀划开块茎周围的泥土，用手拔出块茎，去除泥土及周围叶片，但注意保留中心小叶。

2. 加工　可先晒 1～2 天，然后用火烘焙。第 1 天火力要大，第 2 天火力可稍小，每隔 1 天翻动 1 次，第 3 天取出放在撞笼内撞去须根及表皮，然后用炭火焙，焙后再撞，直到须根、表皮去净及相撞时发出清脆声即可，拆干率为 4∶1。以个大、色黄白、光滑、粉性足者为佳。

五、留种技术

1. 分株留种法 泽泻收获时，从田间选取生长健壮、无病虫害、块茎肥大的植株作为留种株，收获时单独挖起，割除枯萎茎叶。选比较潮湿的地块开 7～10 厘米深的沟，将块茎斜栽入，栽后覆秸秆保温防冻，待第 2 年块茎萌发新苗高约 20 厘米时，按苗切块分株，移栽于田内，按株行距 30 厘米×40 厘米移栽，待果实成熟后连梗采下，扎成小捆，置通风干燥处阴干脱粒即可。

2. 块茎留种法 按上法选株，除去茎叶，将块茎移栽于肥沃的留种田内，第 2 年春出苗后摘除侧芽，留主芽待抽薹开花结果，6 月下旬果实成熟即可脱粒阴干，当年即可播种。

知　母

> 知母为天门冬科植物知母（*Anemarrhena asphodeloides* Bunge）的干燥根茎，又名羊胡子根、地参、蒜辫子草。具滋阴降火、润燥滑肠之功能。主产于山西、河北、内蒙古、东北三省、陕西、甘肃、宁夏、山东、江苏、安徽等地有分布和栽培。

一、形态特征

多年生草本，株高 50～100 厘米，全株无毛。根状茎肥大，横生，着生多数黄褐色纤维状旧叶残茎，下面生许多粗大的根。叶基生，丛生，线形，质硬，基部扩大为鞘状，包于根状茎上。花茎直立，圆柱形，其上生鳞片状小苞片。穗状花序稀疏而狭长；花黄白色或淡紫色，具短梗，多于夜间开放；花被 6 枚；雄蕊 3 枚，着生在花被片中央；子房长卵形，3 室。蒴果长卵形，成熟时沿腹缝线开裂，各室有种子 1～2 粒。种子新月形或长椭圆形，表面黑色，具 3～4 条翅状棱，两端尖。

二、生长习性

知母适应性强，喜温暖，耐寒，耐旱，忌涝。对土壤要求不严，野生种多见于向阳山坡、丘陵等地。

种子容易萌发，发芽适温为 20～30℃。种子寿命为 1～2 年。

三、栽培技术

1. 选地、整地 宜选疏松肥沃且有排灌条件的壤土或沙质壤土种植，每亩施农家肥 4 000 千克，配施复合肥 20 千克，翻耕 20 厘米深，整细耙平，作成宽 1.2 米的平畦。

2. 繁殖方法 采用种子繁殖或分株繁殖。

（1）种子繁殖。秋播或春播，秋播在封冻前，春播在 4 月。播种前可进行催芽，方法是用 60℃ 的温水浸种 8～12 小时，捞出晾干外皮后，用种子量两倍的湿沙拌匀，在向阳温暖处挖浅窝，窝的大小按种子量而定。将种子堆于窝内，周围用农膜覆盖，约 1 周后待大多数种子的胚芽刚刚突破种皮时即可播种。条播按行距 20 厘米开浅沟，将种子均匀播入，覆土 1～2 厘米，稍加镇压并浇水。秋播翌春出苗，较齐；春播催芽者播后 7～10 天即可出苗。每亩用种量为 1 千克左右。

（2）分株繁殖。结合收获将根茎有芽的一端切下，切成 3～6 厘米的小段，每段带芽 1～2 个。按行距 25～30 厘米开沟、株距 9～12 厘米栽种，栽后覆土 3～4 厘米，浇水。

3. 田间管理

（1）间苗、定苗。种子繁殖出苗后，应及时间苗，苗高 10 厘米时按株距 7～10 厘米定苗。

（2）松土、培土。幼苗出土 3 枚真叶时，浅锄松土，以后一般每年除草松土 2～3 次。由于根茎多生长在表土层，因此，雨后和秋末要注意培土。

（3）追肥。每年 4—8 月，每亩应分次追施农家肥 4 000 千克、复合肥 20 千克，捣细拌匀，撒于根旁，并结合锄地以土盖肥。追肥后喷灌 1～2 次水。此外，在每年的 7—8 月生育旺盛时期，于下午 4 时左右，间隔 10～15 天连续 2 次喷施 0.3% 的磷酸二氢钾溶液，可提高植株的抗病能力，促进根茎的生长和膨大。

（4）排灌。播种后要经常保持畦面湿润，越冬前视天气和墒情适时浇好越冬水。翌春发芽以后，若遇干旱应适时浇水。雨季注意排水。

（5）覆盖柴草。为改良土壤、保持土壤湿润，于苗期松土或春季追肥后每亩顺沟覆盖麦糠、麦秆、稻草等800～1 000千克，每年1次，连续覆盖2～3年，中间不需翻动。

（6）打薹。种子繁殖生长1年后或分株繁殖当年，在5—6月即可抽薹开花，除留种田外，开花前应及时将花薹剪去。

4. 病虫害防治　知母病害很少，虫害主要有蛴螬，危害地下部分。防治方法：可用杀虫灯诱杀成虫或田间施用金龟子绿僵菌。

四、采收与加工

种子繁殖3年后收获，分株繁殖当年即可收获。一般于春、秋两季采挖，去净枯叶、须根，晒干或烘干即为毛知母。趁鲜剥去根茎外皮，晒干或烘干即得光知母，习称知母肉。

五、留种技术

采种母株宜选三年生以上植株，每株可长花茎5～6支，每穗花数可达150～180朵。果实成熟时易开裂，造成种子散落，故当蒴果黄绿色、将要开裂时，应及时分批采收，晾干脱粒，去除杂质，置干燥处贮藏备用。

郁　　金

郁金为姜科植物温郁金（*Curcuma wenyujin* Y. H. Chen & C. Ling）、姜黄（*C. longa* L.）、广西莪术（*C. kwangsiensis* S. G. Lee et C. F. Liang）的干燥块根，姜黄又名川郁金，广西莪术又名桂郁金。郁金性寒，味辛、苦，有行气化瘀、清心解郁、利胆退黄的作用。温郁金主要分布于浙江南部；广西莪术主要分布于广西、云南；姜黄主要分布于四川、福建、广东、台湾。

一、形态特征

温郁金为多年生草本、株高0.8～1.6米。块根纺锤状，主根茎陀螺状，侧根茎指状，肉质，断面柠檬黄色。叶片 4～7 枚，2 列；叶柄长不到叶片的一半；叶片宽椭圆形，无毛。穗状花序圆柱形，于根茎处抽出，花冠白色。花期 5～6 月。

姜黄与温郁金形态上相似，叶基生，叶柄与叶片几乎等长，有叶耳；穗状花序由叶鞘中央生出；花冠管呈漏斗状，裂片 3 枚，淡黄色。花期 8—11 月。

广西莪术最显著的特点是叶片两面密被粗柔毛。花期 7—8 月。

二、生长习性

郁金喜温暖湿润、阳光充足的气候，耐旱抗涝，但怕霜冻。适宜在土质疏松、排水良好、土层深厚的冲积土及沙质壤土中生长。在长江流域及其以南地区均可种植。

郁金开花少，种子多不充实，故生产上多采用根茎繁殖，即用种姜。一般情况下，栽种早，萌芽出苗早，生长期长，植株发育旺而产量高，但须根长，使块根入土很深，不便采挖；栽种迟，块根入土较浅易采挖，但生长期短，产量相对较低。所以，生产上既要高产又要易于挖取，适时栽种是关键。郁金尤其是温郁金忌连作，多选油菜、小麦等为前茬作物。

种姜栽种下去后就成为母姜，当年生出的新根茎为子姜或芽姜。

三、栽培技术

1. 选地、整地　按生长习性选好地块，前作收后耕地，深 25 厘米左右，结合耕翻进行施肥，每亩施用磷肥 200～250 千克和厩肥 1 500～2 000 千克作基肥，耙细整平，一般不作畦。若与玉米套种，在前茬作物收后，先种玉米，后种郁金时不需再翻地，只将玉米行间杂草除尽，挖穴栽种即可。

2. 繁殖方式　采用根茎繁殖。以夏至前后几天，即 6 月 15—25 日为宜，可适当提早到 5 月下旬，具体品种及种姜不同而其播期各异。温郁金在 4 月下旬播种，子姜应比母姜早栽 3～5 天；姜黄的收获物为根茎，其栽种比温郁金早，在 4 月初栽种最好，其中芽姜应比子姜早栽 10 天左右。采用穴栽，按株行距（24～30）厘米×（30～60）厘米、穴深 6 厘米以上开穴，口大底平，穴应交错排列。栽种前取出上一年贮存的种姜，除去须根，把母姜与子姜分开，以便分期播种。母姜可纵切成小块，较大的子姜横切为小块，每块种姜上带壮芽 1～2 个。每穴放入种姜 3～5 个，芽向上，栽 3 个的放成"品"字形；4 个的放成四方形；5 个放成梅花形。放种时种姜与土壤密接，栽后覆盖细土，厚 3 厘米左右。

在玉米地中套种郁金做法：玉米在清明节前按株行距 90 厘米×120 厘米开穴播种。夏至前后再在行间套种郁金，一般两行玉米间种 4 行郁金；两穴玉米之间可种 3 窝郁金。

3. 田间管理

（1）中耕除草。在 7 月中旬、8 月上旬或下旬及 9 月上旬各进行 1 次中耕除草。郁金栽种不深，且根茎横走，故中耕宜浅，浅松表土 3～4 厘米。

（2）追肥。每次中耕除草后应追肥。第 1、第 2 次每亩施人畜粪 1 500～2 000 千克，加 2 倍水稀释，在早晨或傍晚施入；第 3 次每亩用腐熟饼肥 50～75 千克、草木灰 100 千克与少量人畜粪拌匀，施在植株基部地面，并培土。

4. 病虫害防治 病害发生少，多为虫害。

（1）叶斑病。危害叶片。防治方法：清除病叶并烧毁。

（2）根结线虫病。多发生于 7—11 月，危害根部。防治方法：选用抗病品种；实行水旱轮作。

（3）软腐病。发病初期侧根成水渍状，后黑褐腐烂，并向上蔓延导致地上部分茎叶发黄，最后全株枯死。多发生在 6—7 月或 12 月至翌年 1 月。防治方法：雨季注意田间排水，保持地内无积水；将病株挖起集中销毁，病穴撒上生石灰粉消毒。

（4）黑斑病。病害初发在 5 月下旬，6—8 月较重，发病叶产生椭圆形向背面稍凹陷的淡灰色的病斑，有时产生同心轮纹，直径为 3～10 毫米，引起叶片枯焦。防治方法：实行轮作；增施磷、钾肥，增强抗病能力；防止积水，降低田间湿度；发病前用 1∶1∶100 波尔多液喷雾预防；清除残株病叶并烧毁。

（5）地老虎和蛴螬。幼苗期吸食幼苗的须根而致块根不能形成，造成减产。防治方法：黑光灯诱杀成虫；施用充分腐熟的粪肥，最好用高温堆肥。

（6）姜弄蝶。7—8 月为其危害盛期，幼虫危害叶片。防治方法：冬季清园，烧毁枯枝落叶。

四、采收与加工

多在冬末初春挖取块根。先将地上叶割去，用锄头或齿耙挖起地下部分，抖落泥土、后将根茎和块根分开。加工时先将郁金淘洗干净，然后用蒸笼蒸煮，蒸1.5小时左右，用手捏块根无响声且不出水，便可取出在簸席上晒干，干后在竹篓中撞去须根。若遇连续阴雨天，可用5千克草木灰与50千克块根混拌均匀，便可防止块根发松、出水、霉烂，且可加速干燥。

注意蒸煮时块根不宜过生或过熟，一般蒸至8或9成熟即可；干燥时只可太阳晒而不可用火烘，以免起泡而影响质量。

五、留种技术

在收获采挖时，在根茎中选取肥大、体实、没有病虫害的母姜、子姜作种。堆放在室内干燥通风的地方，厚30～35厘米，进行沙藏，防止阳光照射，低温到来时可用竹席覆盖以防冻；也可抖去附土，稍晾干后立即下窖贮藏。在贮藏过程中可酌情翻堆1～2次，以避免"发烧"或提前发芽。到第2年春季便可取出进行栽种。

金 荞 麦

金荞麦为蓼科植物金荞麦 [*Fagopyrum dibotrys*（D. Don）Hara] 的干燥根茎，别名苦荞麦、野荞麦、天荞麦。其性凉，味辛、苦，有清热解毒、活血化瘀、健脾利湿的作用。主产于陕西、江苏、浙江、湖北、湖南等地，华东一带多可栽培。

一、形态特征

金荞麦为多年生草本，株高1.0～1.5米。主根粗大，呈结节状，横生，红棕色。茎直立，微带红色，多分枝，有棱槽。单叶互生，叶片戟状三角形，先端长、渐尖或尾尖状，基部戟状心形；有柄，柄上有白色短柔毛；托叶鞘筒状膜质。聚伞花序顶生或腋生，花被片5枚，白色。瘦果，呈卵状三棱形，红棕色。花期7—9月，果期10—11月。

二、生长习性

金荞麦适应性较强，喜温暖气候，在 15～30℃的温度下生长良好，在－15℃左右地区栽培可安全越冬。适宜在肥沃疏松的沙质壤土中种植，在黏土及排水差的地种植则产量、质量均差。

金荞麦的种子必须吸收其体重 40%左右的水分才能萌发，在 8～35℃均可萌发，适宜萌发温度为 12～25℃，温度低于 8℃或高于 35℃时萌发均受到抑制。金荞麦在北京地区 4 月播种，保持一定的湿度、温度 12～18℃，15 天左右即可出苗，20 天为其出苗盛期。

三、栽培技术

1. 选地、整地　根据金荞麦的生长习性选择排水良好、地势高燥的沙质壤土。一般在春季进行整地，以不翻出生土为原则，耕深 30～60 厘米，连续耕翻 1～2 次。并结合耕翻每亩施厩肥或堆肥 2 500～3 500 千克，接着耙细整平，作成宽 1.5 米的畦，畦长随各地地形而定，一般情况下为 8～10 米。

2. 繁殖方法　种子繁殖、根茎繁殖、扦插繁殖均可。

（1）种子繁殖。春、秋播都行，以春播为好。春播在 4 月下旬，条播，按 45 厘米开沟，沟深 3 厘米，均匀播入种子，覆土耙平，稍加镇压，播后土壤要保持湿润，在气温 10～18℃的条件下，15～20 天出苗；秋播于 10 月下旬或 11 月播种，播后畦面覆草，种子在土中越冬，第 2 年 4 月出苗，出苗率可达 60%～80%。也可进行育苗移栽：在北京地区，3 月上、中旬可在温室或阳畦育苗，在整好的阳畦内浇透水，完全下渗后，按行距 5～8 厘米条播，覆土 2 厘米，畦面可加盖塑料薄膜，晚上加盖铺草，7～10 天出苗，出现 2～3 枚真叶时按株行距 30 厘米×45 厘米进行移栽。

（2）根茎繁殖。春季植物萌发前，将根茎挖出，选取健康根茎切成小段。按行距 45 厘米开沟，沟深 10～15 厘米，然后按株距 30 厘米把根茎栽入沟中，覆土压实。一般选根茎的幼嫩部分及根茎芽苞作繁殖材料，出苗成活率及产量均高。

（3）扦播繁殖。剪取组织充实的枝条，长 15～20 厘米，有 2～3 个节。以河沙作苗床，插条插入 2/3，株行距 9 厘米×12 厘米。保持苗床湿润，夏天扦插约 20 天后生根，成活率高达90％以上。

3. 田间管理

（1）除草。苗期勤除杂草，松土 2～3 次。

（2）追肥。在苗高 50～60 厘米时进行 1 次追肥，也可在开花前追施，每亩用化肥 15～20 千克。

（3）排灌。应注意雨季要及时排水，干旱时可依据墒情适当浇水。

4. 病虫害防治　金荞麦的抗病虫能力较强，病虫危害发生较少、较轻。新垦种植地在天气晴好的年份，若病虫害发生轻微可不进行化学防治。其主要病虫害为蚜虫及病毒病。

（1）蚜虫。以成蚜或若蚜吸食金荞麦茎叶汁液。防治方法：保护天敌资源，降低虫口基数；清园，将枯枝落叶深埋或烧毁，以消灭越冬蚜虫；在发生期用内吸性杀虫剂喷雾防治。

（2）病毒病。危害叶片，被害叶片呈花叶状或卷曲皱缩。防治方法：选择无病株留种；在播前对种子进行处理，钝化病毒；防治传毒媒介昆虫；拔除病枝、清除田间杂草等以减少田间侵染来源。

四、采收与加工

适时的采收和正确的加工干燥方法对金荞麦尤为重要，正确的采收加工可获高产且质优。一般在秋、冬季节地上茎叶枯萎时采挖，收时割去茎叶，将根刨出，去净泥土及泥沙，将部分健壮、无病害的根茎取出作种用，其他干燥加工入药，一般每亩产量可达 250～400 千克；地上部包括茎、叶、花产量达 500～900 千克，也可药用。

将清理干净的金荞麦根晒干或趁鲜切片后晒干即可。干燥方法：晒干、阴干、50℃内烘干都可以，若超过 50℃，药材质量就会明显下降。

金荞麦以个大、质坚硬者为佳。

南 沙 参

南沙参为桔梗科植物轮叶沙参［*Adenophora tetraphylla*（Thunb.）Fisch.］及沙参（*A. stricta* Miq.）或同属数种植物的干燥根，别名泡参、泡沙参。南沙参性味甘、微寒。有清热养阴、润肺止咳的作用，用于治疗肺虚燥咳、干咳痰少、咽喉干燥、舌干等症。主产于安徽、江苏、浙江、贵州等地，适宜在东北、河北、江西、广东、云南、贵州、广西、安徽、浙江、江苏和上海等地种植。

一、形态特征

轮叶沙参为多年生草本，高达 1.5 米，全体有白色乳汁。茎直立不分枝，无毛。茎生叶常 4 叶轮生，叶片椭圆形或披针形，长 4～8 厘米，宽达 2.5 厘米，边缘有锯齿，两面疏被柔毛。花排列成细长的圆锥花序，具分枝，轮生，每一花梗有一小苞叶；花萼无毛，裂片钻形；花冠略呈钟形，蓝紫色，无毛，浅裂；花柱长达 2 厘米，伸出花冠外，柱头分裂。蒴果分室，卵圆形。花期 7—9 月，果期 8—10 月。

沙参与轮叶沙参的主要区别：茎具毛，叶互生，基生叶心形，大而具长柄；茎生叶无柄，叶片椭圆形或卵形。圆锥花序不分枝或少分枝，花萼常有毛，萼片披针形，花冠外面常有毛，花盘短，长不及 1.5 毫米。

二、生长习性

南沙参常生长于海拔 600～2 000 米的草地和林地，海拔 3 000 米的向阳草坡和丛林中也有生长，多见于草地、灌木丛和岩缝中。家种南沙参多栽于土层厚、肥沃、排水良好的沙质壤土中。

南沙参适应性强，喜温暖凉爽和光照充足的气候条件，能耐阴、耐寒和耐旱。土壤要求不甚严格，但以湿润、肥沃的土壤为好；忌积水。

南沙参种子极小，千粒重仅为 0.15 克左右，种子寿命为 1 年半，发芽率在 70% 左右。幼苗生长缓慢，霜降后地上部分枯萎。地下部分越冬后于翌年 3 月重新长出新叶，生长旺盛，6 月或 7 月抽茎。

三、栽培技术

1. 选地、整地　选阳光充足的平地或缓坡地，并且土层须为肥沃、富含腐殖质及排水良好的沙质壤土或壤土。每亩用堆肥或圈肥 2 000～

2 500 千克，加拌磷肥 20～50 千克作基肥，基肥撒匀后深耕 30～40 厘米，耙细整平作畦，畦宽 1.0～1.3 米。

2. 繁殖方式　用种子繁殖。分春播和秋播，春播在 4 月上、中旬，秋播在 11 月封冻前。按行距 30～40 厘米开浅沟 4～6 厘米，将种子均匀撒在沟内，用细土覆平，轻轻压实后浇水，有条件的可盖一层草，以保温保湿促发芽。每亩用种 1 千克。春播 20 天左右出苗，秋播于翌年 3—4 月出苗。

3. 田间管理

（1）间苗、定苗。幼苗 2～3 枚真叶时间苗，以幼苗叶片不重叠为度。苗高 12～15 厘米时定苗，株距 10～15 厘米。间苗后浇水，适当追肥。

（2）中耕除草、排灌。苗期选阴天拔除杂草，定苗后结合追肥中耕除草。植株封畦后，应停止除草以免折断茎枝。阴雨天应注意排水，否则易发生病害，干旱时可适当浇水，特别是苗期。

（3）追肥。苗期施入 10％淡人粪尿或 2％尿素水。定苗后用人畜粪水追肥 1 次，每亩用量 1 000～1 500 千克。入冬前浅松表土，每亩铺施土杂肥 1 000 千克；第 2 年出苗后追施人畜粪尿，6—7 月开花前再追施 1 次，每亩用量 1 000 千克，并拌入少量磷、钾肥。

（4）打顶。从第 2 年起植株生长迅速，为减少养分消耗，促进根部生长，可在株高 40～50 厘米时打顶。

4. 病虫害防治

（1）根腐病。危害根部，多在多雨季节发生。防治方法：清园；用石灰处理病穴。

（2）褐斑病。危害叶片。防治方法：排水；清园；用 1∶1∶1 000 波尔多液喷洒叶面。

（3）缩叶病。是一种由红蜘蛛传毒引起的病毒病。病株叶片皱缩、扭曲，生长迟缓，植株矮小畸形。防治措施：选无病植株留种；苗期发病前喷洒 1～2 次 20％吗胍・乙酸铜可湿性粉剂 500 倍液或 1.5％烷醇・硫酸铜乳剂 1 000 倍液。

（4）地老虎。以幼虫危害，苗期咬断植株根茎，造成缺苗，严重时造成大面积死苗、缺苗。防治方法：清园；施用充分腐熟的粪肥；黑光灯诱杀；捕杀或毒饵诱杀。

四、采收与加工

播种后 2 或 3 年采收，秋季倒苗后挖取。挖出后除去残枝和须根，趁鲜用竹刀刮去外皮洗净，晒干或烘干，也可干燥至 7～8 成干时切片，再晒干或烘干。

五、留种技术

选粗壮植株作种株，开花后剪去部分侧枝和花枝梢部，以减少养分消耗。果实成熟但尚未开裂时连梗采下，放于通风干燥的室内后熟数日后晒干脱粒。一般每亩可采种子 25 千克。

独　　活

独活为伞形科植物重齿毛当归（*Angelica pubescens* Maxim. f. *biserrata* Shan et Yuan）及家独活（毛当归）（*Angelica pubescens* Maxim.）的干燥根。前者商品药材习称川独活，后者习称香独活。两者均性微温，味苦、辛，具祛风、除湿、散寒、止痛的功效。重齿毛当归产于湖北、四川等地；毛当归主产于安徽、浙江、江西、湖北、广西、新疆等。

一、形态特征

重齿毛当归为多年生草本，高 60～100 厘米，根粗大。多分枝；茎直立，带紫色。基部叶和茎下部叶的叶柄细长，基部为鞘状；叶为二至三回三出羽状复叶，小叶片分裂，最终裂片长圆形，两面均被短柔毛，边缘有不整齐重锯齿；茎上部叶退化成膨大的叶鞘。复伞形花序顶生或侧生，密被黄色短柔毛，伞幅 10～25 厘米，极少达 45 厘米，不等长；小伞形花序具 15～30 朵花；小总苞片 5～8 枚；花瓣 5 枚，白色。双悬果背部扁平，长圆形，侧棱翅状，分果棱槽间有 1～4 个油管，合生面有 4～5 个油管。花期 7—8 月，果期 9—10 月。

毛当归与重齿毛当归的区别点：小叶片边缘有钝锯齿；分果棱槽间有 2～3 个油管，合生面有 2～6 个油管。

二、生长习性

独活喜生于海拔 1 500～2 000 米的草丛中或稀疏灌木林下。喜气候凉爽湿润，在肥沃、疏松的碱性土壤、黄沙土或黑油土上生长良好，黏重土或贫瘠土不宜种植。

种子不耐贮藏。隔年种子不能用，种子发芽需变温，发芽率在 50％左右。生产上采用春播，如温度适宜，30 天左右可出苗。

三、栽培技术

1. 选地、整地　独活耐寒，喜潮湿环境，适宜生长在海拔 1 200～2 000 米的高寒山区，可选择处于半阴坡的土层深厚、土质疏松、富含腐殖质、排水良好的沙质壤土或黑色灰泡土。而土层浅、积水坡和黏性土壤均不宜种植。一般深翻 30 厘米以上，每亩施圈肥或土杂肥 3 000～4 000 千克作基肥，肥料要捣细撒匀，翻入土中，然后耙细整平，作成高畦，四周开好排水沟。

2. 繁殖方式　用种子繁殖。采用直播，也可采用育苗移栽，但以直播为佳。冬播在 10 月采鲜种后立即播种；春播在 3 月，分条播和穴播。条播按行距 50 厘米开沟，3～4 厘米深，将种子均匀撒入沟内；穴播按行距 50 厘米、穴距 20～30 厘米点播，每穴播种 10～20 粒。播后覆土 2～3 厘米，稍压实，并盖上一层草以保温保湿，每亩用种 1 千克。

3. 田间管理

（1）中耕除草。春季苗高 20～30 厘米时进行中耕除草，头年 5—8 月每月 1 次，除草后施清水、粪肥，以提苗壮苗。

（2）间苗。苗高 20～30 厘米时及时间苗，通常每 30～50 厘米距离留 1 或 2 株大苗就地生长，余苗另行移栽。春栽在 2—4 月，秋栽在 9—10 月，以春栽为好。

（3）施肥。一般结合中耕除草时施入。春、夏季施入人畜粪水或尿素，冬季施入饼肥。每亩施 40～50 千克、过磷酸钙 30～50 千克、堆肥 1 000～1 500 千克，在堆沤腐熟之后施入，施肥后培土，防止倒伏，并促进安全越冬。

（4）摘花。由于生殖生长与营养生长存在竞争关系，生殖生长旺时，营养生长就偏差，独活根部营养少，根干瘪，药材质量下降，甚至不能药用。

4. 病虫害防治

（1）根腐病。高温多雨季节在低洼积水处易发生。防治方法：注意排水；选用无病种苗；用 1 : 1 : 150 波尔多液浸种，晾干后再播种；发病初期用 50%多菌灵 1 000 倍液喷施；忌连作。

（2）蚜虫和红蜘蛛。6—7 月蚜虫和红蜘蛛吸食茎叶汁液，造成危害。防治方法：保护天敌资源；害虫发生期可喷施吡虫啉、阿维菌素。

此外，还有黄凤蝶、褐斑病及食心虫等，栽培时应根据病症辨别病因，因地制宜进行防治。

四、采收与加工

育苗移栽的植株当年 10—11 月就可收获；直播的独活生长 2 年后采收。霜降后割去地上茎叶，挖出根部，挖时忌挖伤挖断，挖出后抖掉泥土。独活加工时先切去芦头和细根摊晾，待水分稍干后堆放于炕房内，用柴火熏炕，经常检查并勤翻动，熏至 6～7 成干时堆放回潮，抖掉灰土，然后将独活理顺扎成小捆，再入炕房，根头部朝下，用文火炕至全干即可。

五、留种技术

选取健壮、无病的植株，挂上留种标签，待花期时除去一些侧梢及残花，并施入磷、钾肥促果实饱满，10 月左右果实成熟时收取种子干燥即可。

党　参

党参为桔梗科植物党参［*Codonopsis pilosula*（Franch.）Nannf.］的干燥根，具补中益气、益血生津等功能。主产于山西、河北、东北等，以山西潞党为著名药材。现山东、河南、安徽、江苏等地有引种栽培。

一、形态特征

多年生草质藤木。全株断面具白色乳汁，并有特殊臭味。根长圆柱形，少分枝，肉质，表面灰黄色至棕色，上端部分有细密环纹，下部则疏生横长皮孔。根头膨大，具多数瘤状茎痕，习称狮子盘头。茎细长多分枝，幼嫩部分有细白毛。叶互生，对生或假轮生，叶片卵形或广卵形，基部近心形，两面有毛，全缘或浅波状。花单生，腋生；花萼5裂，绿色；花冠钟状，5裂，黄绿色带紫斑。蒴果圆锥形。种子多数，细小，椭圆形，棕褐色，具光泽。花期8—10月，果期9—10月。

二、生长习性

党参喜凉爽湿润气候，耐寒，忌高温及积水，幼苗期喜阴怕暴晒，成株期喜光。

种子在10℃以上即可萌发，发芽适温为18～20℃。新鲜种子发芽率可达85%以上，但隔年种子发芽率极低，甚至完全丧失发芽率，故陈种不宜作种用。

三、栽培技术

1. 选地、整地　宜选土层深厚、排水良好、富含腐殖质的沙质壤土。低洼地、黏土、盐碱地不宜种植，忌连作。育苗地宜选半阴半阳、距水源较近的地方。每亩施农家肥2 000千克左右，然后耕翻耙细整平，作成宽1.2米的平畦。定植地宜选在向阳的地方，施足基肥，每亩施农家肥3 000千克左右，并加入少许磷、钾肥，施后深耕30厘米，耙细整平，作成宽1.2米的平畦。

2. 繁殖方法　用种子繁殖，常采用育苗移栽，少用直播。

（1）育苗。一般在7—8月雨季或秋、冬封冻前播种，在有灌溉条件的地区也可采用春播。为使种子早发芽，可用40～50℃的温水浸种，边搅拌边放入种子，至水温与手温差不多时，再放5分钟，然后移置纱布袋内，用清水洗数次，再整袋放于温度15～20℃的室内沙堆上，每隔3～4小时用清水淋洗1次，5～6天种子裂口即可播种。撒播为将种子均匀撒于畦面，再稍盖薄土，以盖住种子为度，随后轻镇压使种子与土紧密结合，以利出苗，每亩用种1千克。条播为按行距10厘米开1厘米浅沟，将种子均匀撒于沟内，同样盖以薄土，每亩用种0.6～0.8千克。播后畦面用玉米秆、稻草或松杉枝等覆盖保湿，以后适当浇水，经常保持土壤湿润。春播者可覆盖地膜，以利出苗。当苗高约5厘米时逐渐揭去覆盖物，苗高约 10 厘米时按株距 2～3 厘米间苗。见草就除，并适当控制水分，宜少量勤浇。

（2）移栽。参苗生长 1 年后，于 10 月中旬至 11 月封冻前或翌年 3 月中旬至 4 月上旬化冻后，幼苗萌芽前移栽。在整好的畦上按行距 20～30 厘米开 15～20 厘米深的沟，山坡地应顺坡横向开沟，按株距 6～10 厘米将参苗斜摆沟内，芽头向上，然后覆土约 5 厘米，每亩用种参约 30 千克。

3. 田间管理

（1）中耕除草。出苗后见草就除，松土宜浅，封垄后停止。

（2）追肥。育苗时一般不追肥。移栽后通常在搭架前追施 1 次人粪尿，每亩施 1 000～1 500 千克，施后培土。

（3）灌排。移栽后要及时灌水，以防参苗干枯，保证出苗；成活后可不灌或少灌，以防参苗徒长；雨季注意排水，防止烂根。

（4）搭架。党参茎蔓长可达 3 米以上，故当苗高 30 厘米时应搭架，以便茎蔓攀架生长，利于通风透光，增加光合作用面积，提高抗病能力。架材就地取材，如树枝、竹竿均可。

4. 病虫害防治

（1）锈病。秋季多发，危害叶片。防治方法：清洁田园。

（2）根腐病。一般在土壤过湿和高温时多发，危害根部。防治方法：轮作；及时拔除病株并用石灰粉消毒病穴。

（3）蚜虫、红蜘蛛。危害叶片和幼芽。防治方法：可用杀虫剂、杀螨剂喷雾防治。

四、采收与加工

一般移栽 1～2 年后，于秋季地上部枯萎时收获。先将茎蔓割去，然后挖出参根，抖去泥土，按粗细大小分别晾晒至柔软状，用手顺根握搓或用木板揉搓后再晒，如此反复 3～4 次干燥。折干率约为 2∶1。产品以参条粗大、皮肉紧、质柔润、味甜者为佳。

五、留种技术

一年生植物虽能开花结实，但种子质量差，不宜作种，宜选用二年生以上的植株所结的种子作种。一般在 9—10 月果实成熟，当果实呈黄白色、种子浅褐色时即可采种。由于种子成熟不一，可分期分批采收，晒干脱粒，去杂，置干燥通风处贮藏。

射　干

射干为鸢尾科植物射干（*Belamcanda chinensis*）的干燥根茎，又名乌扇、扁竹、乌蒲、鬼扇、蝴蝶花。具清热解毒、祛痰利咽、活血消肿之功能。主产于湖北、河南、江苏、安徽等地，全国各地区均有分布。

一、形态特性

多年生草本，株高50～120厘米。根状茎横走，呈不规则结节状，外皮鲜黄色。茎直立。叶嵌迭状排列，剑形，扁平。伞房花序顶生，二歧分枝；花橘黄色，花被片6枚，2轮，散生暗红斑点，基部合生成短筒；花柱棒状，顶端3浅裂。蒴果三角状，倒卵形，成熟时室背开裂。种子多数，近球形，黑色，具光泽。花期7—9月，果期8—10月。

二、生长习性

射干适应性强，对环境要求不严。喜阳光充足、温暖湿润气候，耐干旱、耐寒，在气温－17℃地区可自然越冬，但须灌冻水及覆土。

种子容易发芽，但发芽率不高，15～30℃的变温和层积处理有利于发芽率的提高。种子寿命为1～2年。

三、栽培技术

1. 选地、整地　一般山坡荒地、平地均可种植，但以向阳、肥沃、疏松、地势高燥、排水良好的中性或微酸性土壤为佳，低洼积水地不宜种植。每亩施入农家肥2 000千克，并加过磷酸钙20千克，耕翻耙平，作成高20厘米、宽1.3米的畦。

2. 繁殖方法　用种子繁殖和分株繁殖。

（1）种子繁殖。秋播在9—10月，当蒴果枯黄且将开裂时剪下果实，晾干打下种子，随收随播。可撒播或条播，条播行距15～20厘米，将种子均匀地撒在畦上或条沟内，覆土2～3厘米。20～30天即可出苗，如播种较晚，当年不出苗，翌年3月才能出苗，育苗地每亩用种量为4千克。至4—5月苗高6～10厘米时，可移栽大田，移栽方法是在整好的畦上按株行距30厘米×30厘米开穴，穴深5～6厘米，每穴栽1～2株，填土压实，浇水。也可春播，时间在3—4月，方法同秋播，但注意秋收的种子须贮放在湿沙中，否则易失去发芽能力。

（2）分株繁殖。宜选择二年生以上的实生苗或结合收获同时进行，时间在秋季枯叶后和春季出苗前。先将老根茎挖出，选取无病者，按其自然生长形状剪成3～4厘米的根段，每段留2～3个根芽。在准备好的畦面上按30厘米×30厘米挖穴栽种，每穴放1～2段根茎，注意芽头向上，覆土压实，浇水。如已有绿芽，应将芽头露出地面。

3. 田间管理

（1）中耕除草。出苗后应及时除草和松土，6—7月植株封垄后停止中耕，并适当培土于根部，以防倒伏。

（2）追肥。一般在封冻前或早春进行，肥种以人粪尿为主。夏季和花期不宜施肥。移栽和分株繁殖的苗成活后可追施1～2次稀粪水，或雨后及时撒施尿素，每亩用15千克。

（3）排灌。栽后应及时浇水，以利成活，以后据天气干旱情况适当浇水。雨水过多时应及时排出积水，以防烂根。

（4）摘蕾。除留种田外，宜在晴天摘去花蕾，以促进地下根茎生长。

4. 病虫害防治

（1）锈病。秋季危害叶片。防治方法：发病初期喷25％三唑酮2 000倍液，每周1次，连续喷洒2～3次。

（2）射干钻心虫。又名环斑蚀夜蛾，5月上旬幼虫危害叶鞘、嫩心叶和茎基部。防治方法：越冬卵孵化盛期喷5％甲萘威粉；幼虫入土前根际用90％敌百虫800倍液浇灌；忌连作；用雌蛾或性外激素诱杀雄虫。

此外，还有蛴螬、蝼蛄等地下害虫危害，防治方法参见人参。

四、采收与加工

栽后2～3年即可收获。于秋季地上部枯萎至翌春未发芽前选择晴天挖取。地下根茎挖出后，洗净泥土，剪去须根，晒干或烘干即可。

柴　胡

柴胡为伞形科植物柴胡（*Bupleurum chinense* DC.）的干燥根，又名北柴胡、竹叶柴胡。具解表和里、升阳、疏肝解郁功能。产于东北、华北、华东及河南、陕西等地区。

一、形态特征

多年生草本，株高45～85厘米。主根圆柱形，分枝或不分枝，质坚硬。茎直立丛生，上部分枝，略呈"之"字形弯曲。叶互生，基生叶倒披针形，基部渐窄成长柄；基生叶长圆状披针形或倒披针形，无柄，先端渐尖呈短芒状，全缘，有平行脉5～9条，背面具粉霜。复伞形花序腋生兼顶生，伞梗4～10个，总苞片1～2枚，常脱落；小总苞片5～7枚，有3条脉纹。花小，鲜黄色，萼齿不明显；花瓣5枚，先端向内折；雄蕊5枚；雌蕊1枚，子房下位，花柱2个，花柱基黄棕色。双悬果宽椭圆形，扁平，分果瓣形，褐色，弓形，背面具5条棱。花期8—9月，果期9—10月。

二、生长习性

柴胡常野生于海拔1 500米以下山区、丘陵的荒坡、草丛、路边，林缘和林中隙地。适应性较强，喜稍冷凉而又湿润的气候，较能耐寒、耐旱，忌高温和涝洼积水。

种子有生理后熟现象，层积处理能促进后熟，干燥情况下经4～5个月也能完成后熟过程。发芽适温为15～25℃，发芽率可达50%～60%。种子寿命为1年。植株生长的适宜温度为20～25℃。

三、栽培技术

1. 选地、整地　宜选比较疏松肥沃、排水良好的夹沙土或沙壤土。深翻，同时施足基肥，每亩施农家肥2 000千克，整细耙平，作成宽1.3米的畦。坡地可只开排水沟，不作畦。

2. 繁殖方法 用种子繁殖。

（1）直播法。3—4 月播种，条播或穴播。条播按行距 30 厘米左右开沟，穴播按穴距 25 厘米开穴，沟和穴宜浅不宜深。将种子与火灰拌匀，均匀地撒在沟或穴里。每亩用种 800～1 200 克。

（2）育苗移栽法。3 月播种。选向阳的地块作苗床，浇透水，待水渗下后，将种子均匀地撒在上面，并用筛子筛上一层细土，再盖上地膜或草帘，以利保温保湿。到 4 月下旬至 5 月上旬苗高 6～8 厘米时即可定植到大田里。此法省种、产量高，但费工、根形差。

3. 田间管理

（1）松土除草。苗高约 10 厘米时开始松土除草，注意松土要浅，不要撞伤或压住幼苗。

（2）间苗。可结合松土除草进行，去弱留强，条播每隔5～7厘米留壮苗 1 株，穴播者每穴留 4～5 株。如发现缺株应及时带土补苗。

（3）追肥。移栽前一般结合除草追施较浓的人畜粪水 1 次。6—7 月是植株生长最旺盛期，此时应适当追肥和浇水。第 2 年同样中耕施肥 2 次。第 1 年如收割地上部分，割后应中耕，并用腐熟堆肥壅根。播种或移栽后，应及时浇水。

4. 病虫害防治

（1）锈病。危害茎叶。防治方法：清洁田园，处理病株。

（2）斑枯病。危害叶片。防治方法：清洁田园；轮作；发病初期用 1∶1∶120 波尔多液喷雾。

（3）根腐病。发病初期支根和须根变褐腐烂，逐渐向主根扩展，主根发病后根部腐烂，只剩下外皮，最后成片死亡。防治方法：移栽时选壮苗；增施磷肥，提高抗病能力；发现病株及时拔除，病穴用石灰水处理。

（4）黄凤蝶。幼虫危害叶、花蕾。防治方法：发生时可用 Bt 喷雾防治。

四、采收与加工

播种后第 2 年 9—10 月植株开始枯萎时采挖。挖出根后除去茎叶，抖去泥土，晒干即可，产品以粗长、整齐、质坚硬、不易折断、无残茎和须根者为佳。在华东的一些地区以全草入药，可在播种当年秋季和第 2 年收根时割取茎叶，晒干即成。如在春、夏采收 15 厘米左右的幼嫩全草，习称春柴胡。

桔　　梗

桔梗为桔梗科植物桔梗［*Platycodon grandiflorus*（Jacq.）A. DC.］的干燥根，又名大药，为常用中药。具祛痰止咳、消肿排脓之功能。主产于山东、安徽、四川等地。

一、形态特征

多年生草本，全株光滑，高 40～50 厘米，体内具白色乳汁。根肥大肉质，长圆锥形或圆柱形，外皮黄褐色或灰褐色。茎直立，上部稍分枝。叶近无柄，茎中部及下部叶对生或 3～4 枚叶轮生；叶片卵状披针形，边缘有不整齐的锐锯齿；上端叶小而窄，互生。花单生或数朵呈疏生的总状花序；花萼钟状，裂片 5 枚；花冠阔钟状，蓝紫色，白色或黄色，裂片 5 枚；雄蕊 5 枚，与花冠裂片互生；子房下位，卵圆形，柱头 5 裂，密被白色柔毛。蒴果倒卵形，先端 5 裂。种子卵形，黑色或棕黑色，具光泽。花期 7—9 月，果期 8—10 月。

二、生长习性

桔梗为深根性植物，根粗随年龄而增大，当年主根长可达 15 厘米以上；第 2 年的 7—9 月为根的旺盛生长期。采挖时，根长可达 50 厘米。幼苗出土至抽茎 6 厘米以前，茎的生长缓慢，茎高 6 厘米至开花前（4—5 月）生长加快，开花后减慢。至秋、冬气温 10 ℃以下时倒苗，根在地下越冬，一年生苗可在 −17 ℃的低温下安全越冬。

种子在 10 ℃以上时开始发芽，发芽最适温度在 20～25 ℃，一年生种子发芽率为 50%～60%，二年生种子发芽率可达 85% 左右，且出芽快而齐。种子寿命为 1 年。

桔梗喜凉爽湿润环境，野生种多见于向阳山坡及草丛中，栽培时宜选择海拔 1 100 米以下的丘陵地带。桔梗对土质要求不严，但以栽培在富含磷、钾的中性类沙土里生长较好，追施磷肥可以提高根的折干率。

桔梗喜阳光，耐干旱，但忌积水。

三、栽培技术

1. 选地、整地 选阳光充足、土层深厚的坡地或排水良好的平地，土质宜选沙质壤土、壤土或腐殖土。每亩施土杂肥 4 000 千克作基肥，深耕 30～40 厘米。整细耙平，作成宽 1.2～1.5 米的畦。

2. 繁殖方式 以种子繁殖为主。一年生桔梗结的种子俗称"娃娃种"，瘦小而瘪，颜色较浅，出苗率低，且幼苗细弱，产量低；而二年生桔梗结的种子大而饱满，颜色深，播种后出苗率高，植株生长快，产量高，一般单产可比"娃娃种"高 30％以上。

（1）种子处理。将种子置于 50～60 ℃的温水中，不断搅动，并将泥土、瘪籽及其他杂质漂出，待水凉后，再浸泡 12 小时，或用 0.3％高锰酸钾溶液浸种 12 小时，可提高发芽率。

（2）播种期。秋播、冬播及春播均可，但以秋播为好。秋播当年出苗，生长期长，结果率和根粗明显高于翌年春播者。

（3）播种方法。一般采用直播，也可育苗移栽。直播产量高于移栽，且根形分杈小，质量好。在生产上多采用条播：在畦面上按行距 20～25 厘米开沟，深 4～5 厘米，播幅 10 厘米，为使种子播得均匀，可用种子质量 2～3 倍的细土或细沙拌匀播种，播后盖火灰或覆土 2 厘米。用种量直播为每亩 750～1 000 克，育苗移栽为每亩 350～500 克。

3. 田间管理

（1）间苗、补苗。苗高 2 厘米时适当疏苗，苗高 3～4 厘米时定苗，以苗距 10 厘米左右留壮苗 1 株。补苗和间苗可同时进行，带土补苗易于成活。

（2）中耕除草。由于桔梗前期生长缓慢，故应及时除草，一般进行 3 次。第 1 次在苗高 7～10 厘米时，1 个月之后进行第 2 次，再过 1 个月进行第 3 次，做到见草就除。

（3）肥水管理。6—9 月是桔梗生长旺季，6 月下旬和 7 月视植株生长情况应适时追肥，肥种以人畜粪为主，配施少量磷肥和尿素。无论是直播还是育苗移栽，干旱时都应浇水。雨季田内积水时桔梗容易烂根，应注意排水。

（4）打顶、除花。苗高 10 厘米时，二年生留种植株进行打顶，以增加果实的种子数和种子饱满度，提高种子产量。而一年生或二年生的非留种植株一律除花，以减少养分消耗，促进地下根的生长。在盛花期喷施 1 毫升/升的乙烯利 1 次，可基本达到除花目的，产量较不喷施者增加 45%。

4. 病虫害防治

（1）轮纹病和纹枯病。主要危害叶片。防治方法：发病初期可用 1∶1∶100 波尔多液喷施防治。

（2）蚜虫、红蜘蛛。危害幼苗和叶片。防治方法：可用杀虫剂、杀螨剂喷雾防治。

（3）菟丝子。在桔梗地里能大面积蔓延。防治方法：可将菟丝子茎全部拔掉，危害严重时连桔梗植株一起拔掉，并深埋或集中烧毁。

此外，还有蝼蛄、地老虎和蛴螬等危害，可用毒饵诱杀。

四、采收与加工

播种两年或移栽当年的秋季，当叶片黄萎时即可采挖。割去茎叶、芦头，将根部泥土洗净后，浸在水中，趁鲜用竹片或玻璃片刮去表面粗皮，洗净，晒干或用无烟煤火炕干即可。

五、留种技术

留种时应选择二年生植株，于 9 月上、中旬剪去弱小的侧枝和顶端较嫩的花序，使营养集中在上中部果实。10 月当蒴果变黄，果顶初裂时，分期分批采收。采收时应连果梗、枝梗一起割下，先置室内通风处后熟 3～4 天，然后再晒干脱粒，去除瘪籽和杂质后贮藏备用。

浙　贝　母

浙贝母为百合科植物浙贝母（*Fritillaria thunbergii* Miq.）的干燥地下鳞茎，又名象贝、大贝、元宝贝等。具清热润肺、止咳化痰等功效。主产于浙江，江苏、江西、上海、湖南亦有栽培。

一、形态特征

多年生草本，株高 30～80 厘米，全株光滑无毛。地下鳞茎扁球形，外皮淡土黄色，常由 2～3 枚肥厚的鳞片抱合而成，直径 2～6 厘米。茎直立、单一，地上部不分枝，每一株一般有二主茎并生。叶狭长无柄，全缘；下部叶对生，中部叶轮生，上部叶互生，中上部叶先端反卷。花 1 朵至数朵，顶生或总状花序；花钟状，下垂，淡黄色或黄绿色，带有淡紫色斑点；花被片 6 枚，二轮排列；雄蕊 6 枚；子房上位，3 室，柱头 3 裂。蒴果短圆柱形，具 6 棱。种子多数，扁平瓜子形，边缘有翅，浅棕色。花期 3—4 月，果期 4—5 月。

二、生长习性

浙贝母喜温和湿润、阳光充足的环境。根的生长要求气温在 7～25℃，25℃以上时根生长受抑制。平均地温达 6～7℃时出苗，地上部生长发育温度范围为 4～30℃，在此范围内，随温度升高，生长加快。开花适温为 22℃左右。－3℃时植株受冻，30℃以上时植株顶部出现枯黄。鳞茎在地温 10～25℃时能正常膨大，－6℃时将受冻，25℃以上时出现休眠。

浙贝母鳞茎和种子均有休眠现象。鳞茎从地上部枯萎开始进入休眠，经自然越夏到 9 月即可解除休眠。种子经 5～10℃ 2 个月左右处理或经自然越冬也可解除休眠。因此，生产上多采用秋播。种子发芽率一般在 70%～80%。

三、栽培技术

1. 选地、整地　浙贝母对土壤要求较严，宜选排水良好、富含腐殖质、疏松肥沃的沙质壤土种植，土壤 pH 5～7 较为适宜。忌连作，前茬以玉米、大豆作物为好。播种前深翻细耕，每亩施入农家肥 2 000 千克作基肥，再配施 100 千克饼肥和 30 千克磷肥，耙匀，作成宽 1.2～1.5 米的高畦，畦沟宽 25～30 厘米，沟深 20～25 厘米，并做到四周排水沟畅通。

2. 繁殖方法　主要用鳞茎繁殖，也可用种子繁殖，但因生长年限长，结实率低，生产上较少采用。

（1）鳞茎繁殖。于9月中旬至10月上旬，挖出自然越夏的种茎，选鳞片抱合紧密、芽头饱满、无病虫害者，按大小分级分别栽种，种植密度和深度视种茎大小而定，一般株距15～20厘米，行距20厘米。开浅沟条播，沟深6～8厘米，沟底要平，覆土5～6厘米。用种量因种茎大小而异，一般每亩用种茎300～400千克。

（2）种子繁殖。种子繁殖可提高繁殖系数，但从种子育苗到形成商品需5～6年时间。用当年采收的种子于9月中旬至10月中旬播种。采用条播，行距6厘米左右，然后将种子均匀撒在灰土上，薄覆细土，畦面用秸秆覆盖，保持土壤湿润。每亩用种子6～10千克。

3. 田间管理

（1）中耕除草。出苗前要及时除草。出苗后结合施肥进行中耕除草，保持土壤疏松。植株封行后，可人工拔草。

（2）追肥。一般为3次，12月下旬施腊肥，每亩沟施浓人畜粪肥2 500千克，施后覆土。翌春齐苗时施苗肥，每亩泼浇人畜粪2 000千克或尿素15千克。3月下旬打花后追施花肥，肥种和施肥量与苗肥相似。

（3）排灌。生长中后期需水量较大，如遇干旱应适时浇水，采用沟灌，当土壤湿润后立即排水。雨季积水应及时排出。

（4）摘花打顶。3月下旬，当花茎下端有2～3朵花初开时，选晴天将花和花蕾连同顶梢一起摘除，打顶长度一般为8～10厘米。

4. 病虫害防治

（1）灰霉病。一般4月上旬发生，危害地上部。防治方法：发病前用1∶1∶100波尔多液喷雾预防；清除残体；防止积水，降低田间湿度。

（2）黑斑病。4月上旬始发，尤以雨水多时严重，危害叶部。防治方法同上。

（3）干腐病。一般在鳞茎越夏保种期间及土壤干旱时发病严重，主要危害鳞茎基部。防治方法：选用健壮无病的鳞茎种子；越夏保种期间合理套作，以创造阴凉通风环境。

（4）锯角豆芫菁。成虫咬食叶片。防治方法：人工捕杀；用90%敌百虫1 500倍液喷雾防治。

（5）蛴螬。危害鳞茎，4月中旬始发，越夏期间危害最盛。防治方法：进行水旱轮作；冬季清除杂草，深翻土地；用灯诱杀成虫铜绿金龟子。

四、采收与加工

5月中旬待植株上部茎叶枯萎后选晴天采挖，并按鳞茎大小分档，大者除去心芽，习称大贝、元宝贝，小者不去心芽，习称珠贝。将鳞茎洗净，将直径3厘米以上的大鳞茎的鳞片分开，挖出心芽，然后将分好的鲜鳞茎放入脱皮机中脱去表皮，使浆液渗出，加入4%的贝壳粉，使贝母表面涂满贝壳粉，倒入箩内过夜，促使贝母干燥，再于次日取出晒3～4天，待回潮2～3天后晒至全干。回潮后也可置烘灶内，用70℃以下的温度烘干。

五、留种技术

浙贝母种子田一般采用原地越夏保种法。枯黄前在植株间套作浅根性作物，起到遮阳降温和提高土地复种指数的作用。套作作物主要有玉米、大豆及瓜类等。越夏期间，特别是多雨季节，要随时排除田间积水，此外禁止人畜在畦面上踩踏，以免积水烂种。浙贝母种茎在越夏保种田中需经3～4个月的时间，一般损耗率为10%左右。

秦 艽

秦艽为龙胆科植物秦艽（*Gentiana macrophylla* Pall.）的干燥根，性平，味苦、辛，具祛风湿、止痛、退虚热之功能。主产于甘肃、山西、陕西，东北、内蒙古等地区亦产。

一、形态特征

秦艽为多年生草本，高20～60厘米。主根粗长，长圆锥形，扭曲不直。须根多条，扭结或黏结成一个圆柱形的根。基部被残叶纤维所包围。茎直立或斜生，单一。基生叶密集成莲座状；茎生叶对生，较小，基部连合；叶片披针形或矩圆形。聚伞花序，一侧开裂，萼齿小，一般4～5枚，稀1～3枚；花冠筒状钟形，蓝紫色，顶端分裂，裂片卵圆形，裂片间有对称的褶，三角形；雄蕊5枚，生于花冠筒的中下部；子房无柄，柱头2

裂。蒴果矩圆形。种子椭圆形，深黄色。花期 7—8 月，果期 8—10 月。

二、生长习性

秦艽喜潮湿和冷凉气候，耐寒，忌强光，怕积水。对土壤要求不严，但以疏松肥沃的腐殖土和沙质壤土为好；地下部分可忍受 −25 ℃ 低温。在干旱季节易出现灼伤现象，特别是叶片，在烈日直射下易变黄和枯萎。每年从根茎部分生出一个地上茎；生长年限较长的地上茎多簇生。通常每年 5 月下旬返青，6 月下旬开花，8 月种子成熟，年生育期100 天左右。在低海拔而较温暖地区，花期、果期一般推迟，生长期相应延长。

种子宜在较低温度条件下萌发，发芽适温为 20 ℃左右，30 ℃高温则对种子萌发有明显的抑制作用。如用低浓度赤霉素溶液浸种 24 小时，可明显促进种子萌发。种子寿命为 1 年。

三、栽培技术

1. 选地、整地　选择土层深厚、肥沃、质地疏松、向阳的沙质壤土，于春季或秋季进行翻耕，耕深 30 厘米左右，拣去石块或树根。每亩施优质腐熟农家肥 3 000 千克、过磷酸钙 80 千克、草木灰 500 千克，整平耙细，作畦或打垄，待播。

2. 繁殖方式　用种子繁殖。可分春播和夏播，春播在 4 月上、中旬，夏播于 6 月中、上旬进行。方法是先选取饱满成熟的种子，于早春在整好的地上开沟，沟深 1～2 厘米，沟距 24 厘米；条播或穴播，将种子均匀地撒入沟内，然后覆土，略加镇压，有条件的地区可以覆盖一层草，进行保墒遮阴，以促进种子萌发，每亩播种 0.5 千克。一般从播种到种子发芽大约需要 1 个月。

3. 田间管理　播种后 1 个月左右出苗。当苗高 6～10 厘米时，按株距 12～15 厘米进行均匀间苗，间苗后要适当浇水与追肥。中耕除草每年进行 2～3 次，一般于 5 月中、下旬进行第 1 次中耕除草，此时苗幼、易受伤，必须操作细致；6 月中、下旬或 7 月上旬再进行第 2 次中耕除草。每年追肥 2～3 次，以农家肥为主，农家肥作冬肥施入，每亩施入人粪尿 1 500～2 000 千克或腐熟油饼 50～100 千克，加水 1 500 千克，化肥以三元复合肥为好，一般在植株封垄后趁雨天或浇水时撒施，每亩 20 千克；在开花期叶面喷施磷酸二氢钾，每亩施 0.6 千克，分 3 次喷施，每隔 10 天喷 1 次。

4. 病虫害

（1）叶斑病。一般多于 6 月或 7 月发生，危害叶片，严重时植株枯萎死亡。防治方法：清除病叶并集中烧毁；发病初期可喷 1∶1.5∶150 波尔多液，10 天喷 1 次，连续 3 次。

（2）蚜虫。多于春末夏初发生，危害根部。防治方法：发病期喷施内吸性杀虫剂防治，连续 2～3 次，效果明显。

四、采收与加工

秦艽生长缓慢，一般生长 8 年后于秋季采挖，生长快的可在 5 年左右时采挖。挖出的根除掉茎叶、根须和泥土，然后用清水洗净，使根呈乳白色，再放在专用场地或架子上晾晒，待根变软时，继续堆放 3～7 天进行"发汗"，至颜色呈灰黄色或黄色时，再摊开晒干即可。小秦艽采挖后先趁鲜搓去黑皮，然后晒干即可。

五、留种技术

选择无病、健壮的植株作为留种株。秦艽主要靠种子进行繁殖，一般从种子萌发的第 2～3 年开始，植株即可开花结实，采收成熟饱满的种子即可作种用。

高山红景天

高山红景天为景天科多年生草本植物库页红景天（*Rhodiola sachalinensis* A. Bor.）的干燥根和根茎。具有较理想的抗疲劳、抗衰老、滋补强壮、提高工作效率及适应原样等作用。地上部分亦供药用。主产于吉林省长白山区及黑龙江省尚志市、海林市、宁安市等，目前东北三省的山区已有大面积人工栽培。

一、形态特征

多年生草本，花茎直立，不分枝，株高 15～30（～39）厘米，单株花茎数 40～70 个，最多者 300 多个，呈丛状生长。单叶，互生，叶片长圆形或长圆状匙形至长圆状披针形，无柄，叶片长 1～5 厘米，宽 0.4～1.3 厘米，基部楔形，先端极尖或渐尖，边缘具有粗锯齿，下部近全缘。聚伞花序顶生，密集多花，总花梗长 5～6 厘米，花梗长 0.3～0.5 厘米，下部有苞叶。雌雄异株或杂性异株，萼片 4 枚，花瓣 4 枚（稀 5 枚），黄色或黄绿色，线状披针形或长圆形，长 3～6 毫米，先端钝；雄花中雄蕊 8 枚，较花瓣长，其中 4 枚着生于花瓣基部，较花瓣略长，花药圆形，开放后呈鲜黄色。花的中部具 3～4 枚退化心皮，多数不育，少数发育成果实。花瓣基部具 4 枚长圆形橘黄色蜜腺；雌花花瓣黄绿色，比雄花的花瓣略窄，先端略尖，心皮 4 枚（稀 5 枚）直立，灰绿色，花柱外弯，鳞片 4 枚，腺状，长圆形，先端微缺。蓇葖果披针形，直立，长 6～8 毫米，喙长 1 毫米，果实成熟时为棕色或棕褐色。种子长圆形或披针形，棕色或淡棕色，长约 2 毫米。花期 6—7 月，果期 8 月下旬。人工栽培种花、果期较野生种提前约 1 个月。

二、生长习性

野生高山红景天适应性很强，能在高海拔山区自然条件十分恶劣的环境下正常生长发育，生育期 70～80 天。喜温暖凉爽气候，抗严寒，耐低温，耐干旱，怕水涝，忌夏季的高温多湿气候。

种子很小，千粒重为 0.13～0.14 克，具不完全休眠特性，适宜的发芽温度为 15～20℃，早春地表温度 10℃ 时开始出苗。种子在常温下贮存 1 年以后多数失去发芽能力。在 0℃ 以下低温条件下贮存两年仍保持较好发芽率。

在条件适宜环境下播种后 5～7 天出苗。幼苗初期生长缓慢，喜湿润，耐低温，忌强光照射；地上茎长出之后生长加快，耐干旱，喜光照。一年生苗株高 7～10 厘米，个别植株少量开花；二年生苗株高 10～15 厘米，多数开花结实。

三、栽培技术

1. 选地、整地　高山红景天对土壤要求不是十分严格，应选择海拔较高、气候冷凉、无霜期较短、夏季昼夜温差较大的山区栽培，低海拔的平原地区及夏季高温多雨、无霜期长的地区不适宜栽培。具体栽培地应选择含腐殖质多、土层深厚、阳光充足、排水良好的壤土或沙质壤土，可以利用山区的森林采伐地或生荒地栽培，在东北地区也可以用旧人参地栽培。育苗地最好选土质肥沃疏松、离水源较近的地块，移栽地尽量选择排水良好、土壤含沙略多的山坡地，黏土、盐碱土、低洼积水地不适合栽培。

选地后深翻30～40厘米，清除田间杂物，打碎土块，顺坡向作畦，畦宽1.0～1.2米，畦高20～25厘米，作业道宽50～70厘米，一般不施肥料，若土壤过于贫瘠，可以适量施用腐熟的农家肥，不施用化肥。若选旧人参地栽培，播种前要对土壤进行消毒。

2. 繁殖方法 生产中主要用种子繁殖，第1年集中育苗，第2年移栽，生长4年后采收。其次是用根茎繁殖，生长2年后采收。

（1）种子繁殖。

育苗：选新鲜成熟的种子于春季或秋季播种，春播时间为3月下旬至4月上旬，秋播在10月中旬至结冻之前。秋季播种出苗早，苗全，种子不需要处理。春季播种时种子要进行浸水处理，具体方法是将种子集中放入干净的布袋内，将布袋放入水中浸泡40～50小时，每天换水2～4次，浸完的种子在阴凉通风处晾去表面水分，待种子能自然散开时立即播种。播种时先用木板将育苗床表面土刮平，按行距8～10厘米横畦开沟，沟深3～5毫米，将种子均匀撒在沟内，每平方米播种量为1.5～2.0克，盖过筛的细土2～3毫米，用手或木板将土压实，然后在床面上盖一层稻草或松枝保湿。

移栽：幼苗生长1年后进行移栽，移栽时间在当年秋季地上部分枯萎之后或第2年春季返青之前。春季移栽效果较好，一般在3月下旬至4月上旬幼苗尚未萌发时进行，先将幼苗全部挖出，按种栽大小分级，分别移栽，栽植行距20厘米，株距10～12厘米，横畦开沟，沟深10～12厘米，将种栽顶芽向上栽入沟内，盖土厚度以盖过顶芽2～3厘米为宜，栽后稍加镇压，土壤过于干旱时栽后要浇水，每平方米栽大苗50株左右，小苗可栽60株。

（2）根茎繁殖。采集野生根茎或者在采收时将大的根茎剪下作种栽，先将根茎剪成3～4厘米长的根茎段，在阴凉处晾4～6小时，使种栽伤口表面愈合，再按上述移栽的时间、方法进行栽植，栽植时将根茎段的顶芽朝上斜放在沟内，盖土厚度5～6厘米，栽后适当镇压，成活率一般在95％以上。

3. 田间管理

（1）育苗地。幼苗出土初期生长缓慢，出土20天的幼苗仍只是2枚子叶，植株很小，而此时杂草生长较快，应及时除去田间杂草。苗期要经常保持床土湿润，干旱时要随时用细孔喷壶向床面浇水。开始出苗时，在早晨或傍晚逐次将床面盖的稻草除去，使幼苗适当接受光照。长出地上茎之后，根据出苗情况间出过密的幼苗或补栽于其他地方。

（2）移栽地。全生长期内要经常松土除草，保证田间无杂草。移栽后的第2年应根据生长情况适当追施农家肥，尤其是在开花期前后适量追施草木灰或磷肥，促进地下部分生长。高温多雨季节一定要注意田间排水，有条件时可在床面上搭棚遮阴防雨，或在植株行间的床面上盖枯枝落叶以防雨、防降温。入冬之前向床面盖2～3厘米的防寒土以利越冬。

4. 病虫害防治　高山红景天在适宜的环境下栽培时，生长期间病虫害较少。气候干旱季节偶有少量蚜虫危害幼嫩茎叶，其次是有时有少量蛴螬、蝼蛄危害地下部分，可以人工捕杀或用毒饵诱杀。三至四年生苗在高温多雨季节多有根腐病发生，有时严重影响植株生长及药用部分的产量；发病初期叶片首先变黄，慢慢全株枯黄，地下部的根和根茎出现褐色病斑，后期全部腐烂变成褐色或黑色，最后全株死亡；防治方法主要是按要求进行选地，移栽前最好对土壤做消毒处理，若在田间发现病株应及时拔出烧毁，病穴用石灰消毒。

四、采收与加工

用种子繁殖时生长4年后采收，根茎繁殖生长2年后采收。在秋季地上部分枯萎后，先除去地上部枯萎茎叶，将地下部分挖出，去掉泥土，用水冲洗干净，在60～70℃条件下烘干，或者将洗干净的药材上锅蒸7～10分钟之后，在阳光下晒干或在干燥室内烘干，待药材达到7、8成干时，将根和根茎整顺理直，顶部对齐，数个根茎捆成小把，再烘至全干。

五、留种技术

种子在7月中旬以后开始成熟。三至四年生苗结实较多，要随熟随采，当果实表面变成褐色、果皮变干、果实顶端即将开裂时即可采收种子。先将果穗剪下，放阴凉处晒干后，用木棒将种子打下，除去果皮及杂质，放在阴凉通风干燥处保存。

高 良 姜

高良姜为姜科植物高良姜（*Alpinia officinarum* Hance）的干燥成熟果实，又名良姜、小良姜、海良姜等，具有温胃散寒、消食止痛的功效。高良姜野生于热带、亚热带的缓坡草地或低山丘陵的灌木丛中。主要分布于广东、广西、云南、台湾等地。

一、形态特征

多年生草本植物。植株高 40～100 厘米，丛生，直立；根茎横走，圆柱形，棕红色或紫红色。叶互生，2 列，叶片为狭线状披针形，先端渐尖，基部渐狭，全缘或具不明显的疏钝齿，叶两面光滑，叶鞘开放抱茎，叶舌长达 3 厘米，膜质，棕色。总状花序顶生，花萼筒状，棕色，花冠管呈漏斗状，唇瓣卵形，白色而有红色条纹。蒴果球形，不开裂，成熟时橘红色，内有多数具钝棱角的棕色种子。

二、生长习性

喜温暖湿润的气候环境，耐干旱，怕涝。在主产区广东省徐闻县，年平均气温为 23.3℃，年降水量为 1 100～1 803 毫米，生长良好，不适应强光照，要求一定的荫蔽条件。对土壤要求不严，以土层深厚、疏松肥沃、富含腐殖质的红壤或沙质壤土为佳。

三、栽培技术

1. 选地、整地　宜选排灌方便、土壤肥沃疏松的坡地或缓坡地进行种植，也可在防护林下或果木林下种植。秋、冬翻耕，整地作畦，畦宽 1.2 米，每亩施入 2 000～2 500 千克的腐熟农家肥作基肥。

2. 繁殖方法　用种子和根茎繁殖。

（1）种子繁殖。随采随播，一般以秋季（8 月至 9 月上旬）为好。在整好的苗床上以 10 厘米的行距开浅沟条播，将处理好的种子均匀撒在沟内，覆土后盖草，浇水保湿。约20天后种子发芽。一般育苗需半年后才可种植。

（2）根茎繁殖。选一至二年生粗壮、带5～6个芽、无病虫害、较肥硕的嫩根状茎繁殖。高良姜有两个栽培种，产区多用牛姜作种，将根状茎剪成长约15厘米的小段，每段2～3节。春、秋两季繁殖。在整好的土地上按株行距30厘米×25厘米开穴种植，每穴种2段，覆土后稍压实，浇定根水。每亩用根茎约80千克。

3. 田间管理

（1）遮阴。种子发芽后，及时揭去盖草，并适当搭设遮阴棚。

（2）间苗。当苗长出3～6厘米时，去弱留强，使株间距为4厘米。

（3）除草、浇水。前期除草2～3次，封行后夏、秋各除草1次。干旱时浇水或灌溉，以保持土壤湿润，促进植株分蘖和根茎生长。

（4）间作、混交。可在杧果（芒果）林下间作，也可与菠萝、红薯等作物混交。

（5）追肥、培土。种植后约50天施稀薄人畜粪水肥。植株封行后追1次复合肥，每亩20～25千克。在植株周围结合松土进行培土，或在秋末冬初结合清园将土杂肥和表土培壅在植株基部，对促进生长、加速萌发有利，同时每亩施3 000千克的农家肥。

4. 病虫害防治

（1）烂根病。多发生在高温季节。防治方法：用0.2～0.4波美度石硫合剂灌根防治。

（2）钻心虫和卷叶虫。危害嫩叶和茎尖。防治方法：用Bt喷雾防治。

四、采收与加工

高良姜种植4年后可收获，但5～6年产量更高，质量更好。夏末秋初挖根茎，选择晴天，先割除地上茎叶，然后用犁深翻，把根状茎逐一收集。收获的根茎去泥土、须根及鳞片，把老根茎截成5厘米的段，洗净，切段晒干。晒至六七成干时，堆在一起闷放2～3天，再晒至全干，则皮皱肉凸、表皮红棕色、质量更佳。

五、留种技术

选择果粒大、饱满、味浓、产量高的无病虫害的植株作为留种母株。在 8—10 月果实成熟时，即果皮由绿变黄色时分批采收，选粒大、饱满、呈红棕色而无病虫害的鲜果，堆放在室内约 7 天，用细沙除去果皮，洗净除去黏质，淘出种子便可作种。

猫 爪 草

猫爪草为毛茛科植物猫爪草（*Ranunculus ternatus* Thunb.）的干燥块根，性温，叶甘、平，具有解毒散结之功效，主治肺结核、瘰疬等症，近年用来治肿瘤。主产于安徽、江苏、浙江、河南等地，长江中下游皆有分布。

一、形态特征

多年生草本，株高 10～20 厘米，块根肉质，数个簇生，近纺锤形，外皮黄褐色，形似猫爪而得名，茎多分枝、细长。基叶丛生，三出复叶具长柄；茎生叶细小，线形。花单生茎端，花瓣 5 枚，黄色，基部有蜜腺。聚合果球形，瘦果扁卵形，细小，表面淡棕色，平滑有短喙。花期 3—4 月，果期 5—6 月。

二、生长习性

喜温暖湿润气候及半荫蔽的环境，多野生于林缘水边及田埂旁，稍耐寒冷，地下块根露地能越冬。对土壤要求不严，但以土层深厚肥沃、排水良好的沙质壤土为宜。

种子发芽率较低。宿根 11 月上旬发芽出苗，生长适温为 15～20 ℃，12 月至翌年 2 月旺盛生长，1 月中旬起植株陆续现蕾开花，花期延续到 3 月下旬，4 月中旬地上植株枯死，宿根在地下越夏、秋两季。

三、栽培技术

1. 选地、整地　按生长习性选好地后耕翻 20 厘米，结合耕翻每亩施入厩肥 2 000 千克，混施过磷酸钙 25 千克、饼肥 25 千克，耙细耧匀，定植前再浅耕 1 次，作成宽 1.5 米的高畦，畦间距约 30 厘米。

2. 繁殖方法　生产上以分株繁殖为主，采用育苗移栽法，亦可用种子繁殖。

（1）分株繁殖。育苗前备好苗床，一般庭院、地头或筐、盆皆可，视苗多少而定。苗床土质需肥沃疏松，将每株上的子株一个个掰下，按株行距1厘米×3厘米整齐排于苗床上，盖粪土0.5厘米厚，稍盖杂草，浇水保湿，15天后可出苗，出苗后揭去覆盖物，封冻期可移入室内或用薄膜覆盖，小苗完全出土后注意炼苗。当幼苗长出2～3枚真叶时，选阴天移栽，株行距为（25～30）厘米×10厘米，挖穴移栽，每穴1株，栽后浇水，每亩栽种2万株左右。

（2）种子繁殖。4—5月果实分批成熟，此时应分批采收果实并抖出种子，将种子立即播入苗床，当年冬天即可发芽出土。在此期间，土壤不能过于干燥，种子苗培育1年后即可移栽大田。

3. 田间管理

（1）排灌。猫爪草生长期间，土稍湿润即可，干旱应浇水，雨季注意排水。

（2）追肥。早春每亩追施人畜粪1 500千克；3月开花前根外喷磷肥1次，每亩用量5千克，加水稀释后喷雾。

（3）间套作。猫爪草在夏季有一段相当长的休眠期，5月上旬至9月底都可间套作生长期短的农作物等。

4. 病虫害防治

（1）白绢病。危害猫爪草块根和茎基部，发病部位变褐，腐烂成烂麻状，易从地表拔起，并长有白色菌丝，最后形成褐色油菜籽状的菌核。发病初期植株地上部没有明显症状，随病情加重，叶片逐渐萎蔫，直至枯死，叶片不易脱落。防治方法：与禾本科作物或不发生白绢病的作物实行5年以上的轮作；在整地时施入生石灰750千克/公顷，均匀撒于地表，然后翻耙，进行土壤消毒；发现病株及时拔除，集中烧毁，并在病穴内和附近植株周围撒石灰粉消毒；用木霉真菌防治，将病株和健株周围表土挖松，每株拌入木霉菌剂10～20克；用50%甲基硫菌灵可湿性粉剂1 000倍液浸泡种子5～10分钟，取出晾干后再栽种。

（2）白粉病。白粉病又称冬瓜粉，危害猫爪草叶片。防治方法：秋后彻底清理田间，将植株病残体清出田外，集中烧毁，可减少侵染源。

（3）根腐病。主要危害根部。罹病植株首先从须根发生腐烂，后逐渐向块根发展，死亡的植株易从土中拔起。防治方法：与禾本科作物实行3年以上的轮作；栽植前要严格挑选种苗，选择无病种苗作种栽；增施磷、钾肥，增强植株抗病能力；加强地下害虫的防治，消灭地下害虫可减轻根腐病的发生。

（4）豌豆彩潜蝇。豌豆彩潜蝇又称拱叶虫、夹叶虫、叶蛆等，它是一种多食性害虫。以幼虫潜入寄主叶片表皮下，曲折穿行，取食绿色组织，造成不规则的灰白色线状隧道。防治方法：可覆盖22目防虫网；选择施用2.4%阿维菌素等低毒安全农药，有效控制豌豆彩潜蝇的发生。

（5）蚜虫。蚜虫又称蜜虫、腻虫。发生期可布满整个植株，吸食嫩茎及叶片汁液，使嫩茎及叶片萎缩卷曲，花蕾皱缩变小，甚至不能正常开花结实。防治方法：可在发生期用吡虫啉等内吸性药剂喷雾防治。

（6）蛴螬。蛴螬是一种杂食性害虫，主要危害猫爪草须根和块根，造成地上部枯黄，严重影响产量。4月中旬进入危害盛期。

四、采收与加工

猫爪草生长1年以上可以采挖，采挖时去须根、茎叶，洗净晒干即成商品。

黄 芩

黄芩为唇形科植物黄芩（*Scutellaria baicalensis* Georgi）的干燥根，又名空心草、黄金茶、山茶根。具清热解毒、燥湿、止血之功能。主产于我国西北、东北各地区，山西、河南、山东等地有栽培。

一、形态特征

多年生草本，株高20～80厘米。主根粗壮，略呈圆锥形，外皮褐色，断面鲜黄色。茎方形，基部木质化。叶交互对生，具短柄；叶片披针形，全缘，上面深绿色，光滑或被短毛，下面淡绿色有腺点。总状花序顶生，花排列紧密，偏生于花序的一边；具叶状苞片；萼钟形，先端5裂；花冠唇形，蓝紫色；雄蕊4枚，二强雄蕊；雌蕊1枚，子房4深裂，花柱基底着生。小坚果 4 粒，三棱状椭圆形，黑褐色，表面粗糙，无毛，着生于宿存花萼中。花期 6—8 月，果期 7—10 月。

二、生长习性

野生黄芩多见于干旱的向阳山坡、林缘和稀疏的草丛中，喜阳光充足的温和气候，耐旱，耐寒，忌积水。

种子容易发芽，发芽率一般在 80% 左右，发芽适温为 20 ℃ 左右。种子寿命为 2～3 年。

三、栽培技术

1. 选地、整地　黄芩对土壤要求不严，但宜选土层深厚、排水良好、肥沃疏松的沙质土壤。每亩施农家肥 2 000～3 000 千克，配施过磷酸钙 50 千克作基肥，然后深耕细耙，作成宽 1.3 米的畦。

2. 繁殖方法　主要用种子繁殖，也可用扦插繁殖和分根繁殖。

（1）种子繁殖。一般于 3—4 月采用条播或直播。播前要催芽，于播种前将种子用 40～50 ℃ 的温水浸泡 5～6 小时，捞出置于 20～30 ℃ 的条件下保温保湿催芽，待大部分种子裂口时即可播种。播种时按行距 40 厘米开浅沟播种，覆土 3～4 厘米，稍加镇压，喷水。每亩用种 1 千克。为加快出苗，可加盖地膜，一般播后 10～15 天即可出苗。

（2）扦插繁殖。选择成年植株，在开花前剪下部分枝条，截成具 2～3 个节的小段，用 0.05 毫升/升 ABT 5 号生根粉处理 2 小时，然后扦插于大田，立即浇水。株行距同种子繁殖。

（3）分根繁殖。春季收刨黄芩时，收获的新鲜黄芩剪下下部 2/3 的根晒干入药，上部有芽的根茎按其自然分权分成 3～4 小株，用 0.05 毫升/升 ABT 5 号生根粉处理 2 小时，按种子繁殖的株行距栽于大田，当年就可收获。

3. 田间管理

（1）定苗、补苗。直播者出苗后苗高 5～6 厘米时，按株距 12～15 厘米定苗。如发现缺株应及时补苗，补苗时应带土移栽，栽后浇水，以利成活。

（2）中耕除草。当年的黄芩植株矮小，应经常除草，并适当松土。分根繁殖者结合除草还应适当培土。

（3）追肥。6—7月为幼苗生长发育旺盛期，可根据苗情适当追肥，一般每亩追施尿素25千克和过磷酸钙10千克。二年生植株6—7月开花前，如计划采收种子，应适当多追肥，以促进种子饱满。

（4）排灌。黄芩耐旱，且轻微干旱有利于根下伸，但干旱严重时，需浇水或喷水，忌高温灌水。雨后应及时排除积水。

（5）打顶。对不采种的田块，应在开花前将花梗剪掉，以促进根部生长。

4. 病虫害防治

（1）叶枯病。高温多雨时易发，危害叶片。防治方法：秋后清洁田园；发病初期用1：1：120波尔多液喷雾。

（2）根腐病。二年生以上的成株易发，危害根部。防治方法：忌积水；轮作；用石灰水浇灌病穴。

（3）灰霉病。黄芩灰霉病分为普通型和茎基腐型两类，以茎基腐型危害更大。普通型主要危害黄芩地上嫩叶、嫩茎、花和嫩荚，一般5月中、下旬开始发病，6月上、中旬及8月下旬至9月中旬为发病高峰期。茎基腐型主要是二年生以上黄芩发生，一般在黄芩返青生长后开始发病，5月中、下旬进入发病高峰期，主要危害黄芩地面上下10厘米左右茎基部，并在病部产生大量的灰色霉层，茎叶随即枯死。防治方法：生长期间适时中耕除草，降低田间湿度；晚秋及时清除越冬枯枝落叶，消灭越冬病原菌。

（4）白粉病。主要侵染叶片，田间湿度大时易发病。防治方法：加强田间管理，注意田间通风透光，防止氮肥过多或脱肥早衰；发病期喷施10％苯醚甲环唑水分散粒剂防治，每7～10天喷1次，连续2～3次。

（5）黄芩舞蛾。重要害虫，以幼虫危害叶片。防治方法：清洁田园；发生期用90％敌百虫喷雾防治。

（6）菟丝子。能在地里大面积蔓延。防治方法：可将菟丝子茎全部拔掉，深埋或集中烧毁。

四、采收与加工

直播和扦插者种植2～3年才能收获，而分根繁殖者当年就能收获。一般于秋后茎叶枯黄时，选晴天将根挖出，去掉附着的茎叶，抖落泥土，晒至半干，撞去外皮，然后迅速晒干或烘干。其间如暴晒过度而发红，或遭雨淋而变黑，均严重影响质量。产品以坚实无孔洞、内部呈鲜黄色者为佳。

五、留种技术

黄芩不管是用种子繁殖还是无性繁殖，当年均可开花结实，但以二至三年生植株所产种子质量好。种子一般于 8 月开始成熟，但成熟期不一致，所以应分期分批采收。采收时可用手捋，也可将整个花序剪下后晾干或晒干，然后脱粒，清选，置布袋中于阴凉干燥处贮藏。

黄　芪

黄芪为豆科植物蒙古黄芪［*Astragalus membranaceus* var. *mongholicus* (Bunge) P. K. Hsiao］的干燥根。具补气固表、利尿排毒、排脓生肌之功能。主产于东北、华北地区，我国长江以北大部分地区有栽培。

一、形态特征

多年生草本，株高 50～80 厘米。主根深长，棒状，稍带木质，浅棕黄色。茎直立，上部多分枝。奇数羽状复叶互生；小叶 6～13 对，小叶片椭圆形或长卵圆形，先端钝尖，截形或具短尖头，全缘，下面被白色长柔毛；托叶披针形或三角形。总状花序腋生，小花梗被黑色硬毛；花萼钟形，萼齿 5 枚；花冠蝶形，淡黄色；雄蕊 10 枚，二体（9＋1）雄蕊；子房被疏柔毛。荚果膜质膨胀，半卵圆形，先端尖刺状。种子 5～6 粒，肾形，黑色。花期 5—6 月，果期 7—8 月。

二、生长习性

黄芪喜凉爽气候，耐旱，耐寒，怕热，怕涝。幼苗细弱，忌强光。适宜在土层深厚、富含腐殖质、透水力强的中性和微碱性沙质壤土上生长。

种子容易发芽，发芽适温为 15～30 ℃的变温，用沙子或砂纸擦破种皮能大大提高种子发芽率。种子寿命为 1 年。

三、栽培技术

1. 选地、整地 黄芪为深根性植物，故应选土层深厚疏松、排水良好的沙质壤土种植，不宜在黏土地、涝洼积水地和盐碱地种植。选阳光充足地块于秋作收后深翻 25～30 厘米，每亩施入农家肥 3 000～4 000千克、过磷酸钙 30～40 千克作基肥，耕翻后耙细整平，作成行距为40～45 厘米的小高垄，垄高 15～20 厘米。排水好的地方也可作成宽1.2～1.5 米的宽畦。

2. 繁殖方法 用种子繁殖。种子表皮坚硬，吸水能力差，播种前可用沙子或砂纸擦破种皮，或用 50 ℃温水浸种 6～12 小时，能提高发芽率。采用春播或冬播，冬播在 11 月封冻前，春播在 3 月至 4 月初。播时在整好的垄上开深 3～4 厘米的沟，或在畦上按行距 30～40 厘米开沟，播后覆土 2.0～2.5 厘米，稍加镇压，干旱时浇水，经常保持土壤湿润。每亩用种 3 千克左右。秋播者第 2 年春出苗，春播者播后 10～15天出苗。

3. 田间管理

（1）间苗、定苗。苗高 4～5 厘米时进行间苗和补苗，苗高 10 厘米时按株距 10～15 厘米定苗。结合间苗和定苗适当中耕除草。

（2）排灌。出苗前后如干旱可适当浇水，以利苗出土生长。定苗后一般不浇水，保持地面稍干，以利根向下伸长。雨季应及时排出积水。

（3）打顶、摘蕾。除留种田外，应在现蕾初期将花蕾摘除，并摘去将成为花序的顶心。

（4）追肥。如果是 2～3 年后采收，从第 2 年起，每年早春于行间沟施追肥，每亩施 1 000 千克厩肥，配施过磷酸钙 20 千克，施后覆土并浇水。

4. 病虫害防治

（1）白粉病。5 月始发，7—9 月尤重，主要危害叶片。防治方法：清洁田园，拔除病残株；发病初期用 50％硫菌灵 1 000 倍液或武夷菌素300 倍液喷雾。

（2）白绢病。被害黄芪根系腐烂殆尽或残留纤维状的木质部，极易从土中拔起，地上部枝叶发黄，植株枯萎死亡。防治方法：合理轮作，轮作的时间以间隔 3～5 年较好；可于播种前施入杀菌剂进行土壤消毒，一般要求在播种前 15 天完成，可以减少和防止病菌危害；可用 20%三唑酮乳油 2 000 倍液每隔 5～7 天浇 1 次。

（3）根结线虫病。黄芪根部被线虫侵入后，导致细胞受刺激而加速分裂，形成大小不等的瘤结状虫瘿。主根和侧根能变形成瘤。一般在 6 月上、中旬至 10 月中旬均有发生。沙性重的土壤发病严重。防治方法：忌连作；及时拔除病株；施用充分腐熟的农家肥；土壤消毒。

（4）根腐病。常于 5 月下旬至 6 月初开始发病，7 月以后发病严重，常导致植株成片枯死。防治方法：整地时进行土壤消毒，山林地栽培时应尽量清除土壤中的残留树根，不用林间土渣肥作基肥；与非寄主植物轮作；及时排水，忌积水；对带病种苗进行消毒后再播种；发现病株立即清除销毁；用石灰水 100 倍液灌根。

（5）锈病。发病初期叶面有黄色的病斑，后期布满全叶，最后叶片枯死。一般北方地区于 4 月下旬发生，7—8 月为盛发期。防治方法：实行轮作，合理密植；彻底清除田间病残体，及时喷洒硫制剂；注意开沟排水，降低田间湿度，减少病菌危害；选择排水良好、向阳、土层深厚的沙壤土种植。

（6）籽蜂。青果期以幼虫取食种肉。防治方法：对种子进行处理，淘汰虫籽；发生期，尤其是青果期喷施杀虫剂。

（7）芫菁。危害叶、嫩茎、花和嫩荚。防治方法：用触杀剂防治。

四、采取与加工

播种后 1～7 年均可采收，但一般播后 1～2 年收获。9—11 月或春天越冬芽萌动前都可起挖。采挖时先将地上部割掉，深挖 60～70 厘米，将根挖出，除去泥土，剪掉芦头，晒至 7～8 成干时，剪去侧根及须根，分级捆成小捆再晒至全干。

五、留种技术

秋季收获时，选植株健壮、主根肥大粗长、侧根小、当年不开花的根留作种栽，芦头下留 10 厘米长的根。留种田宜选排水良好、阳光充足的肥沃地块，施足基肥，按行距 40 厘米开深 20 厘米的沟，按株距 25 厘米将种根垂直排放于沟内，芽头向上，覆土盖住芦头顶 1 厘米厚，压实，顺沟浇水，再覆土 10 厘米左右，以利防寒保墒，早春解冻后扒去防寒土。随着植株的生长，结合松土进行护根培土，以防倒伏。7—8月待种子变褐色时及时摘下蓇葖果，晒干脱粒，去除杂质，置通风干燥处贮藏。留种田如加强管理，可连续采种 5～6 年。

黄 连

黄连为毛茛科植物黄连（*Coptis chinensis* Franch.）、三角叶黄连（*C. deltoidea* C. Y. Cheng et Hsiao）和云南黄连（*C. teeta* Wall.）的干燥根茎。具泻火解毒、清热燥湿等功效。黄连又名味连、川连、鸡爪黄连，主产于四川，湖北、湖南、陕西、甘肃等亦有栽培。三角叶黄连又名雅连、家连，主产于四川。云南黄连主产于云南，西藏亦产，多系野生，现有人工栽培。

一、形态特征

黄连为多年生常绿草本，株高 20～30 厘米。根茎粗短，黄色，向上多分枝，密生须根。叶全部基生，叶柄细长，长于叶片，挺直，有沟槽；叶片坚纸质，3 全裂，中央裂片有细柄，卵状菱形，羽状深裂，边缘有锐锯齿，侧生裂片不等，2 深裂。花茎 1～2 个，由根茎顶端混合芽中抽出，顶生聚伞花序，每序具 5～9 朵花；苞片披针形，羽状深裂，萼片 5～6 枚，花瓣 9～12 枚，中央有蜜槽；雄蕊 14～23 枚；雌蕊 8～16 枚，心皮离生。蓇葖果，6～12 个，具柄，紫色。种子 7～8 粒，长椭圆形，褐色。花期 2—4 月，果期 3—6 月。

三角叶黄连与黄连相似，但本种叶的一回裂片的深裂片彼此邻接，蓇葖果多为 7～8 个，无种子。云南黄连根茎较细，叶片上羽状深裂片间常更稀疏。

二、生长习性

黄连喜高寒冷凉环境，喜阴湿，忌强光直射和高温干燥。野生种多见于海拔 1 200～1 800 米的高山区，栽培时宜选海拔 1 400～1 700 米的地区。植株正常生长的温度范围为 8～34℃。黄连生长期较长，播种后

6～7 年才能形成商品，栽后 3～4 年根茎生长较快，第 5 年生长减慢，6～7 年后生长衰退，根茎易腐烂。

种子有胚后熟休眠特性，经 3～5 ℃的低温湿沙贮藏 5～6 个月即可解除休眠，发芽率可达 90% 左右。种子寿命受贮藏条件的影响很大，干藏和常温湿沙贮藏均不易保持种子较长寿命。一般在−2～0 ℃和一定的湿度条件下才能保持种子的多年生命力。

三、栽培技术

1. 选地、整地　黄连对土壤要求较严，以土层深厚、肥沃、疏松、排水良好、富含腐殖质的壤土和沙壤土为好。土壤 pH 5.5～7.0 为宜。忌连作。早晚有斜射光照的半阴半阳的缓坡地最为适宜，但坡度不宜超过 30°。传统多用搭棚栽连，现多利用林间栽连或同其他作物套作。林间栽连时，宜选用荫蔽度较好的矮生常绿林或落叶阔叶混交林、常绿针阔叶混交林为好，不宜选用高大乔木。整地前进行熏土，方法是选晴天将土表 7～10 厘米的腐殖土翻起，捡净树根、石块，待腐殖土晒干后，收集枯枝落叶和杂草进行熏土。此法有利于提高土壤肥力，减少病虫害和杂草。熏土后耕翻 15 厘米，捡净树根等杂物，每亩施入农家肥 4 000 千克左右作基肥，耙匀整平，作成宽 1.5 米、高 30 厘米的畦，畦沟宽 50 厘米。畦面略呈弓形。

2. 繁殖方法　用种子繁殖，育苗移栽。

（1）育苗。于 10—11 月用经贮藏的种子播种，因种子细小，可将种子与种子质量 20～30 倍的细土拌匀后撒播于畦面，播后不盖土，盖 0.5～1.0 厘米的干细腐熟牛马粪。冬季干旱时，还需盖一层草保湿。翌春化雪后，及时将覆盖物去除，以利出苗。每亩用种量为 2～3 千克。

（2）移栽。幼苗在播后第 3 年移栽。可在 2—3 月、6 月或 9—10 月 3 个时期进行，尤以 6 月移栽最好，但低海拔地区宜在 2—3 月或 9—10 月移栽。移栽宜在阴天或雨后晴天进行，取生长健壮、具 4 枚以上真叶幼苗，连根挖起，剪去部分须根，留 2～3 厘米长，按株行距各 10 厘米栽植，深度视移栽季节和苗大小而定，春栽或苗小可栽浅些，秋栽或苗大可稍深些，一般为 3～5 厘米，地面留 3～4 枚大叶即可。通常上午挖苗下午栽种，如起挖的苗当天未栽完，应摊放阴湿处，第 2 天栽前应浸湿再栽。如移栽时用 0.05～0.10 毫升/升的 ABT 生根粉浸根 10 分钟，可明显提高黄连苗移栽成活率，促进其生长发育。

3. 田间管理

（1）苗期管理。播种后翌春 3—4 月出苗，出苗前应及时除去覆盖物。当苗具 1～2 枚真叶时，按株距 1 厘米左右间苗，6—7 月可在畦面撒一层约 1 厘米厚的细腐殖土，以稳苗根。荫棚应在出苗前搭好，一畦一棚，棚高 50～70 厘米，荫蔽度控制在 80％左右，如采用林间育苗，必须于播种前调整好荫蔽度。

（2）补苗。黄连苗移栽后常有死苗，一般 6 月移栽的在秋季补苗，秋植者于翌春解冻后补苗。

（3）中耕除草。育苗地杂草较多，每年至少除草 3～5 次，移栽后每年 2～3 次，如土壤板结，宜浅松表土。

（4）追肥、培土。育苗地在间苗后，每亩施稀粪水 2 000 千克；8—9 月再撒施干牛粪 200 千克；翌春化雪后，再施入以上肥种，但量可适当增加；移栽后 2—3 月施 1 次稀粪水，9—10 月和以后每年 3—4 月及 9—10 月各施肥 1 次。春肥以速效肥为主，秋肥以农家肥为主，每次每亩施 2 000 千克左右，施肥量可逐年增加。施肥后应及时用细腐殖土培土。

（5）调节荫蔽度。不管是荫棚还是林间，都应注意调节适宜光照条件，以利黄连正常发育。一般移栽当年荫蔽度为 70％～80％为宜，以后每年减少 10％左右，至收获的那年，可于 6 月拆去全部棚盖物和间作树枝叶，以增加光照，抑制地上部生长，增加根茎产量。

4. 病虫害防治

（1）白粉病。5 月下旬始发，7—8 月危害严重，主要危害叶部。防治方法：适当增加光照，并注意排水；发病初期将病叶集中烧毁。

（2）炭疽病。5 月初始发，危害叶片，严重时致使全株枯死。防治方法：冬季注意清洁田园；用 1∶1∶（100～150）波尔多液喷雾。

（3）白绢病。6 月始发，7—8 月危害严重，危害全株。防治方法：拔除并烧毁病株，用石灰粉处理病穴。

（4）蛞蝓。3—11 月发生，咬食嫩叶，雨天危害严重。防治方法：用蔬菜毒饵诱杀；清晨撒石灰粉。

四、采收与加工

黄连一般在移栽后 5 年收获，宜在 11 月上旬至降雪前采挖。采收时选晴天，挖起全株，抖去泥土，剪下须根和叶片，即得鲜根茎，俗称毛团。鲜根茎不用水洗，应直接干燥，干燥方法多采用炕干，注意火力不能过大，要勤翻动，炕干到易折断时，趁热放到笼里撞去泥沙及须根及残余叶柄，即得干燥根茎。须根、叶片经干燥去泥沙及杂质后，亦可入药。残留叶柄及细渣筛净后可作兽药。

五、留种技术

黄连移栽后 2 年就可开花结实，但以栽后 3～4 年的植株所结种子质量为好，数量也多。一般于 5 月中旬，当蓇葖果由绿变黄绿色、种子变为黄绿色时及时采收。采种宜选晴天或阴天无雨露时进行，将果穗从茎部摘下，盛入细密容器内，置室内或阴凉地方，经 2～3 天后熟后，搓出种子。再用种子质量 2 倍的腐殖细土或细沙与种子拌匀后层积贮藏。

黄　精

黄精为百合科植物黄精（*Polygonatum sibiricum*）、多花黄精（*P. cyrtonema* Hua）或滇黄精（*P. kingianum* Coll. et Hemsl.）的干燥根茎。按药材性状不同，习称鸡头黄精、姜形黄精。黄精性平，味甘，具补脾润肺、益气养阴之功效。黄精主产于河北、内蒙古、陕西等地区。多花黄精主产于贵州、湖南、云南、安徽、浙江等地区。滇黄精主产于贵州、广西、云南等地区。

一、形态特征

黄精为多年生草本，根茎横走，肉质，淡黄色，先端有时突出似鸡头状，茎直立，高 50～90 厘米。叶轮生，每轮 4～6 枚，线状披针形，长 8～15 厘米，宽 0.4～1.6 厘米，先端卷曲。花腋生，常 2～4 朵小花，下垂，总花梗长 1～2 厘米；花被筒状，白色至淡黄色，长 0.9～1.2 厘米，先端 6 浅裂，雄蕊 6 枚，花丝较短，长 0.5～1.0 毫米，花柱长为子房的 1.5～2.0 倍。浆果球形，成熟时黑色。花期 5—6 月，果期 7—9 月。

多花黄精茎高 40～100 厘米。叶互生，椭圆形、卵状披针形至长圆状披针形，叶脉 3～5 条。花梗着生花 2～7（～14）朵、在总花梗上排列成伞形；花被黄绿色，长 1.8～2.5 厘米；花丝有小乳突或微毛，顶端膨大至具囊状突起。

滇黄精茎高 1～3 米，顶端常作缠绕状。叶轮生，每轮 4～8 枚，叶线形至线状披针形，长 6～20 厘米，宽 0.3～3.0 厘米，先端渐尖并攀卷。花梗着生花 2～3 朵，不成伞形；花被粉红色，长 1.8～2.5 厘米。浆果成熟时红色。

二、生长习性

黄精野生于阴湿的山地灌木丛及林边草丛中，耐寒，幼苗能在田间越冬，但不宜在干燥地区生长。

种子发芽时间较长，发芽率在 60%～70%，种子寿命为 2 年。

三、栽培技术

1. 选地、整地　选择湿润和有充分荫蔽的地块，土壤以质地疏松、保水力好的壤土或沙壤土为宜。播种前先深翻一遍，结合整地每亩施农家肥 2 000 千克，翻入土中作基肥，然后把细整平，作宽 1.2 米的畦。

2. 繁殖方式

（1）根状茎繁殖。于晚秋或早春（3 月下旬前后）选一至二年生健壮、无病虫害的植株根茎，选取先端幼嫩部分截成数段，每段有 3 或 4 节，伤口稍晾干，按行距 22～24 厘米、株距 10～16 厘米，沟深 5 厘米栽种，覆土后稍加镇压并浇水，以后每隔 3～5 天浇水 1 次，使土壤保持湿润。秋末种植时，应在上冻后盖一些圈肥和草保暖。

（2）种子繁殖。8 月种子成熟后选取成熟饱满的种子立即进行沙藏处理，种子 1 份、沙土 3 份混合均匀。存于背阴处 30 厘米深的坑内，保持湿润。待第 2 年 3 月下旬筛出种子，按行距 12～15 厘米均匀撒播到畦面的浅沟内，盖土约 1.5 厘米，稍压后浇水，并盖一层草保湿。出苗前去掉盖草，苗高 6～9 厘米时，过密处可适当间苗，1 年后移栽。

为满足黄精生长所需的荫蔽条件，可在畦埂上种植玉米。

3. 田间管理 生长前期要经常中耕除草，每年于 4、6、9、11 月各进行 1 次，宜浅锄并适当培土；后期拔草即可。若遇干旱或种在较向阳、干旱的地方，需要及时浇水。每年结合中耕除草进行追肥，前 3 次中耕后每亩施用土杂肥 1 500 千克、过磷酸钙 50 千克、饼肥 50 千克，混合拌匀后于行间开沟施入，施后覆土盖肥。黄精忌水和喜荫蔽，应注意排水和间作玉米。

4. 病虫害防治

（1）黑斑病。多于春、夏、秋发生，危害叶片。防治方法：收获时清园，消灭病残体；前期喷施 1∶1∶100 波尔多液，每 7 天 1 次，连续3 次。

（2）蛴螬。以幼虫危害，危害根部，咬断幼苗或嚼食苗根，造成断苗或根部空洞，危害严重。防治方法：用毒饵诱杀等。

四、采收与加工

一般春、秋两季采收，以秋季采收质量好。栽培 3～4 年秋季地上部枯萎后采收，挖取根茎，除去地上部分及须根，洗去泥土，置蒸笼内蒸至呈现油润时，取出晒干或烘干，或置水中煮沸后，捞出晒干或烘干。

五、留种技术

黄精可采用根茎及种子繁殖，但生产上以使用根茎繁殖为佳，于晚秋或早春（3 月下旬前后）选取健壮、无病的植株，挖取地下根茎即可作为繁殖材料，直接种植。

紫　草

紫草为紫草科植物新疆紫草 ［*Arnebia euchroma*（Royle）Johnst.］或紫草（*Lithospermum erythrorhizon* Sieb. et Zucc.）的干燥根，前者习称软紫草，后者称硬紫草，性寒、味苦，具清热凉血、化斑解毒之功效。软紫草主产于新疆、西藏等地。硬紫草主产于黑龙江、吉林、辽宁、河北、河南等地。

一、形态特征

新疆紫草为多年生草本，高15～35厘米，全株被白色粗糙短毛。根圆锥形，外表暗紫红色，茎直立、单生或从基部分成二歧。基生叶丛生，叶上部线状披针形，茎上部叶互生，较基生叶短，全缘或波状全缘。聚伞花序密集于茎顶，近头状，苞片线状披针形，具硬毛，花萼短筒状，5深裂，花冠长筒状，淡紫色或紫色，雄蕊5枚，子房4深裂。小坚果骨质。花期6—7月，果期8—9月。

紫草与新疆紫草的区别在于花冠白色、基部无丛生叶。

二、生长习性

紫草为广布种，喜凉爽湿润气候，耐寒，怕高温，多生于山地草丛和干燥的石质山坡、山谷及灌木林下，对土壤要求不甚严格，但以腐殖质较多的壤土或沙壤土为好。地上部秋末冬初干枯，翌春从根茎上发芽，植株寿命约15年。新疆紫草具耐寒、耐旱、抗瘠薄特点，分布区年平均气温多在0℃以下，阳坡上植株生长较好。

紫草种子有休眠特性，但在−1℃的温度条件下24小时就能解除休眠。发芽适温为13～17℃，发芽率可达80%以上。贮藏期间种子发芽率逐渐下降，寿命为1～2年。

三、栽培技术

1. 选地、整地 选土质疏松、排水良好的地块，耕翻前拣尽石块、杂木，或于冬前放火烧杂草熏土。初春播种前深翻30厘米，结合整地每亩施腐熟堆肥2 000千克，整细耙平，作成宽1.0～1.5米的高畦。为防积水，畦面多做成龟背状。

2. 繁殖方法 用种子繁殖。一般多春播，于4月上旬进行，先用水淋湿苗床，待水下渗后，撒播种子，播后用筛子筛细土覆盖，保持苗床湿润，2～3周出苗。苗高6～10厘米时按株行距15厘米×25厘米移栽，也可按株行距15厘米×30厘米穴播，或按行距30厘米开浅沟条播，播后稍镇压。

3. 田间管理

（1）中耕除草。春季幼苗出土后要松土除草，雨后松土保墒，保持土质疏松、地内无杂草。

（2）间苗、补苗。苗高 6 厘米左右时可适当间苗、补苗。

（3）排灌。生长期干旱时要及时浇水。雨季注意排涝，否则易烂根。

（4）施肥。于 7—8 月追肥，每亩用土杂肥 2 000 千克、过磷酸钙25 千克，混匀在株旁开沟施入。

4. 病虫害防治　紫草病虫害不常见，偶见苗期有小地老虎及金针虫等危害，但影响不大，可用常规方法防治。

四、采收与加工

一般栽后 2 年即可收获，霜降前后或第 2 年苗尚未出土时挖取根部，挖时可在一侧开深沟，待根露出后采挖，防止弄伤弄断。挖出后去掉地上残茎，置阳光下晒干或微火烘干，忌用水洗。以身干粗大、紫色者为佳。

紫　菀

> 紫菀为菊科植物紫菀（*Aster tataricus* L. f.）的干燥根和根状茎，又名小辫子、青菀等。具润肺下气、化痰止咳之功能。主产于河北、安徽，东北、山西、陕西、江苏等地亦产。

一、形态特征

多年生草本，株高 30～150 厘米。根状茎粗短呈疙瘩状，密生多数须根，外皮灰红色或紫红色。茎直立单生，上部多分枝，被糙毛。基部叶丛生，有长柄；茎生叶互生，几无柄；叶片椭圆状匙形或长椭圆形，边缘有不规则粗锯齿，两面疏生小刚毛，基部楔形下延。头状花序多数，排列成复伞房状，花序梗长，有刚毛，总苞片 3 层，边缘膜质，紫红色。花托边缘为舌状花，蓝紫色，先端 3 齿裂，雌花，花柱 1 个，柱头 2 叉；中央为管状花，黄色，先端 5 齿裂，两性花，雄蕊 5 枚，聚药雄蕊，子房下位，柱头 2 叉。瘦果扁平，上部被短毛，冠毛白色。花期

7—9月，果期9—10月。

二、生长习性

紫菀喜温暖湿润环境，耐寒，较耐涝，怕旱。喜肥，对土壤条件要求不严，除盐碱地和干旱沙土外均能生长，但以富含腐殖质的壤土及沙质壤土为佳。

三、栽培技术

1. 选地、整地 紫菀喜肥，故宜选疏松肥沃的壤土或沙质壤土种植为佳，排水不良的洼地和黏重土壤不宜栽培。每亩施农家肥4 000千克，深翻耙平，作成宽1.3米的平畦。

2. 繁殖方法 用根状茎繁殖。于12月至翌年1月栽种，栽前选用粗壮、紫红色、节间短、具芽的根状茎作种栽，并截成4~6厘米的小段，每段应有2~3个芽。按行距25~30厘米开6~8厘米深的沟，按株距15~20厘米放入根状茎段1~2段，覆土稍镇压，浇水。每亩用根状茎15~20千克。

3. 田间管理

(1) 中耕除草。苗出齐后应及时中耕除草，初期宜浅锄，夏季封行后只宜用手拔草。

(2) 灌排。苗期需适量浇水，6月后需要大量浇水，雨季注意排除积水。

(3) 追肥。一般要进行2次，第1次在6月，第2次在7月上、中旬，每次每亩沟施人畜粪水2 000千克，并配施10~15千克过磷酸钙。

此外，6—7月开花前应将花薹打掉，以促进地下部生长。

4. 病虫害防治

(1) 叶枯病。夏季多发，尤以高温多湿季节发病严重，主要危害叶片。防治方法：轮作；发病前和发病初期用1:1:120波尔多液或多抗霉素200倍液喷雾。

(2) 立枯病。4—6月发病。发病初期茎基部产生褐色斑点，发病严重时，病斑扩大呈棕褐色，茎基病部收缩、腐烂，在病部及株旁表土可见白色蛛丝状菌丝，最后苗倒伏枯死。防治方法：选地势高燥、排水良好的地块种植；用饱满、无病虫害的种子；发病前喷1:1:100波尔多液，每隔 10～14 天喷 1 次。

（3）白粉病。6—10 月发生，主要危害叶片、叶柄。发病初期叶片正反面产生白色圆形粉状斑点，以后逐渐扩展为边缘不明显的连片白斑，上面布满粉状霉菌，是病菌的菌丝体。病害一般由下部叶片向上部发展。病菌在病株残体和土中越冬。越冬后的子囊壳放出子囊孢子，或由菌丝产生分生孢子，条件适宜时即侵入寄主，造成初次侵染。防治方法：收获后清除田间枯枝落叶和残叶；喷施石硫合剂防治。

（4）根腐病。在 6—10 月发生，主要危害植株茎基部和芦头部分。发病初期根及根茎部分变褐腐烂，叶柄基部产生褐色梭形病斑，叶片逐渐枯死，根茎腐烂。防治方法：在无病田留种；降低田间湿度。

（5）红粉病。6—10 月发生，危害叶片。防治方法：同叶枯病。

（6）虫害。主要有地老虎、蛴螬、蝼蛄等地下害虫危害。防治方法：参见人参。

四、采收与加工

栽种当年 10 月下旬叶片由绿变黄至翌春萌动前收获。先割去茎叶，将根刨出，去净泥土，晒干，或切成段后晒干。

葛　　根

葛根为豆科植物葛 ［*Pueraria montana* （Loureiro）Merrill］ 的干燥根，别名甜葛、干葛、野葛。性平，味甘、辛，具解肌退热、生津止渴、透发斑疹等作用，主治感冒发热、疹出不透及肠胃炎、高血压等症。其花性平、味甘，有解酒止渴之功效。有些地区也以粉葛（*P. montana* var. *thomsonii*）的根入药，主产于湖南、河南、广东、浙江、四川等地。

一、形态特征

藤本植物，茎长可达 10 米，全株被黄褐色长硬毛。植株根部肥大，圆柱状，粉性强。茎基粗大、多分枝。三出复叶，具长柄，叶片宽卵形，基部圆形或斜形，先端渐尖，托叶盾形。总状花序腋生或顶生，花密，蝶形花紫红色，花筒内外有黄色柔毛。荚果条形，长 5～10 厘米。种子卵形，红褐色，扁平，光滑。花期 4—8 月，果期 8—10 月。

二、生长习性

葛适应性强，野生种多分布在向阳湿润的山坡、林地、路旁，喜温暖潮湿的环境，有一定的耐寒、耐旱能力。对土壤要求不甚严格，但以疏松肥沃、排水良好的壤土或沙壤土为好。

种子容易萌发，发芽适温在 20 ℃左右，15～30 ℃均可发芽，一般播后 4 天即可发芽，贮藏年限 1～2 年，生产周期 2～3 年。

三、栽培技术

1. 选地、整地 选择排水良好的地块，冬前深翻 30 厘米，结合耕翻每亩施农家肥 2 000～3 000 千克，均匀翻入土。翌年春可再次浅翻，打碎土块，耙细耙匀整平，作成宽 1.0～1.2 米的畦备用，畦间开沟约 30 厘米。

2. 繁殖方法 生产上主要用种子繁殖和扦插繁殖，也有用根头繁殖和压条繁殖等。

（1）种子繁殖。春季清明节前后，将种子在 40 ℃温水中浸泡 1～2 天，并常搅动，取出晾干水后，在整好的畦中部开穴播种，穴深 3 厘米，株距 35～40 厘米，每穴播种子 4～6 粒，播后平穴，浇水，10 天左右出苗。

（2）扦插繁殖。秋季采挖葛根时，选留健壮藤茎，截去头尾，选中间部分剪成 25～30 厘米的插条，每个插条有 3～4 个节，放在阴凉处拌湿沙假植，注意保持通气，防止腐烂。第 2 年清明节前后，在畦上开穴扦插，插前可蘸生根剂以易于成活，穴深 30～40 厘米，每穴扦插 3～4 根，保留 1 个节位露出畦面，插后踏实，浇水。

生产上如采用根头繁殖，宜随采随栽植。

3. 田间管理

（1）中耕除草。野葛生长较快，早春发芽前除 1 次草，晚秋落叶后再除 1 次草即可，生长期一般不需常除草。

（2）追肥。可结合中耕除草进行。返青后施 1 次返青肥，以腐熟人粪水为主，每亩施入 1 000 千克，可适当配施尿素；落叶后施 1 次越冬肥，以农家肥为主。每年生长盛期可结合浇水施少量钾肥，有促进根生长作用。

（3）搭架。葛栽培须搭架，可在两行之间每隔 2～3 米立 1 根木柱，柱间用铁丝连接，畦与畦间绑上竹竿或铁丝以利攀缘，当苗高 30 厘米时即可引蔓上架。

（4）修剪。生长期应控制茎藤生长，摘去顶芽，以减少养分消耗，并要合理调整株型，以利充分利用阳光，还应及时剪除枯藤、病残枝。

4. 病虫害防治　葛病害不多，生长期主要有蟋蟀、金龟子等害虫危害茎叶。防治方法：用毒饵诱杀或人工捕杀等。

四、采收与加工

栽培的野葛 2～3 年即可采挖，秋末冬初或初春萌发前采挖。挖时把全部根挖出，去掉茎蔓、须根，刮去粗皮，截成 10 厘米左右的小段，再纵切为约 5 厘米厚片条，随切随炕干或用 2% 石灰水浸后晒干。以色白、粉多、无霉变者为佳。

藁　　本

藁本为伞形科植物辽藁本（*Ligusticum jeholense*）及藁本（*L. sinense* Oliv.）的干燥根及根茎，别名香藁本。有祛风、散寒、止痛、燥湿等效用，主产于吉林、辽宁、河北、山东、山西等省。

一、形态特征

辽藁本为多年生草本，高 20～60 厘米。根茎粗短，呈多数不规则块状，主根不明显，外皮黑褐色，具浓烈香气。茎直立，常带紫色。基生叶具长柄，抱茎，茎生叶互生，基部抱茎，叶一至二回三出羽状全裂，边缘有齿状缺刻。复伞花序顶生，花瓣白色，5 枚，雄蕊 5 枚。双悬果椭圆形或扁卵形，表面有纵棱。花期 6—7 月，果期 7—8 月。

藁本外形与辽藁本极相似，叶二至三回三出羽状全裂，果枝具狭翅，花期 8—9 月，果期 9—10 月。

二、生长习性

藁本喜凉爽湿润气候，多野生于山坡、林缘及半阴半阳且排水良好的地块，耐寒，忌高温，怕涝。对土壤要求不甚严格，但以疏松肥沃、排水良好的沙质壤土为好，黏土或干燥瘠薄地不宜种植。忌连作。

种子在 15～30℃ 均可萌发，但以 20℃ 最好，发芽率可达80％以上。种子寿命为 1 年，故隔年种子不能用。

三、栽培技术

1. 选地、整地　据其生长习性选适宜地块，耕翻 20 厘米，结合耕翻每亩施入圈肥或土杂肥 2 000 千克，整细耙平作成宽1 米左右的平畦，畦间挖好排水沟。

2. 繁殖方法　用种子或根芽繁殖，生产上以根芽繁殖为主。

（1）种子繁殖。春播在 4 月上、中旬，冬播在封冻前。按行距 20 厘米开 2 厘米深的沟，选饱满种子均匀撒于沟内，覆土稍镇压，浇水。秋播一般当年不出苗。每亩用种 1～2 千克。

（2）根芽繁殖。于早春萌发前或晚秋地上部枯萎后将根刨出，按大小分株，一般每墩可分 3～4 株，分好后按株行距 15 厘米×10 厘米开 10 厘米左右深的穴，每穴栽 1～2 株，栽后覆土压实，浇水。春栽覆土至根茎上 2～3 厘米，秋栽以 4～5 厘米为宜。春栽 10～15 天出苗，秋栽翌年春发芽。

3. 田间管理

（1）排灌、除草。苗期注意及时浇水，并除草松土。雨季注意排水、防涝。

（2）间苗、定苗。苗高 3～4 厘米时可适当间苗、补苗，待苗高7～8 厘米时定苗。

（3）施肥、间作。早春返青后可适当施入土杂肥，每亩施 1 500 千克，开沟施入，或施 10 千克尿素，结合浇水施入；8 月上旬生长盛期可施腐熟圈肥或厩肥 2 000 千克，配施 15 千克过磷酸钙。为增加经济收入，可于沟间适当间作玉米，还可遮阴、保湿。

4. 病虫害防治

（1）白粉病。夏、秋多发，危害叶片。防治方法：清洁田园，烧毁病株。

（2）虫害。主要有红蜘蛛等，可参照其他药材防治方法。

四、采收与加工

种子繁殖者 2～3 年可收获，根芽繁殖者 2 年可收获，管理好 1 年也可收获。于秋后地上部枯萎或早春萌芽前采收，刨出根茎，剔除残叶，抖净泥土，晒干即可药用，以身干、无杂质、香气浓者为佳。

魔　芋

魔芋为天南星科植物花魔芋（*Amorphophallus konjac* K. Koch）的干燥块茎，别名花杆南星、鬼芋等，具消肿散结、解毒止痛之功效。主产于四川、贵州、陕西、甘肃、福建等省，我国长江中下游地区均可栽培。

一、形态特征

多年生草本，株高可达 1 米。块茎扁圆球状、肉质、红褐色，直径可达 20 厘米。叶从块茎中央抽出，直立，柄较长，青白色，叶片大，三回羽状分裂，长椭圆形，先端渐尖，与叶柄联结成翼状，全缘。花葶从块茎顶部生出，基部被数个鳞片状的叶包被，佛焰苞暗紫色，先端急尖。肉穗花序，扁平，较佛焰苞长，紫褐色，花紫红色，微臭。浆果球形，熟时黄绿色。花期 7—8，果期 9—10 月。

二、生长习性

魔芋性喜阴湿环境，生于土壤肥沃的林下、山坡及住宅旁，忌阳光，怕旱、怕涝、怕风。土壤以肥沃、疏松、土层较厚的沙质土和含腐殖质的沙壤土为好。忌连作，一般要隔 2～3 年才能再种。

种子有后熟特性，采后需沙藏约 5 个月，无性繁殖者 1～2 年可采挖，种子繁殖者 2～3 年可采挖。

三、栽培技术

1. 选地、整地　选择土层深厚、土壤湿润、排水良好、富含腐殖质的沙壤土，可选林下较阴地方种植。于冬前耕翻30厘米，整细耙平，拣去石块、杂草根，结合耕翻每亩施入饼肥50千克和3000千克腐熟厩肥或堆肥，作成宽1.3米左右的高畦，畦间开好排水沟。

2. 繁殖方法　生产上以无性繁殖为多，有的地方也采用种子繁殖。

（1）无性繁殖。4月栽种，选芋块上端口平、无病虫害的芋块作种芋，大小以220～300克/个为宜。播种前日晒1～2天后用50%多菌灵400倍液或50%甲基硫菌灵500倍液浸种15～20分钟。如种芋单个重在500克以上，可竖切成块，并保证每个种块必须有侧芽。穴播或开沟条播，株行距视种芋大小而定，如为200克/个左右的种芋，株行距为50厘米×60厘米。播种时芽头朝上，上面覆盖细土3～4厘米，再覆盖一层薄草保湿。

（2）种子繁殖。可于8月下旬将采回的种子拌沙子搓揉，去果肉，选取饱满的种子拌种子质量2～3倍的湿润河沙进行沙藏。翌年3—4月露白时取出播种，按行株距30厘米×25厘米挖穴点播。

3. 田间管理

（1）除草。魔芋返青后应用手除去杂草，除草时注意不要踩踏畦面，生长期见草就除。

（2）施肥。春季苗高20～30厘米时，要追施第1次苗肥，每亩浇人粪尿1000千克或尿素10千克；8月为块茎形成期，每亩再追施人粪尿2000千克。

（3）遮阴。魔芋喜阴湿环境，可在畦沟间套种玉米遮阴，既能防强光，又能充分利用土地，增加收益。

4. 病虫害防治

（1）软腐病。危害块茎及根状茎。防治方法：与禾谷类作物轮作，间隔2～3年；选取无病种栽。

（2）白绢病。7—9月高温高湿条件下易发，危害茎基部。防治方法：开沟排水，注意遮阴；拔除病株，立即烧毁。

（3）虫害。主要有红蜘蛛、甘薯天蛾等。防治方法：人工捕杀；幼龄期喷90%敌百虫等。

四、采收与加工

秋季待地上部分枯萎后，选晴天挖取块茎，注意不要损伤块茎，除去泥土、杂茎叶、须根，洗净，刮去外皮晾干。用不锈钢刀或竹刀将块茎切成 0.5～1.0 厘米厚的薄片，放入 1‰石灰水中漂约 10 分钟后取出摊竹席上晒干即可，阴雨天可用普通烘灶炕干。

第四章
种子及果实类中药材栽培

山 茱 萸

> 山茱萸为山茱萸科植物山茱萸（*Cornus officinalis* Sieb. et Zucc.）的干燥成熟果肉，又名萸肉、山萸肉、药枣、枣皮。具补肝益肾、涩精止汗之功能。主产于河南、浙江，安徽、四川、陕西等省有分布。

一、形态特征

落叶乔木或灌木，株高 2～8 米。树皮灰棕色，小株无毛。单叶对生，叶片卵形或长椭圆形，先端渐尖，基部圆形或阔楔形，全缘，上面疏生平贴毛，下面粉绿色，被白色毛，脉腋有黄褐色毛丛。伞形花序顶生或腋生，先于叶开放，花小；萼片 4 枚，不显著；花瓣 4 枚，黄色；雄蕊 4 枚，与花瓣互生；子房下位，通常 1 室。核果长椭圆形，成熟后红色，中果皮肉质。种子长椭圆形。花期 3—4 月，果期 4—11 月。

二、生长习性

山茱萸喜温暖湿润气候，喜阳光，较耐寒，幼树怕旱。实生苗 5～7 年开花，10～20 年进入盛果期。

种子具生理后熟特性，发芽困难，沙藏 3～4 个月可促使种子发芽。

三、栽培技术

1. 选地、整地　选择土层深厚、排水良好的微酸性或中性沙质壤土，于封冻前按株行距 2 米×3 米挖穴，穴长、宽、深均为 0.5 米，每穴施农家肥 20～25 千克，并与土混合均匀。育苗地可于封冻前每亩施农家肥 2 000 千克，结合整地翻入土中，整细耙平，作成宽 1.3 米的畦以备翌年播种。

2. 繁殖方法　用种子繁殖，也可用扦插繁殖和压条繁殖。

（1）种子繁殖。秋季将去除果肉的新鲜种子与种子质量 2～3 倍的湿沙混匀，沙藏于室外向阳处，上面盖草，经常保持湿润，至翌年 3—4 月有 30%～40% 的种子萌芽时，即可播种。采用条播，按行距 20～30 厘米开沟，沟深 3～5 厘米，播种后覆土 2～3 厘米，加盖一层草，保持畦面湿润，播种后 1 周可陆续出苗，直至第 2 年春。如肥水条件好，出苗后当年就可长到 60～100 厘米高，一般 1～2 年后植于准备好的地块。最好选阴天起苗，带土移栽，并及时浇水，以提高成活率。定植后应将基部丛生的枝条剪去，仅留主干。

（2）扦插繁殖。5 月中、下旬选带顶芽的一年生嫩枝，于 15～20 厘米处剪下，上部留 3～4 枚叶，下部切成斜口，并用 ABT 生根粉 0.05 毫升/升溶液浸泡半小时，随后插入 20～25℃ 的苗床内。10 天后即可开始生根，其间应保持较高湿度，或上部适当搭棚遮阴。加强肥水管理，入冬前或翌年早春起苗定植。

（3）压条繁殖。于秋后或春季芽萌动前，将近地面的一至二年生枝条弯曲，并在近主干处割伤皮部，将枝条埋入土中，固定压紧，枝条先端露出地面。加强肥水管理，第 2 年冬或第 3 年春即可与母株分离、移栽。

3. 田间管理

（1）苗期管理。出苗前保持土壤湿润，以防止地表干旱板结。见草就除，苗高 15 厘米时，可结合锄草追肥 1 次，并按株距 8～10 厘米间苗、定苗。入冬前浇 1 次冻水，并加盖稻草或牛马粪。

（2）定植后的管理。每年中耕除草 4～5 次，春、秋两季各追肥 1次。10 年以上大树每株施人粪尿 5～10 千克。施肥时间以 4 月中旬（幼果初期）为佳。如生长期间叶面喷施 0.4% 的磷酸二氢钾或磷酸二氢铵，可促进植株的营养生长和果实发育。

幼树高 1 米左右时，在 2 月打去顶梢，以促进侧枝生长。每年早春将幼树树基丛生枝条剪去，修剪以轻剪为主，剪除过密、过细及徒长的枝条。主干内侧的枝条可在 6 月采用环剥、摘心、扭枝等方法削弱其生长势，促使养分集中，达到早结果的目的。幼树每年培土 1～2 次，成年树可 2～3 年培土 1 次，若根部露出地表，应及时壅根。

在灌溉方便的地方，1 年应浇 3 次大水。第 1 次在春季发芽开花前，第 2 次在夏季果实灌浆期，第 3 次在入冬前。

4. 病虫害防治

（1）灰色膏药病。多发生在 20 年以上的老树树干和枝条上，通风不良的潮湿地方或树势衰老时，发病尤重。防治方法：培育实生苗，砍去有病老树；对轻度感染的树干，用刀刮去菌丝膜，涂上石灰乳或 5 波美度的石硫合剂；5—6 月发病初期用 1：1：100 波尔多液喷施。

（2）白粉病。7—8 月多发，危害叶片。防治方法：发病初期可用武夷菌素 300 倍液喷雾防治，连续喷 3～4 次。

（3）炭疽病。6—7 月始发，危害幼果。防治方法：冬季清洁田园；发病初期用 1：1：100 波尔多液喷雾；选育抗病品种。

（4）蛀果蛾。9—10 月以幼虫危害果实。

（5）木橑尺蠖。7—10 月以幼虫危害叶片。防治方法：于 7 月幼虫盛发期及时喷施 2.5% 鱼藤酮 500～600 倍液或 90% 的敌百虫 1 000 倍液或 2.5% 溴氰菊酯乳剂 5 000 倍液；早春在植株周围 1 米范围内挖土灭蛹，防止蛹羽化。

（6）大蓑蛾。6—8 月多发，以幼虫危害叶片，10～20 年的树较易发生。防治方法：人工捕杀，即于冬季落叶后，摘取挂在枝上的虫囊并杀灭；放养蓑蛾瘤姬蜂等天敌；发生期用 90% 敌百虫 800 倍液喷雾。

四、采收与加工

一般定植 4 年后开始开花结果，能连续结果 100 多年。宜在 9—10 月果实由绿变红时采收。采摘时下年花蕾已形成，故注意不要碰落花蕾及折损枝条。采收后除去枝梗和果柄，用炭火烘焙至果皮膨胀，冷却后捏去种子，再将果肉晒干或烘干即可。也可将鲜果置沸水中煮 10～15 分钟，捞出置冷水中，捏出种子。或将鲜果置蒸笼内蒸 5 分钟后捏出种子。

马 钱 子

马钱子为马钱科植物马钱子（*Strychnos nux - vomica* L.）的干燥成熟种子，又名番木鳖，具有通络止痛、散结消肿之功能。原产于印度、越南、缅甸、斯里兰卡等国。我国海南、广东、广西、云南等地有引种栽培。

一、形态特征

常绿乔木，植株高 10～13 米。树皮灰色，有皮孔，幼枝青绿色，两侧腋芽发育成相对称的枝条，顶芽则发育成变态的粗刺，光滑。单叶对生，叶片全缘，阔卵形，两面光滑无毛。聚伞花序顶生。浆果球形，表面光滑，幼时绿色，熟时橙色或棕红色。种子 3～5 粒，纽扣状，圆盘形，表面灰黄色，密被银色茸毛，一面中央凹入。花期 3—5 月，果期 5—9 月。

二、生长习性

喜高温，怕霜冻。适宜生长的月平均温度为 20～28 ℃，短期出现极端最低温度 2～3 ℃时，嫩枝受冻干枯。种子发芽温度要求较高，温度在 23～25 ℃时，播种后 15～20 天开始萌芽，若低于 23 ℃，则要推迟到 25～30 天才萌芽。耐旱，忌积水，在年降水量为 1 700 毫米左右的地区生长正常。强阳性树种，幼苗期需 60% 荫蔽度，成龄树在过于荫蔽的条件下生长时开花迟，结果少。对土壤要求不严，在排水良好、质地疏松的沙质壤土以及瘦瘠的土壤上均可生长。

三、栽培技术

1. 选地、整地　宜选择河边冲积土、丘陵地的黄红壤土、石灰质壤土或微酸性黏壤土，定植前 1～2 个月挖穴，穴的规格为 50 厘米×50 厘米×40 厘米。经风化后，每穴施土杂肥 10～15 千克、过磷酸钙 0.25 千克，与表土混匀填穴。

2. 繁殖方法　用种子繁殖和芽接繁殖。

（1）种子繁殖。播种前将种子浸水 2 天，取出放进湿布袋内，保持湿润，置阴凉处，4～5 天胚根露出白色芽点时可取出播种；或将种子放于清洁的河沙床催芽，至出苗时取出播于土中，成活率较高。若种子量少也可用瓦盆催芽，盆底铺 10 厘米细沙，上放一层种子，再盖 2 厘米厚的湿沙，然后再用一瓦盆覆盖，待其发芽后取出播于土中。一般在温度回升后的 3—4 月进行。在整好的畦上按株行距（10～15）厘米×40 厘米开穴点播，每穴放种子 1 粒，胚根向下，覆 1.5～2.0 厘米疏松的火烧土或细河沙盖种，约 10 天即出苗展叶。为了培育壮苗，提高造林成活率，可用经打洞的塑料袋、小竹篓、圆形瓦筒等营养器盛装营养土育苗。当种子伸出子叶时，选择阴雨天或晴天下午将苗移栽至营养袋，每袋 1 株，或每营养器放种子 1～2 粒，置阴湿处。夏季播种后 10～20 天出苗；冬季播种后 40 天左右出苗。经苗圃培育 1 年后，苗高 60 厘米以上时可出圃定植。

（2）芽接繁殖。选择根系发达、抗逆性强的一年生实生苗作砧木。选择高产母株结果枝上芽饱满且未萌发的枝条作芽条。

芽接时间一般多选在高温多雨季节，树皮易剥离时进行。具体芽接方法：在实生苗离地 10 厘米处，选光滑的一面用芽接刀切成鸭舌形的接口，削取略小于接口的芽片，剥去木质部，然后剥开砧木接口的皮部，将芽片迅速贴上，用宽约 1.5 厘米的塑料薄膜带由下向上一环压一环的绑紧。芽接后 20～30 天待其成活后解去绑扎物，解绑后约 7 天，在芽接位上方 5 厘米处切断，切口偏斜，低处向芽接位背面，以免雨水流向芽接位，并用蜡封住切口。芽接后应经常抹去砧木上萌发的芽。幼嫩的芽片抽新芽时，为了防止虫害，用穿小孔通气的塑料薄膜袋套上，防虫效果良好。

若用成年马钱子植株作砧木进行芽接，要在距离地面 1 米处锯平，待新枝萌发生长充实后才能进行芽接。

3. 田间管理

（1）淋水。幼苗出土时幼芽呈淡红色，种皮常要 8～10 天才脱下，然后才出现子叶。如果播种过浅，幼茎常常把种皮带出土面，遇烈日照晒时种皮干缩，子叶不易脱落而枯死。故播种后遇旱要及时淋水，土面必须保持湿润，不板结，以利种子破土出苗，否则出苗不整齐或闷死在土中。

（2）淋水、补苗。定植后天气干旱要淋水，以助苗木迅速恢复长势，发现缺苗要及时补齐。

（3）间作。马钱子生育期长达几十年，前期冠幅小，林下行间通风透光良好，可适当间种木薯、高良姜等旱粮或药材，给植株创造一定温、湿度，适合前期生长的环境。

（4）施肥。在3—4月，老叶骤然在数天内全部脱落，在幼叶、新梢和花芽抽出前，给每株幼树施20%浓度的稀尿水5～10千克，大树施10～15千克，沿树冠外缘开沟施下。在8—9月结果期，每株施2.5～5.0克硫酸铵或过磷酸钙或火烧土。

（5）修剪。结合整形进行修剪，剪除过密的侧枝、弱枝和主干下部的侧枝。

4. 病虫害防治

（1）叶斑病。该病危害叶片。防治方法：用1∶1∶100波尔多液喷洒，每10天1次，连续2～3次。

（2）夜蛾、天蛾。以幼虫危害嫩叶，花期更严重。防治方法：清园，清除田间枯枝落叶并烧毁，以杀死其中虫蛹；幼龄期用90%敌百虫800倍液喷雾或5%甲萘威喷粉防治。

（3）象鼻虫。成虫吃嫩叶，造成叶片缺刻。防治方法：利用成虫假死性进行人工捕捉。

（4）大头蟋蟀。幼苗期咬断茎基部。防治方法：用米糠、糖、敌百虫调成饵料诱杀。

四、采收与加工

马钱子栽培定植8年后开花结果，10年后为结果盛期。冬末春初，当果实外表皮变橙红色时采收。将果摘下后堆放几天，待果肉变软发烂后洗去果肉，捞出种子晒干即可。马钱子有剧毒，要小心保管。

五、留种技术

冬末春初选无病虫害的植株，采摘橙红色的熟果，堆放2～3天，待果肉变软时加入少许细沙，除去果肉，洗净种子阴干，将干沙与种子混合后，装入瓶中或塑料袋内贮藏。翌年高温期播种。

五 味 子

五味子为木兰科植物五味子［*Schisandra chinensis*（Turcz.）Baill.］的干燥成熟果实，习称北五味子，有益气敛肺、滋肾温精、生津止渴之功效。主产于吉林、辽宁、黑龙江、河北等省。

一、形态特征

五味子为落叶木质藤本，长可达 8 米，小枝褐色，稍具棱。单叶互生，叶片薄，卵形、宽倒卵形至宽椭圆形，长 5～11 厘米，宽 3～7 厘米，先端急尖或渐尖，基部楔形或宽楔形；边缘疏生有腺体的细齿，上面有光泽、无毛，下面脉上嫩时有短柔毛；叶柄细长。花单生或簇生于叶腋，乳白色或粉红色，花后花托逐渐伸长，果熟时呈穗状聚合果。浆果球形，肉质，熟时深红色。花期 5—7 月，果期 6—9 月。

二、生长习性

五味子多生于湿润、肥沃、腐殖质层深厚的杂木林、林缘及山间灌丛处，具有喜光、喜湿润、喜肥、适应性强的特性，对土壤要求不甚严格。

五味子种子具生理后熟特性，生产上需用低温湿润的条件催芽，种子室温袋藏 7 个月后，发芽率为零。五味子在开花结果阶段需要良好的通风透光条件，而在幼苗及营养生长阶段则需阴湿的环境。一般栽后 2 年即可开花结果。

三、栽培技术

1. 选地、整地 选择土壤肥沃、质地疏松、排水良好的沙质壤土，深翻细耙，施足基肥。一般翻地深度为 25～30 厘米，每亩施厩肥 4 000～5 000 千克，于播前作畦，畦高 20 厘米，畦宽 1.0～1.3 米，畦长视地形而定。

2. 繁殖技术 从生产技术而言，一般种子繁殖简单、实用。

（1）种子处理。于土壤结冻前将选作种子的果实用清水浸泡搓去果肉，去除空秕粒，用清水浸泡 5～7 天，使种子充分吸水，每隔 2 天换水，捞出后与种子量 2～3 倍的细湿沙混匀放地窖中沙藏，翌年 5—6 月裂口即可播种，也可在室内拌湿沙贮存于木箱里催芽。

在沙藏前用 250 毫升/升赤霉素溶液或 1% 的硫酸铜水溶液浸种 24 小时，可使沙藏时间缩短 3 个月左右。

（2）播种。以春播为宜，在畦面横向开沟，行距 15 厘米，沟深 5 厘米，将种子均匀撒于沟中，覆土 2.0～2.5 厘米，适当镇压，之后薄薄覆盖一层草，再用绳子固定，以保持土壤水分，一般每亩播种量为 5 千克左右。

（3）移栽。一般在 4 月下旬至 5 月上旬移栽，行株距 120 厘米×50 厘米；为使行株距均匀，也可拉绳穴播，在穴的位置上做一标志，然后挖成深 30～35 厘米、直径 30 厘米的穴，每穴栽 1 株，栽时使根系舒展，栽后踏实，灌足水分。

3. 田间管理

（1）苗田管理。苗期注意遮阳，可适当搭简易遮阳棚。幼苗期对水分要求很严格，要经常保持土壤湿润。当幼苗抽出 3～4 枚真叶时可以间苗，并结合间苗每亩追施尿素 10 千克。

（2）定植期管理。

灌水、施肥：五味子根系较浅，不耐干旱，生育期间应保持土壤水分状况，不能过干。养分不足影响五味子的开花结果率，一般 5 月上旬追施尿素，每亩施 20 千克，6 月末每亩宜追施过磷酸钙约 40 千克，促进果实生长成熟。

剪枝：春、夏、秋季均可剪枝。春剪一般在枝条萌发前，剪掉过密果枝和枯枝；夏剪宜剪掉基生枝、膛枝、重叠枝、病虫枝；秋剪应在落叶后，主要剪掉基生枝。不论何时剪枝，都应选留 2～3 条营养枝，作为主枝并引蔓上架。入冬前在五味子基部培土，可保护五味子安全越冬。

搭架：移植后第 2 年即应搭架。可用水泥柱或角钢作立柱，用木杆或 8 号铁丝在立柱上部拉一横线，每个主蔓处立一竹竿或木杆，竹竿高 2.5～3.0 米、直径 1.5～2.0 厘米，用线绑在横线上，然后引蔓上架。

4. 病虫害防治

（1）根腐病。5 月上旬至 8 月上旬发病，危害根部。防治方法：选择地势高燥、排水良好的土地种植。

（2）叶枯病。5月下旬至7月上旬发病，危害叶片。防治方法：发病初期可用50％硫菌灵1 000倍液和3％井冈霉素50毫克/升倍液交替喷雾，次数视病情确定。

（3）卷叶虫。以幼虫危害，造成卷叶。防治方法：人工捕杀；清园等。

四、采收与加工

8月下旬至10月上旬进行采收，随熟随采。采摘时要轻拿轻放，以保证商品质量。加工时可日晒或烘干，注意勤翻动。烘干时开始温度宜控制在60℃左右，当五味子达五成干时将温度降到40～50℃，达到八成干时挪到室外晒至全干，搓去果柄、挑出黑粒即可入库。以粒大、果皮紫红、肉厚、柔润者为佳。

木　瓜

木瓜为蔷薇科植物贴梗海棠 [*Chaenomeles speciosa*（Sweet）Nakai] 的干燥近成熟果实，又名皱皮木瓜。具镇咳镇痉、清暑利尿、舒筋活络、和胃化湿等功能。主产于湖北、安徽、四川、云南、福建、湖南、陕西、河南、山东等省亦产。

一、形态特征

落叶灌木，株高2～3米。枝外展，无毛，具直刺。单叶互生；托叶肾形或半月形；叶片革质，卵形至椭圆形、长椭圆形，先端尖，基部楔形，边缘有尖锐锯齿。花先叶开放，3～5朵簇生枝上，花梗短粗；萼筒钟状，顶端5裂；花瓣5枚，淡红色或白色；雄蕊多数；花柱5个，基部合生，子房下位，5室。梨果卵形，木质外皮光滑，黄色或黄绿色，具芳香。种子扁平，长三角形，棕褐色。花期3—4月，果期5—10月。

二、生长习性

木瓜喜温暖湿润气候，较耐寒，不耐旱。对土壤要求不严，但适宜在阳光充足、土层深厚、肥沃的地方生长。木瓜为二年生枝条成花，二至三年生的粗壮短枝结果率较高。开花期虽开花较多，但落花落果严重。

种子具休眠特性，在低温湿润条件下，处理2～3个月能解除休眠。种子寿命为1～2年。

三、栽培技术

1. 选地、整地　选阳光充足、土质肥沃、湿润且排水良好的地方种植，也可在田边地角、山坡地、房前屋后种植。成片栽培时，按株行距1米×2米开穴，每穴施入5～10千克的农家肥，与泥土混合作基肥。育苗地宜选疏松肥沃的沙质壤土，每亩施农家肥3 000千克作基肥，深翻25厘米，耕细整平，作成宽1.3米的畦。

2. 繁殖方法　主要用分株繁殖，也可用扦插繁殖和种子繁殖。

（1）分株繁殖。木瓜根入土浅，分蘖能力强，每年从根部可长出许多幼株。于3月前将老株周围萌生的幼株带根刨出。较小的可先栽入育苗地，经1～2年培育再出圃定植；大者可直接定植。此法开花结果早，方法简单，成活率也高。

（2）扦插繁殖。2～3月未发芽前，剪取健壮且又较嫩的枝条，截成15～20厘米长的小段，按株行距10厘米×15厘米斜插在苗床内，适当遮阴，经常保持湿润，待长出新根后，移栽到育苗地里继续培养1～2年后定植。

（3）种子繁殖。秋播或春播。秋播在10月下旬，木瓜种子成熟时摘下果实，取出种子，于11月按株行距15厘米×20厘米开穴，穴深6厘米，每穴播种2～3粒，盖细土3厘米。春播在3月上旬至下旬，先将种子置于水中浸泡2天后捞出，放入盆内，用湿布盖上，在温暖处放24小时，按秋播方法播种。秋播者第2年春出苗，春播者4月下旬至5月上旬出苗，当苗长至1米左右时即可出圃定植。每穴呈三角形栽苗2～3株，覆土压实，浇水。定植时间以春季为好。

3. 田间管理

（1）中耕除草。定植成活后，每年春、秋季结合施肥中耕除草2次，锄松土壤，除净杂草。冬季松土时要培土，以利防冻。

（2）追肥。春季开花前追肥1次。先在树四周开环沟，每株施入焦泥灰和土杂肥各 5 千克左右，或人粪尿 10 千克左右，以促进生长和利于开花结果。

（3）整枝。整枝对木瓜开花结果影响很大，宜在 12 月至翌年 3 月进行。成年树每年整枝 1 次，剪去病枝、枯枝、衰老枝及过密的幼枝，使树形保持内空外圆，以利多开花，多结果。对于树龄已达 10 年以上、树势已开始衰弱的老株应进行更新。可在封冻前将地上部分全部砍去，让老根长出幼苗，培育成新株。

4. 病虫害防治

（1）叶枯病。7—9 月危害严重，危害叶片。防治方法：冬季清洁田园；发病初期用 1∶1∶100 波尔多液喷雾。

（2）轮纹病。危害木瓜的枝干、叶片和果实。发病高峰在每年 5 月后的每 1 次降雨。防治方法：冬季修剪病枝，清除僵果病叶并集中烧毁；在冬季喷施 3～5 波美度石硫合剂。

（3）锈病。危害叶片、叶柄、嫩枝和幼果。叶片发病，先是正面出现枯黄色小点，后扩大成圆形病斑，病部组织变厚，叶背隆起，并长出灰褐色毛状物，破裂后散发出铁锈色粉末，后期叶片枯死脱落。叶柄、嫩枝和幼果也会发病，症状与叶片相似，病果变畸形，果实早落。防治方法：在木瓜园 5 千米范围内不能栽植松柏树，因为松柏树是锈病病原菌的转主寄主。

（4）桃蛀螟。以幼虫蛀食果实。防治方法：冬季清洁田园。

（5）星天牛。幼虫蛀食枝干。防治方法：人工捕杀；用棉花蘸 80% 敌敌畏乳油塞入虫洞；释放天牛肿腿蜂。

四、采收与加工

木瓜定植约 4 年后开始开花结果。一般于 7—9 月，木瓜外皮呈青黄色时采收，宜晴天进行，并注意不要使果实受伤或坠地。趁鲜用铜刀将果实纵切成两瓣，摊放在帘子上晾晒，晒时先仰晒 3～4 天，使瓤内水分渐干，颜色变红时，再翻晒至全干。阴雨天可用文火烘干。有的地方先将木瓜置沸水中煮几分钟，捞出纵剖为 2～4 瓣，日晒夜露，直至晒干。产品以质坚、肉厚、外皮皱缩、色紫红、味酸者为佳。

爪哇白豆蔻（豆蔻）

爪哇白豆蔻为姜科植物爪哇白豆蔻（*Amomum compactum* Solander ex Maton），其干燥成熟果实入药为豆蔻，又称白蔻、白豆蔻，具有化湿消痞、行气温中、开胃消食的功效。爪哇白豆蔻原产于印度尼西亚热带雨林。我国药用豆蔻过去一直靠进口，自20世纪60年代开始引种试种并取得成功，填补了我国豆蔻种源的空白，目前海南岛、云南西双版纳有较大面积栽培。

一、形态特征

多年生草本植物。外形似姜，有根状茎和地上茎。根状茎横生于土中，有明显的节，每节有潜伏芽，是萌发花和地上直立茎的部位。植株高1.5～2.0米，基部茎节缩短肥大呈头状，紫红色。叶互生，叶片披针形，全缘呈波状，叶面光滑，叶鞘紧抱茎，茎基部的叶鞘呈红色。穗状花序纺锤形，由根茎上的潜伏芽发育而成，每一花序上有7～40朵花，花冠黄色，大唇瓣中间黄色，间有紫色彩条。蒴果近圆形，果皮白色，具3棱，顶端微紫，成熟时一般不开裂，内有种子多数，成熟时种子黑褐色，极芳香。

二、生长习性

适宜年平均温度为22～23℃，耐寒能力较差。若遇4℃以下的低温，则叶片发生轻度寒害，0℃时则地上部分全部死亡。花期对温度反应较敏感，日平均气温低于20℃时，则花一般不开放。要求充沛的水量，一般年降水量在1 500毫米以上。要求全天散射光和有一定的荫蔽度，幼苗期荫蔽度为85％，随着苗群的生长，荫蔽度逐渐减小，为了促进花芽形成，一般控制在60％～70％为宜。要求土层深厚、肥沃湿润、排水良好的沙质壤土。腐殖质含量低的黏土和容易积水的地方易引起烂根，不宜种植。

三、栽培技术

1. 选地、整地 育苗地要靠近水源，排水良好、疏松肥沃的沙质壤土作苗床。翻耕土壤，施足基肥，清除草根、石块，细碎土块后施腐熟牛栏粪或堆肥作基肥，畦宽 0.8～1.0 米，沟宽 40 厘米。种植地宜选择海拔 700 米以下的山地中下部缓坡地，具有一定数量的常绿阔叶树，冬季寒流影响较小，坡向为东南向，选择两面有山或三面环山的山沟或水边不易冲刷的地方及腐殖质丰富的沙质壤土。按 1.5～2.0 米行距翻耕土地，结合整地砍去杂草树木，挖去树根，开穴，穴的规格为 50 厘米×50 厘米×30 厘米。施基肥，在坡地上开排水沟，以防积水和冲刷。缺少荫蔽的地方应先种速生树。

2. 繁殖方法 用种子繁殖和分株繁殖。

（1）种子繁殖。一般在 8 月初至 9 月，随收随播种。播种前催芽，如种子量少，可与种子量 4 倍的湿沙混合后置于盆中，经常保持湿润，在 30～35℃气温下，一般 10 多天即可出芽点，此时取出播种。按行距 10～15 厘米开沟条播，播种后覆土 0.5 厘米，床面盖草，20～30 天开始出土，从播种到齐苗需 40～60 天。当幼苗出现 2～3 枚叶时，进行间苗或移床，促进叶片加速增加，至 5～7 枚叶时，植株开始分蘖，苗高 30 厘米左右可出圃定植。定植株行距为 1 米×（1.5～2.0）米，每穴栽种子苗 2～3 株，不要栽得过深，以免影响发根。栽后压实，淋定根水。

（2）分株繁殖。在田间选择健壮高产的植株，剪取其根状茎，每一根茎上具有 2～3 个地上茎。一般生长茂盛的二年生株丛，可取 8～10 小丛作种苗用，随挖取随种。

3. 田间管理

（1）遮阴。幼苗出土时将盖草轻轻拨至行间，以利出苗，出苗时要搭设荫棚，以防止烈日暴晒。

（2）除草、割枯苗。定植后封行前及时拔除杂草，注意不要伤幼茎和须根。收果后及时除去枯株、弱株、病残株。密度过大的多剪一些弱苗。

（3）追肥、培土。定植初期和初出果后，应重施人粪尿或硫酸铵水溶液，以促进苗群生长。进入开花结果期，应施氮、磷、钾肥，并配合施土杂肥、火烧土等。也可在结果期用 2% 过磷酸钙水溶液作根外追肥，以促苗促花，增大果实，提高结果率。爪哇白豆蔻为浅根系植物，须根多，常散生在土表，在秋、冬施肥后应进行培土，但不宜过厚，以免妨碍花芽抽出。

（4）灌溉、排水。高温干旱会引起叶片卷缩、萎黄，植株生长纤弱。若花期遇干旱，则花序早衰，开花少，花粉和柱头黏液也少，造成授粉不稔或幼果干死，此时要及时灌溉或喷洒，增加空气湿度。雨季要修好排水沟，以免积水引起烂根烂花。

（5）调节荫蔽度。育苗阶段要求 80％～85％ 荫蔽度，开花结果阶段则要求 70％ 的荫蔽度，入冬时可增加到 80％。

（6）人工授粉。爪哇白豆蔻花朵结构特殊，不易进行自花传粉或异花授粉，故需人工辅助授粉。在正常气候下，上午 7 时以后开花，8 时后陆续散粉，10 时花粉达到成熟，故人工授粉应在每天上午 8—12 时进行为宜。具体方法是用竹签挑起花粉，涂在漏斗状的柱头上即可，花粉多时挑 1 朵花的花粉可授 2～3 朵花。

4. 病虫害防治

（1）猝倒病。在高温多雨季节，苗圃湿度过大，通风不良，导致直立茎倒伏，最后整丛腐烂。防治方法：可在播种前进行土壤消毒；出苗后用 1∶1∶120 波尔多液预防，每 10 天喷 1 次，并注意排水。

（2）烂花烂果病。高温多雨季节危害花序基部、花朵和果实。防治方法：选地势高燥的地块种植，并注意排水。

四、采收与加工

采收一般在 7 月中旬至 8 月初，当种子由浅红色变褐色时即已成熟，及时剪下果穗，摘下果实，去掉泥沙，低温烘干或晒干即成商品。如留种，必须待种子呈黑褐色再收获。

五、留种技术

选择优良品种、植株生长健壮、果粒大、种子饱满、无病虫害的植株作母株。一般在 7 月至 8 月上旬，果实呈淡黄色、种子质硬且呈深褐色时采收。作种用的果实不宜在烈日下暴晒和久藏，以免失去发芽力。脱去果壳，选取充分成熟、饱满、粒大的种子作种。若翌年春播，需将种子藏于潮湿沙中，放在凉爽的地方。

牛 蒡 子

牛蒡子为菊科植物牛蒡（*Arctium lappa* L.）的干燥成熟果实，又名大力子，为常用中药，具疏风散热、宣肺透疹、散结解毒之功能。根亦入药，具清热解毒、疏风利咽功能。主产于东北各省，现河北、江苏、河南、山东等省有引种栽培，全国各地都有分布。

一、形态特征

二年生草本，株高1～2米。主根肉质。茎直立，粗壮，多分枝，略带紫色，被白色柔毛。基生叶丛生，大，长40～50厘米，宽30～40厘米，中部以上叶互生，具柄，叶片卵状心形至阔卵形，边缘具细锯齿或呈微波状，叶背密被白色柔毛。头状花序排列呈伞房状；总苞片先端弯曲呈钩刺状；小花全为管状花，紫红色。瘦果长椭圆形或倒卵形，略具3棱，表面灰褐色，具灰色斑点；冠毛宿存，淡褐色，呈短刺状。花期5—6月，果期6—8月。

二、生长习性

牛蒡为深根性植物，适应性强，耐寒，耐旱，较耐盐碱，忌积水。多见于山坡、田野、路旁，喜温暖湿润、向阳环境，低山区和海拔较低的丘陵地带最适宜其生长。

种子发芽适温为20～25℃，发芽率为70%～90%，种子寿命为2年。播种当年只形成叶簇，第2年才能抽茎开花结果。

三、栽培技术

1. 选地、整地 牛蒡对土壤要求不太严格，但栽培时宜选土层深厚、疏松、排水良好的地块。深翻30～40厘米，耙细整平，每亩施入农家肥2 000～3 000千克，作成宽1.0～1.5米的畦。

2. 繁殖方法 种子繁殖，以直播为主。春、夏、秋均可播种，但以春播为好，时间在3月中旬至4月上旬，秋播在8—9月。在整好的畦上按50～80厘米距离开浅沟进行条播，或按80厘米株距穴播，每穴点入种子 5～6 粒。播种前将种子放入 30～40 ℃的温水中浸泡 24 小时，有利出苗，播后覆土 3～5 厘米，稍加镇压后浇水，1 天左右可以出苗。每亩用种 1.5 千克。此外可育苗移栽，于 3 月上旬在苗床上播种，5 月上旬或秋季移栽。

3. 田间管理

（1）松土、除草。幼苗期或第 2 年春季返青后要进行松土，同时前期要特别注意除草，后期叶片较大时停止中耕。

（2）间苗、定苗。当苗长至 4～5 枚真叶时，按株距 20 厘米间苗，如有缺苗处，可将间下的苗带土移栽；苗具 6 枚叶时，按株距 40 厘米定苗，穴播者每穴留 1～2 株。

（3）追肥。第 2 年基生叶铺开时，不再进行除草，但要追肥 2～3 次，每亩施人粪尿 2 000 千克。植株开始抽茎后，每亩追施磷酸氢二铵 10 千克或过磷酸钙 10 千克，促使分枝增多和籽粒饱满。施后要及时浇水，雨季要注意排水。

4. 病虫害防治

（1）叶斑病。多发生于 6 月。防治方法：发病初期喷洒灭菌剂，每隔 7 天喷 1 次，连喷 3～4 次，直到达到防治目的为止。

（2）白粉病。6、7 月阴雨天多发，危害叶片。防治方法：发病初期喷洒 50％甲基硫菌灵 1 000 倍液；清园，处理病残株。

（3）根腐病。应合理选地和排水防涝。防治方法：发病时用灭菌剂灌根。

（4）斜纹夜蛾。幼虫咬食叶片。防治方法：幼龄期用 90％敌百虫 800 倍液喷雾防治。

（5）蚜虫。牛蒡终生都有蚜虫危害，严重时可造成绝产。防治方法：用吡虫啉喷雾防治。

四、采收与加工

牛蒡种子成熟期一般在 7—8 月，但成熟期不一致，要随熟随采。当种子黄里透黑时应分期分批将果枝剪下，一般 2～3 次便可采收完。采收后打下种子，晒干后去净杂质即得牛蒡子。根四季可采，挖出洗净，刮去黑皮晒干即可。

王不留行

王不留行为石竹科植物麦蓝菜 [*Vaccaria hispanica* （Miller）Rauschert] 的干燥成熟种子，又名王不留、麦蓝子等。具行血通经、下乳消肿之功能。主产于河北、山西、山东等地。除华南外，全国各地都有分布。

一、形态特征

一年生草本，株高 50～100 厘米，全体光滑无毛，稍被白粉。茎直立，上部分枝，节略膨大。单叶对生，无柄；叶片卵状椭圆形至卵状披针形，先端渐尖，基部圆形或近心形，稍抱茎，全缘，主脉在下面凸起。疏生聚伞花序顶生、花梗长，总苞片及小苞片均 2 枚对生，叶状；花萼筒状，有 5 条绿色宽脉，先端 5 裂；花瓣 5 枚，淡红色，倒卵形，雄蕊 10 枚，子房上位，花柱 2 个，细长。蒴果包于宿存花萼内，成熟后呈 4 齿状开裂。种子多数，球形，成熟后黑色。花期 4—5 月，果期 5—6 月。

二、生长习性

王不留行喜凉爽湿润环境，耐旱，怕积水，对土壤要求不严。

种子无休眠期，极易发芽，发芽适温为 15～20℃，种子寿命为 2～3 年。

三、栽培技术

1. 选地、整地 宜选山地缓坡和排水良好的平地种植，土质以沙质壤土和黏壤土为好。结合冬耕，每亩施 3 000 千克农家肥作基肥，同时配施 30～40 千克过磷酸钙。整细耙平，作成宽 1.2 米的畦。

2. 繁殖方法 用种子繁殖。冬播或春播，冬播在封冻前，春播在解冻后。选色泽深黑、饱满的种子，在畦上按行距 30 厘米进行条播。播后覆土 1 厘米，稍加镇压，浇水，一般 15 天左右即出苗。每亩用种 1 千克。

3. 田间管理

（1）间苗、补苗。生产上可分两次间苗。第 1 次在 11 月下旬至 12 月上旬，苗高 5 厘米左右且具 4～6 枚真叶时，按株距 5～6 厘米间苗；到翌年 2 月中旬幼苗长至 6～8 枚真叶时，按株距 10～12 厘米定苗。如要补苗，应带土移栽，并随后浇水。

（2）追肥。王不留行生长期较短，故主要以施足基肥为主，追肥主要在 4 月上旬植株开始现蕾时进行，肥种以磷、钾肥为主。每亩可施饼肥 30～40 千克，施后要立即浇水；也可用 0.3％磷酸二氢钾溶液叶面喷施，间隔 10 天左右 1 次，连续 3～4 次，以促进果实饱满。

（3）中耕除草。除草应在晴天露水干后进行，时间以在孕蕾前进行为好，生长后期不宜除草，以免损伤花蕾。雨季注意排水。

4. 病虫害防治

（1）黑斑病。4 月始发，危害叶片。防治方法：清园，烧毁病枝病叶；防止积水，降低田间湿度等。

（2）红蜘蛛。5—6 月发生，危害叶片。防治方法：参见玄参。

四、采收与加工

5 月下旬至 6 月上旬，当植株叶片开始枯黄、顶部种子呈黑色时，趁早晨露水未干时收割地上部，扎把，晒干脱粒，除去杂质即可。

栝　楼

　　栝楼为葫芦科植物栝楼（*Trichosanthes kirilowii* Maxim.）的干燥成熟果实，又名瓜楼、药瓜、大圆瓜等。具燥湿化痰、祛风止痉、散结消肿之功效。其根亦供药用，称天花粉，具生津止渴、降火润燥、排脓消肿之功效。种子称栝楼仁，具润燥滑肠、清热化痰之功效。主产于山东、河南、江苏等地，全国大部分地区有栽培。

一、形态特征

多年生攀缘藤本，藤长 5～6 米。块根肥大，圆柱形，稍扭曲，外皮浅灰黄色，断面白色，肉质。茎多分枝，卷须细长，二至三歧。单叶互生，具长柄，叶形多变，通常心形，掌状 3～5 浅裂至深裂。雌雄异株，雄花 3～5 朵呈总状花序，萼片线形；花冠白色，裂片倒三角形，先端有流苏，雄蕊 3 枚。雌花单生于叶腋，花柱 3 裂，子房卵形。瓠果近球形，成熟时橙黄色。种子扁平，卵状椭圆形，浅棕色。花期 7—8 月，果期 9—10 月。

二、生长习性

栝楼喜温暖潮湿的环境，较耐寒，不耐干旱，忌积水。

种子容易萌发，发芽适温为 25～30℃，发芽率为 60％～80％，种子寿命为 2 年。

三、栽培技术

1. 选地、整地 栝楼为深根性植物，根可伸入土中 1～2 米，故栽培时应选择土层深厚、疏松肥沃的向阳地块，土质以壤土或沙壤土为好。也可在房前屋后、树旁、沟边等地种植。盐碱地及易积水的洼地不宜栽培。整地前每亩施入农家肥 3 000 千克作基肥，配施过磷酸钙 20 千克耕翻入土。播前 15～20 天撒施 75％可湿性棉隆粉剂进行土壤消毒。整平地块，一般不必作畦，但地块四周应开好排水沟。

2. 繁殖方法 可用种子繁殖和分根繁殖，但生产上以分根繁殖为主，种子繁殖常在采收天花粉（根）和培育新品种时采用。

（1）分根繁殖。北方在 3—4 月进行，南方在 10 月至 12 月下旬进行。挖取三至五年生健壮、无病虫害、直径 3～5 厘米长的小段，按株距 30 厘米、行距 1.5～2.0 米穴播，穴深 10～12 厘米，每穴放 1 段种根，覆土 4～5 厘米，用手压实，再培土 10～15 厘米，使成小土堆，以利保墒。栽后 20 天左右开始萌芽时，除去上面的保墒土。每亩需种根 30～40 千克。用此法注意种根应多选用雌株的根，适当搭配部分雄株的根，以利授粉。此外，断面有黄筋的老根不易成活萌芽，不宜作种根。栝楼有一年种植多年收益的特点，但一般 5 年后需重新栽植。

（2）种子繁殖。果熟时，选橙黄色、健壮充实、柄短的成熟果实，从果蒂处剖成两半，取出内瓤，漂洗出种子，晾干贮藏。翌春 3—4 月，选饱满、无病虫害的种子，用 40～50℃的温水浸泡 24 小时，取出稍晾，用种子量 3 倍湿沙混匀后置 20～30℃温度下催芽，当大部分种子裂口时即可按 1.5～2.0 米的穴距穴播，穴深 5～6 厘米，每穴播种子 5～6 粒，覆土 3～4 厘米，并浇水，保持土壤湿润，15～20 天即可出苗。

3. 田间管理

（1）中耕除草。每年春、冬季各进行 1 次中耕除草。生长期间视杂草滋生情况及时除草。

（2）追肥、灌水。结合中耕除草进行，以追施人畜粪水为主，冬季应增施过磷酸钙。干旱时及时浇水。

（3）搭架。当茎蔓长至 30 厘米以上时，可用竹竿等作支柱搭架，棚架高 1.5 米左右。也可引向附近树木、沟坡或间作高秆作物，以利攀缘。

（4）修枝打杈。在搭架引蔓的同时，去掉多余的茎蔓，每株只留壮蔓 2～3 个。当主蔓长到 4～5 米时，摘去顶芽，促其多生侧枝。上架的茎蔓应及时整理，使其分布均匀。

（5）人工授粉。栝楼自然结实率较低，应采用人工授粉，方法简便，能大幅度提高产量。操作是用毛笔将雄花的花粉集于培养皿内，然后用毛笔蘸上花粉，逐朵抹到雌花的柱头上。

4. 病虫害防治 栝楼病害较轻，栽培时主要以防治虫害为主。

（1）根结线虫病。此病为栝楼的主要病害，是老产区的毁灭性病害，危害根部。初期须根变褐腐烂，之后主根局部或全部腐烂，导致植株矮小，生长缓慢，叶片发黄，最后全株枯死。拔起根部可见许多瘤状物，剖开可见白色雌线虫。防治方法：早春深翻土地，暴晒土壤，杀灭病原菌。

（2）根腐病。危害根部。感病初期地上部症状不明显，随病情发展，主要表现为出苗晚、长势弱，茎蔓纤细，叶片小，开花结实少。地下根感病后，主要表现为维管束变黄，最后整个根变褐腐烂。随种植年限增加，发病率提高。防治方法：与禾本科等非寄主植物轮作，不能重茬，严禁与地黄、玄参、红花、乌头等轮作；及时销毁病根；土壤用甲基硫菌灵等消毒；用多菌灵等拌种、浸种；防止积水。

（3）黄守瓜。危害叶部，幼虫还可蛀入主根。防治方法：用 90% 敌百虫 1 000 倍液喷雾；幼虫期可用鱼藤酮 1 000 倍液或 30 倍的烟碱水灌根。

（4）栝楼透翅蛾。7 月始发，北方多见，以幼虫危害地上部。防治方法：发病初期用 80％敌敌畏乳剂 1 000 倍液喷施。

（5）瓜蚜。又名棉蚜。危害幼嫩心叶。防治方法：用吡虫啉等喷雾防治。

<u>四、采收与加工</u>

栝楼种子繁殖后 2～3 年结果，而分根繁殖者当年即可结果，一般于 10 月前后果实先后成熟。待果皮有白粉并变成浅黄色时就可分批采摘。将采下的栝楼悬挂通风处晾干，即得全栝楼。将果实从果蒂处剖开，取出内瓤和种子后晒干，即成栝楼皮。内瓤和种子加草木灰，用手反复搓揉，并在水中淘净瓤，捞出种子晒干，即得栝楼仁。如管理得当，可连续采摘多年。栽植 3 年后，于霜降前后采挖雄株天花粉（根），而雌株则待栝楼采收后采挖。将刨出的块根去泥沙及芦头、粗皮，切成 10 厘米左右的短节或纵剖 2～3 瓣，晒干，即成天花粉。

决 明 子

决明子为豆科植物钝叶决明 [*Senna obtusifolia* (L.) H. S. Irwin & Barneby] 的干燥成熟种子，具清肝、明目、通便之功能。主产于江苏、安徽、四川等地，目前全国各地多有栽培。

一、形态特征

一年生半灌木状草本，株高 0.5～2.0 米。茎直立，基部木质化。叶互生，偶数羽状复叶，托叶早脱；小叶片 2～4 对，倒卵形，先端圆形，全缘。花成对腋生；萼片 5 枚，分离；花瓣 5 枚，鲜黄色；雄蕊 10 枚，3 枚不育；子房细长，上方弯曲，有细毛。荚果微弯曲、坚硬，内有种子 30～35 粒。种子棱柱形，浅棕色，有光泽，两侧各有 1 条斜向浅棕色线形凹纹。花期 6—8 月，果期 9—10 月。

决明（*S. tora* L.），亦供药用，与上种形态相似。主要区别是：下面两对小叶间各有 1 个腺体；果实和果柄均较短，种子两侧各有 1 条宽广的绿黄棕色带；具臭气。

二、生长习性

决明喜温暖湿润气候，在盛夏阳光充足及高温多雨季节生长良好，不耐寒，不耐旱。对土壤要求不严，但在低洼地、阴坡地生长不良。

种子容易发芽，发芽适温为 25～30℃。种子寿命长达几十年。

三、栽培技术

1. 选地、整地　宜选排灌条件较好的平地或向阳坡地，忌连作。每亩施农家肥 2 000 千克，配施过磷酸钙 60 千克作基肥。深翻，整细耙平，作成宽 1.3 米的平畦。

2. 繁殖方法　用种子繁殖。于 4 月中、下旬选籽粒饱满、无虫蛀的种子，用 50℃ 温水浸泡 24 小时，捞出稍晾干后，按行距 60 厘米开沟条播，沟深 5～7 厘米。播种后覆土 3 厘米，稍加镇压，浇水。10～15 天就可出苗。每亩用种 2 千克。如播种时用地膜覆盖，可显著提高决明子的产量和质量。

3. 田间管理

（1）间苗、定苗。苗高 5 厘米左右时开始间苗。苗高 15 厘米时，结合中耕除草按株距 30～40 厘米定苗。

（2）中耕除草。出苗后至封行前应经常除草、浇水。雨后土壤板结要及时中耕，并注意株间浅锄，行间深锄。苗高 40 厘米左右时进行最后 1 次中耕，并培土，可防倒伏。

（3）追肥。封行前结合培土追肥 1～2 次，每亩施农家肥 1 000 千克，配施 15 千克尿素，施后立即浇水。

（4）排灌。整个生长期都应经常保持土壤湿润，尤其是花期干旱时应及时浇水。雨季注意排水。

4. 病虫害防治

（1）灰斑病。5—7 月多发，危害叶片。防治方法：清洁田园，处理病残株。

（2）轮纹病。危害茎、叶、果荚。防治方法同上。

（3）蚜虫。苗期危害严重。防治方法：可用吡虫啉喷雾防治。

四、采收与加工

秋末果荚呈黄褐色时，将全株割下晒干，打出种子，去净杂质即可。

砂 仁

砂仁为姜科植物砂仁（*Amomum villosum* Lour.）的干燥成熟果实，又名缩砂蜜、缩砂仁。具有化湿开胃、温脾止泻、理气安胎的功能。主产于广东、云南、广西、贵州、四川、福建等地。

一、形态特征

多年生常绿草本，高达 1.5～2.5 米。根状茎圆柱形，横走，有节，茎直立。叶 2 列，披针形，叶鞘抱茎。穗状花序，自根状茎节上抽出，花白色；唇瓣匙形，中部有黄、红紫色斑点。蒴果近球形，不开裂，具柔刺状突起，熟时棕红色。种子多数，极芳香。花期 4—6 月，果期 8—9 月。

二、生长习性

喜温暖凉爽环境，年平均温度 22～28℃是砂仁最适宜的生长温度，能忍受 0℃的短暂低温，但较长时间为 0℃或有严重霜冻，直立茎受冻死亡。喜湿润，怕干旱，年平均降水量为 2 500 毫米，孕蕾期至开花结实期要求空气相对湿度 90％以上。阳春砂是半阴生植物，忌阳光直射，一至二年生苗要求荫蔽度为 70％～80％，3 年后植株进入开花结果期，荫蔽度以 50％～60％为宜。以富含腐殖质的森林土壤为宜。除在花芽分化初期土壤含水量达 15％～20％外，一般需 22％～25％，这样才有利于授粉结实。

三、栽培技术

1. 选地、整地 育苗地宜选择背北向南、通风透光、土壤湿润、排灌方便、荫蔽条件良好的山坑两旁新垦地，土质以疏松肥沃的沙质壤土为好。播种前翻耕，细致整地，每亩施过磷酸钙 20～25 千克，厩肥或土杂肥 1 250～1 500 千克作基肥。整平耙细作床，床宽 1 米、高 15～20 厘米。种植地应选择一面开旷、三面环山的缓坡地，坡向朝南或东南，邻近有昆虫授粉，空气湿度较大，土壤疏松肥沃，排灌方便，最好在长有阔叶杂木林作荫蔽的山坑、山沟两旁。

2. 繁殖方法　用种子繁殖和分株繁殖。

（1）种子繁殖。

选种：选择优良品种、果粒大、种子饱满、无病虫害的植株作采种母株。

采种及种子处理：一般在 7 月底 8 月初，当果实由鲜红转为紫红色，种子由白色变为褐色和黑色而坚硬，有浓烈辛辣味时采收。将选取的鲜果置于较柔和的阳光下，连晒 2 天，每天晒 2～3 小时，然后剥取果皮，用细沙擦薄种皮至有明显的砂仁香气为止，并浸在清水中漂去杂质，取出种子，稍晾干后播种。

播种期：随采随播。最好在 8 月底或 9 月初播种。若要春播，可将处理好的种子藏于湿沙中或阴干贮藏，翌年惊蛰至清明播种。

播种方法：播种时按行距 13 厘米开沟条播或在沟内按株距 5 厘米点播，播后均匀地撒上一层细碎火烧土或覆盖一薄层腐熟的干粪，并以树叶遮阴，播后 20 天左右便可出苗。

（2）分株繁殖。

分株苗选择：选择当年生植株，具 1～2 条带有鲜红色嫩芽的地下根茎、茎秆粗壮、具 5～10 枚叶的分株苗作为繁殖用。过嫩、过老和瘦弱的分株苗均不宜作繁殖用。分出的新植株可视天气和苗高情况适当剪去部分叶。最好当天挖苗当天种植，以提高成活率。

栽种季节：春、秋两季均可种植，但以春季（3—5 月）为好，秋季（8—9 月）亦可种植。

栽种方法：分株苗一般不经育苗，可直接种植。种植前挖穴，穴的规格为 40 厘米×40 厘米×30 厘米。每穴栽 1 丛，栽后覆土压实。

3. 田间管理

（1）遮阴。幼苗怕阳光直射，荫蔽度以 80%～90% 为宜。待幼苗长出 7～8 枚叶时，荫蔽度应控制在 70% 左右。

（2）除草。定植后 1～2 年，每年除草 2～3 次。第 3 年开始进入开花结果期，一般每年除草 1～2 次，由于砂仁的根茎沿地匍匐，故不能用锄头除草，只能用手拔。

（3）施肥、培土。新种植株每年施肥2～3次，除施堆肥、牛栏肥、火烧土、过磷酸钙和猪粪水沤制的肥料外，还要适当增施氮肥。开花结实后，以磷、钾肥为主，一般施沤制的火烧土、牛粪和过磷酸钙。秋季摘果后，用含有机质的表土、火烧土，均匀地撒在砂仁地，其厚度以盖没裸露的根状茎为度，促进植株多分蘖，株粗芽壮，还可增强抵抗力，使植株安全过冬。

（4）防旱排涝。新种植株要经常灌水或淋水，保持土壤湿润。进入开花结果年龄后，在花芽分化期要求水分少些，开花期和幼果形成期要求土壤湿润，空气的相对湿度在90％以上。如雨水过多，土壤过湿，则易造成烂果。

（5）调整荫蔽度。种植后1～2年就进入分株繁殖阶段，要求70％～80％的荫蔽度；进入开花结实年龄后，荫蔽度可适当减少，以50％～60％为宜。

（6）人工辅助授粉。由于砂仁的花器构造较特殊，不能自花授粉，须进行人工辅助授粉。人工授粉最佳时期在盛花期，最佳时间是上午8—10时。生产上常用如下两种方法。

推拉法：正向推拉，以大拇指与食指夹住雄蕊与唇瓣，拇指将雄蕊向下轻拉，再将雄蕊向上推，使花粉擦在柱头上；反向推拉，与正向不同点是先推后拉。操作时用力要适当，太轻授粉效果差，太重则伤害花朵。

抹粉法：先用左手的拇指和中指夹住花冠下部，右手的食指（或用小竹片）挑起雄蕊，并将花粉抹在柱头上。

（7）保护和引诱传粉昆虫。昆虫是最好的传粉媒介。据产区调查结果，传粉昆虫多的地段，自然结实率可高达50％～60％。传粉昆虫以彩带蜂效果最好，排蜂、小酸蜂是授粉的野生蜂，小酸蜂比排蜂易于驯养，可选为砂仁理想的授粉蜂。

（8）预防落果。在末花期和幼果期，喷5毫克/升的2,4-滴水溶液，或者5毫克/升的2,4-滴加0.5％磷酸二氢钾，可提高保果率14％～40％；用0.5％尿素喷施花、果、叶，或0.5％尿素加3％过磷酸钙溶液喷施花、果，保果率可提高52％～55％。

（9）补苗与割苗。定植后发现缺苗及时补种。收果后要进行适当修剪，除割去枯苗、弱苗、病残苗外，在苗过密的地方，还应割除部分

"幼笋"，每平方米保留 40～50 株，即一般山区每亩留苗 2.5 万株以下，丘陵平原地区 3 万株以下，且要分布均匀。

（10）衰退苗群更新。砂仁连续几年开花结果后，苗群明显衰退，老苗多、壮苗少，产量低，为了恢复苗群长势，收果后将老苗在离地面 5 厘米处刈去，施沤制过的混合肥，春季出苗后，再追施适量的氮肥，一般经过 2～3 年的精心管理，苗群复壮，产量提高。

4. 病虫害防治

（1）苗疫病。该病主要危害幼苗。防治方法：育苗地用 2％甲醛溶液喷洒畦面消毒；3—4 月调整荫蔽度，做好排水，增施火烧土、草木灰、石灰；发病初期及时剪除病叶并集中烧毁，然后喷洒 1∶1∶300 波尔多液，每 10 天 1 次，以控制病害发展。

（2）叶斑病。主要是叶片和叶鞘发病。防治方法：收果后结合割苗清除病株并集中烧毁；保持适宜的荫蔽度；冬旱期要适时喷水，使植株生长健壮；发病初期用 50％硫菌灵 1 000 倍液喷洒，每隔 10 天喷 1 次，至控制住病害为止。

（3）果疫病。该病主要危害果实。防治方法：及时把病果收获加工，减少病原菌的传播；春季注意排水，增施草木灰、石灰，增强果实抗病力；幼果期在苗群间分隔出通风道，改善通风条件；用 1∶1∶150 波尔多液喷施，每 10 天 1 次，连喷 2～3 次，收果前停止喷药。

（4）黄潜蝇。被害的"幼笋"先端干枯，直至死亡。防治方法：加强水肥管理，促进植株生长健壮，减少钻心虫危害；及时割除被害"幼笋"，集中烧毁。

（5）老鼠、果子狸或其他动物。偷吃砂仁的果实。防治方法：人工捕杀；毒饵诱杀。

四、采收与加工

砂仁种后 2～3 年收获。当果实由鲜红变为紫红色、果肉呈荔枝肉状、种子由白色变为褐色和黑色而坚硬、有浓烈辛辣味时，即为成熟果实。用小刀或剪刀将果序剪下，不宜用手摘，以防伤害匍匐茎的表皮，影响翌年开花结果。

加工有以下几种方法。

（1）焙干法。即将鲜果摊在竹筛上，置于炉灶上以文火焙干。燃料用谷壳、生柴或木炭，最好用樟树叶盖在火上，使其只生烟不生明火。如此熏焙出的砂仁气味浓、质量佳。当焙至果皮软时（五六成干），要趁热喷1次水，使皮壳骤然收缩，干后皮肉紧密无空隙，可以长久保存不易生霉。

（2）晒干法。分杀青和晒干2个工序。一般用木桶盛装砂仁，置于烟灶上，用湿麻袋盖密桶口，升火熏烟，至果皮布满小水珠时，取出摊放在竹筛或晒场上晒干。

五、留种技术

于8—9月选植株健康、种子饱满的果实留种。果实贮藏于密封的瓶子内，存于干燥处即可。

吴茱萸

> 吴茱萸为芸香科植物吴茱萸 [*Tetradium ruticarpum* (A. Jussieu) T. G. Hartley] 的干燥将近成熟果实，又名吴萸、茶辣、吴辣等。具温中散寒、开郁止痛之功效。主产于贵州、广西、湖南、云南、四川南部及浙江等地，江西、湖北、安徽、福建等地亦产。

一、形态特征

常绿灌木或小乔木，株高3～10米，嫩枝绿色，老枝赤褐色，有短柔毛，上有明显皮孔。叶对生，为奇数羽状复叶。小叶5～9枚，椭圆形或卵圆形，顶端锐尖或渐尖，全缘或有钝锯齿，两面有透明腺点，被淡黄褐色柔毛，脉上更密。聚伞状圆锥花序，顶生。花单性，雌雄异株，花小，黄白色。雄花萼片5枚，花瓣5枚，雄蕊5枚；子房退化为三棱形，被毛。雌花花瓣较雄花略大，子房上位，心皮5个。蓇葖果，扁球形，紫红色，有粗大腺点。种子1粒，卵球形，黑色有光泽。花期5—7月，果期8—9月。

二、生长习性

喜温暖湿润、阳光充足的环境。野生种多见于疏林和林缘旷地。在严寒多风地带以及过于干旱地方不宜栽培。

种子在低温条件下容易萌发，发芽适温为 12～16 ℃，发芽率为 50%～60%。种子寿命为 1 年。

三、栽培技术

1. 选地、整地　吴茱萸对土壤要求不严，一般山坡地、平原、房前屋后、路旁均可种植。在中性、微碱性或微酸性的土壤中都能生长，但作苗床时尤以土层深厚、较肥沃、排水良好的壤土或沙质壤土为佳。低洼积水地不宜种植。每亩施农家肥 2 000～3 000 千克作基肥，深翻暴晒几日，碎土耙平，作成宽 1.0～1.3 米的高畦。

2. 繁殖方法　用根插、枝插和分蘖繁殖。

（1）根插繁殖。选四至六年生根系发达、生长旺盛且粗壮优良的单株作母株。于 2 月上旬，挖出母株根际周围的泥土，截取筷子粗的侧根，切成 15 厘米长的小段，在备好的畦面上，按行距 15 厘米开沟，再按株距 10 厘米将根斜插入土中，上端稍露出土面，然后覆土稍压实，浇稀粪水后盖草。2 个月左右即长出新芽，此时去除盖草，并浇清粪水 1 次。苗高 5 厘米左右时及时松土除草，并浇稀粪水 1 次。翌春或冬季即可出圃定植。移栽方法是按株行距 2 米×3 米挖深 60 厘米左右穴，穴径为 50 厘米，施入腐熟基肥 10 千克。每穴栽 1 株，填土压实后浇水。

（2）枝插繁殖。选一至二年生发育健壮、无病虫害的枝条，取中段，于 2 月剪成 20 厘米长的插穗，插穗须保留 3 个芽眼，上端截平，下端近节处切成斜面。将插穗下端插入 1 毫升/升的吲哚丁酸溶液中，浸半小时取出，按株行距 10 厘米×20 厘米斜插入苗床中，入土深度以穗长的 2/3 为宜。切忌倒插。覆土压实，浇水遮阴。一般经 1～2 个月即可生根，4 月 20 日以后地上部芽抽生新枝，第 2 年就可移栽。

（3）分蘖繁殖。吴茱萸易分蘖，可于每年冬季在距母株 50 厘米处刨出侧根，每隔 10 厘米割伤皮层，盖土施肥覆草。翌年春季便会抽出许多的根蘖幼苗，除去盖草，待苗高 30 厘米左右时分离移栽。

3. 田间管理　移栽后要加强管理，干旱时及时浇水，并注意松土、除草。每年于封冻前在株旁开沟追施农家肥。当株高 1.0～1.5 米时，于秋末剪去主干顶部，促使多分枝。开花结果树应注意在开春前多施磷、钾肥。老树应适当剪去过密枝，或砍去枯死枝及虫蛀空树干，以利更新。

4. 病虫害防治

（1）煤污病。5—6月多发，危害叶部，此病与蚜虫、介壳虫危害有关。防治方法：虫害发生期喷施吡虫啉；发病期喷施1：0.5：150波尔多液。

（2）锈病。5月始发，6—7月危害严重，危害叶部。防治方法：发病时喷施2～3波美度石硫合剂或25%三唑醇1 000倍液。

（3）褐天牛。又名蛀干虫，5月始发，7—10月危害严重，以幼虫蛀食树干。防治方法：5—7月成虫盛发时，进行人工捕杀；用药棉塞入蛀孔内或灌注，并用泥封孔；利用天敌天牛肿腿蜂防治。

（4）柑橘凤蝶。3月始发，5—7月危害严重，以幼虫咬食幼芽、嫩叶或嫩枝。防治方法：喷施 Bt 乳剂300倍液。

四、采收与加工

吴茱萸移栽2～3年后就可开花结果。采收时间因品种而异。一般于7—8月，当果实由绿转为橙黄色时就可采收。宜在早上有露水时采摘，以减少果实脱落，干燥后揉去果柄，去除杂质即可。以果实干燥、饱满、坚实无梗、无杂者为佳。正常植株可连续结果20～30年。

补 骨 脂

补骨脂为豆科植物补骨脂［*Cullen corylifolium*（Linnaeus）Medikus］的干燥果实，又名破故纸、坏故子、黑故子。具补阳、固精、缩尿、止泻之功能。主产于四川、河南、安徽等地，现山西、山东、江苏、陕西等地也有栽培。

一、形态特征

一年生草本，株高1.0～1.5米，全株被白色柔毛及黑棕色腺点。茎直立，上部多分枝。单叶互生，叶片近圆形或卵圆形，边缘有稀粗锯齿。总状花序腋生，密集成短穗状；花萼钟状，具黄棕色腺点；花冠蝶形，通常淡紫色；雄蕊 10 枚，连成一束。荚果肾形或卵形，略扁，果皮黑色，与种子粘贴，熟后不开裂。种子 1 粒，扁圆形，黄褐色，平滑，有香味。花期 6—8 月，果期 7—10 月。

二、生长习性

补骨脂喜温暖湿润气候，宜生长在向阳平坦、阳光充足、土壤肥沃的地方。怕寒，生长后期如遇霜冻，种子将不能成熟。对土壤要求不严，但沙土和黏土不适宜其生长。

种子容易发芽，发芽适温为 20～25 ℃。种子寿命为 3～4 年。

三、栽培技术

1. 选地、整地　宜选土层深厚、排水良好、富含有机质的壤土或沙质壤土种植。每亩施入农家肥 1 500～2 000 千克，深耕 20 厘米，整细耙平，作成宽 1.3 米的平畦。

2. 繁殖方法　用种子繁殖。

于 3 月中旬至 4 月中旬，先将种子用 40～50 ℃温水浸泡 3～4 小时，然后用清水淘洗掉种子表面的黏液。稍晾干后条播或穴播。条播按行距 60 厘米开沟；穴播按穴距 40 厘米开穴，沟和穴深 3～4 厘米，每穴播种 10 粒左右，施入人粪尿，再盖草木灰或细土 2～3 厘米。播后 10 天左右出苗。每亩用种 1.5～2.0 千克。

3. 田间管理

（1）间苗、定苗。出苗后及时间苗。苗高 10～15 厘米时，条播者按株距 30 厘米定苗，穴播者每穴留壮苗 3～4 株。

（2）中耕除草。一般进行 2～3 次。第 1 次在定苗后进行，浅锄表土；第 2 次在苗高约 30 厘米时，深锄 6～10 厘米；最后 1 次在封行前进行，并注意培土。

（3）追肥。一般追肥 2 次。第 1 次在间苗、定苗后，以速效氮肥为主；第 2 次在开花前，结合培土，每亩追施腐熟饼肥 60 千克，并配施少量尿素。

（4）打顶。补骨脂为总状花序，果实由下而上逐渐成熟，9 月上、中旬把花序上端刚开花不久的花序剪去，以利下部果实充实饱满，提前成熟。

4. 病虫害防治　病虫害较少，偶有根腐病、地老虎、蛴螬等病虫害发生，可参照其他药材病虫害的防治方法进行防治。根腐病在雨季发生，应选排水良好的地方种植。

四、采收与加工

补骨脂果实成熟期不一致，从 9 月开始自下而上陆续成熟，如不及时采收便会自行脱落。因此，要分期分批采摘已变黑或接近黑色的果实，最后全部割下晒干脱粒，去除杂质即可。

诃　　子

诃子为使君子科植物诃子（*Terminalia chebula* Retz.）的干燥成熟果实，又名诃黎勒，具有敛肺涩肠、降火利咽的功能。干燥未成熟的幼果作西青果入药，主治风火喉痛。诃子原产于印度、马来西亚、缅甸等国，唐朝传入中国。目前，云南、广东、广西、台湾等地有栽培。国产诃子完全能满足国内市场的需求。

一、形态特征

木本植物，高 18～30 米。树皮灰黑色至灰白色，粗糙。嫩枝被茸毛，后脱落。单叶互生或近对生，嫩叶稍带红色，叶片倒卵形或长椭圆形，全缘或微波状，密被细瘤点。花小，黄色，腋生或顶生穗状花，组成圆锥花序。核果卵圆形或椭圆形，外表无毛，干后有 5 条棱脊。花期 5—6 月，果期翌年 1—2 月。

二、生长习性

喜温暖气候，抗寒力较强。适宜生长的气候条件为年平均温度 19.9～21.8℃。喜湿润，但耐旱，在年降水量 1 000～1 500 毫米的地方能正常生长。成株喜阳，幼株喜阴。土壤要求不严格，但以疏松肥沃、湿润、排水良好的壤土为好。

三、栽培技术

1. 选地、整地　可选向阳的疏林山地、平原或路旁、田边、房前屋后,以土壤较为肥沃疏松、湿润而又不积水的地方为宜。整地前先清除杂草灌木,一般采用穴状整地,穴的规格为 50 厘米×50 厘米×40 厘米或 70 厘米×70 厘米×60 厘米。施沤制的绿肥、火烧土或厩肥等,混土填入穴内作基肥。

2. 繁殖方法 用种子、嫁接和根芽繁殖。

(1) 种子繁殖。一般随采随播。若播种季节处在低温时期,需等温度回升时才播种。待种子出芽后,移至营养容器,摆放在已整好的苗床上。若不经催芽直接播种,可在整好的畦上按株行距 12 厘米×30 厘米开沟点播,沟深 3 厘米,播后覆土,上盖稻草。培育 1 年后,待苗高约 1 米时即可定植。

(2) 嫁接繁殖。主要有芽接法及枝接法。

芽接法:选择高 1 米、直径 1 厘米左右的一年生实生苗作砧木。选择优良品种结果盛期的母株结果枝上芽饱满且未抽新芽的枝条作芽条,削取鸭舌形芽片,并小心剥去木质部。芽接最好在 6—8 月树皮易剥离时进行。在砧木离地 10 厘米处割开鸭舌形略大的皮层,挑开皮部,迅速将芽片贴上,用宽约 2 厘米的塑料薄膜,由下而上一环压一环地捆紧,注意不压芽头。成活后20~30天解去缚扎物;解去 7 天后,在离芽接处上方 5 厘米处斜切断,低处向芽接位背面,以免雨水流向芽接位,用蜡封切口。经常抹去砧木上的芽,让营养集中供应芽接苗生长。

枝接法(又称楔接):选三至四年生、粗 10 厘米的幼树作砧木,截面用快刀纵破 10~15 厘米深。选优良品种的枝条作接穗,粗 1.5~3.0 厘米,长 10 厘米。枝接一般在 3—4 月。将接穗削成楔形(如"V"字形)插入砧木裂缝内,要紧贴,用蜡把接口封上,再用塑料薄膜包裹。30~40 天可愈合抽芽。

(3) 根芽繁殖。根芽可发育成小苗,挖取自然萌发的根芽苗进行栽种,容易成活。

3. 田间管理

(1) 遮阴。播种后立即盖草遮阴,如无荫蔽条件,需搭设荫棚遮阴,荫蔽度保持30%左右。

(2) 淋水、防涝。要注意淋水,保持苗床湿润。雨季要注意排水。

(3) 间苗。当幼苗长出 4~5 枚叶时间苗,每隔 25 厘米留苗 1 株。营养器育苗的,每营养容器内留苗 1 株。间出的幼苗带土团移植,继续培育或供补苗用。

（4）中耕除草、施肥。结合中耕除草进行追肥。定植后前几年，春季施氮肥，秋季施绿肥、火烧土等。结果树在开花前以施磷、钾肥为主，如塘泥、充分腐熟的猪牛粪、草木灰等。

（5）修枝。为使株型矮化，利于采摘果实，可通过摘心、修枝整形促使侧枝生长，形成良好的树冠，使其多结果，但从基部萌发的枝条要剪除。

4. 病虫害防治

（1）立枯病。该病可使幼苗期的茎基部变为黑褐色，萎缩，甚至导致全株死亡。防治方法：发现病株拔除烧毁，在病株穴周围撒石灰粉。

（2）棕胸金龟子（中华金龟子）。该虫是危害诃子的主要害虫之一。防治方法：成虫出土活动期，采用灯光诱杀，或利用其假死性摇树进行人工捕杀；虫害发生时，用90％敌百虫800～1000倍液喷雾防治，每隔4～5天1次，连续4～5次。

（3）天牛。主要危害树干。防治方法：捕捉成虫，消灭虫卵；用药棉蘸90％敌百虫塞于孔洞内，毒杀幼虫。

（4）毒蛾。夏季幼虫成群集结叶背面，严重时能把整片叶肉食光。防治方法：用90％敌百虫1500～2000倍液喷杀。

四、采收与加工

诃子实生苗定植后5～6年或7～8年开始开花结果。采收季节因不同用途和各地气候不同而异。诃子采收的一般采果期为10月前后，分2～3批，选晴天采收黄褐色的熟果。西青果采收为采摘有食指般粗细、咀嚼内核易破、无木质化的幼果。将成熟的果实采后立即放在阳光下暴晒。忌雨水淋湿，如遇雨天，可分层叠放屋内，以利通风，雨后再晒。当果肉晒至干缩起皱，摇之具响声为止。或置于沸水中，烫5分钟左右，取出晒干，晒时不要翻动，以免擦伤果皮、颜色变黑、不光润，影响质量，晒干后为诃子。将被风吹落的幼果或采摘的幼果放入沸水内烫煮2～3分钟，取出晒干为西青果。

五、留种技术

选生长健壮、产量高、质量好、20年以上的壮年母树作留种母株，加强管理，保证多开花结实。一般于 11 月至翌年 3 月，采收粒大饱满、无病虫害的黄色成熟果实，除去果肉，用快刀轻轻从种壳中部斩开，取出种仁，略催芽后即播。将种子均匀地放在厚 10～15 厘米的沙床上，上铺一层厚约 2 厘米的沙，沙上再放种仁，依次堆放 5～8 层。最后加盖稻草，每天淋水 1～2 次，保持湿润。10～20 天后发芽，发芽率可达 60%～80%，出芽后及时移至苗床。如单层催芽，可待子叶展开后移至苗床。也可用袋或干沙贮藏。

连　翘

连翘为木樨科植物连翘 [*Forsythia suspensa* （Thunb.） Vahl] 的干燥果实，为常用中药，又称连召。具有清热解毒、消肿散结、排脓功能。主产于河北、山西、河南、陕西、湖北、四川等地，多为栽培。

一、形态特征

连翘为落叶灌木，茎丛生，株高 2～3 米。枝条细长开展或下垂，小枝浅棕色，稍具四棱，节间中空无髓心，着地生根力很强。单叶对生，具柄；叶片卵形至长卵形，或微裂为 3 枚小叶，边缘有不整齐锯齿，半革质。花黄色，先叶开放，1～6 朵，腋生。蒴果狭卵形，木质，略扁，熟时黄褐色，成熟的果实自尖端开裂成 2 瓣，形状似鸟嘴。种子狭椭圆形，棕色，一侧有薄翅。花期 3—4 月，果熟期 8—10 月。

二、生长习性

连翘对土壤和气候要求不严格，耐寒，耐旱，忌水涝。喜温暖干燥和光照充足的环境，在排水良好、富含腐殖质的沙壤土上生长良好。在阳光充足的阳坡生长好，结果多；在阴湿处枝叶徒长，结果量较少，产量低。

在土壤湿润、温度 15℃条件下，约 15 天出苗，苗期生长缓慢，生育期较长，移栽后 3～4 年开花结果。连翘生长发育与自然条件密切相关，3 月开花，5 月抽新枝，9—10 月果实成熟，种植年限为 3～4 年。

种子在较高温度条件下容易萌发，发芽适温为 25～30℃。种子寿命为 1～2 年。

三、栽培技术

1. 选地、整地 选择地块向阳、土壤肥沃、质地疏松、排水良好的沙壤土，于秋季进行耕翻，耕深 20～25 厘米，结合整地施基肥，每亩施圈肥 2 000～2 500 千克，然后耙细整平。直播地按株行距 130 厘米×200 厘米挖穴，穴深与穴径为 30～40 厘米；育苗地作成宽 1 米的平畦，长度视地形而定。

2. 繁殖方式 以种子繁殖和扦插育苗为主，亦可用压条繁殖、分株繁殖。

（1）种子繁殖。南方于 3 月上、中旬直播，北方于 4 月上旬直播。在已备好的穴坑中挖一小坑，深约 3 厘米，选择成熟饱满、无病害的种子，每坑播 5～10 粒，覆土后稍压，使种子与土壤紧密结合。一般 3～4 年后开花结果。

育苗移栽为在整平耙细的苗床上，按行距 20 厘米开 1 厘米深的沟，将种子掺细沙均匀地撒入沟内，覆土后稍压，每亩用种子 2 千克。春播半月左右出苗，苗高 5 厘米进行定苗，苗高 10 厘米时松土除草，每亩追施尿素 10 千克，浇水时随水施入，以促进幼苗生长。当年秋季或第 2 年春季萌动前移栽。按株行距 120 厘米×150 厘米、穴径 30 厘米进行移栽，施杂肥 5 千克，与土混匀，栽苗 2～3 株，填土至半穴，稍将幼苗上提一下，使根舒展，再覆土填满，踏实。若土壤干旱，移栽后要浇水，水渗下后再培土保墒。

（2）扦插育苗。于夏季阴雨天，将一至二年生的嫩枝中上部剪成 30 厘米长的插条，在苗床上按株行距 5 厘米×30 厘米开 20 厘米深的沟，斜摆在沟内，然后覆土压紧，保持畦床湿润，当年即可生根成活，第 2 年春季萌动前移栽。

3. 田间管理 种子繁殖的幼苗期，当苗高 20 厘米时除草松土和间苗。间苗时每穴留两株，适时浇水。苗高 30～40 厘米时，可施稀粪尿水 1 次，促其生长。主干高 70～80 厘米时剪去顶梢，多发侧枝，培育成主枝。以后在主枝上选留 3～4 个壮枝培育成副主枝，在副主枝上放出侧枝，通过整形修剪，使其形成低干矮冠、内空外圆、通风透光、小枝疏朗、提早结果的自然开心形树形。随时剪去细弱枝及徒长枝和病虫枝。结果期可施农家肥和磷、钾肥促其坐果早熟。

4. 病虫害防治

（1）叶斑病。连翘常患叶斑病。病菌首先侵染叶缘，随着病情的发展逐步向叶中部发展，发病后期整个植株都会死亡。防治方法：一定要注意经常修剪枝条，疏除冗杂枝和过密枝，使植株保持通风透光；也可以配制农药进行防治。

（2）钻心虫。防治方法：于钻心虫卵盛孵期喷施 50％敌敌畏乳油 1 500 倍液，每隔 5～7 天 1 次，连喷 2～3 次。

四、采收与加工

因采收时间和加工方法不同，中药将连翘分为青翘、黄翘、连翘心 3 种。

1. 青翘　于 8 月至 9 月上旬采收未成熟的青色果实，用沸水煮片刻或蒸半个小时，取出晒干即成。以身干、不开裂、色较绿者为佳。

2. 黄翘　于 10 月上旬采收熟透的黄色果实，晒干，除去杂质，习称老翘。以身干、瓣大、壳厚、色较黄者为佳。

3. 连翘心　将果壳内种子筛出，晒干即为连翘心。

五、留种技术

选择生长健壮、枝条节间短而粗壮、花果着生密而饱满、无病虫害的优良单株作采种母株，于 9—10 月采集成熟果实，薄摊于通风阴凉处后熟数日，阴干后脱粒，选取籽粒饱满的种子沙藏作种用。

枳　　　壳

枳壳为芸香科植物酸橙（*Citrus×aurantium* L.）的干燥近成熟果实，别名枸头橙、香橙。自然脱落的幼果称枳实，两者均有破气消积、化痰之功效。主产于江西、四川、湖北、贵州等地，江苏、浙江、广东等地亦产，多为栽培。

一、形态特征

常绿小乔本，树冠伞形，茎枝三棱形，光滑，有长刺。单身复叶，互生；叶片革质，卵形或倒卵形，长 5～10 厘米，宽2.5～5.0厘米，全缘或有不明显的锯齿，两面无毛，具半透明油点。花排成总状花序，亦有单生或簇生于当年枝顶端或叶腋；花萼外疏被短毛。花白色，芳香。柑果近球形而稍扁，橙黄色或橘红色，果皮较粗糙，果汁味酸，种子多数。花期 4—5 月，果期 6—11 月。

二、生长习性

酸橙喜温暖湿润、雨量充沛、阳光充足的气候条件，一般在年平均温度 15℃以上地区生长良好。酸橙对土壤的适应性较广，红、黄壤均能栽培，以中性沙质壤土为最理想，过于黏重的土壤不宜栽培。

种子室温袋藏 1 年后发芽率为零，生产上宜沙藏。发芽时的有效温度为 10℃以上，生长适温为 20～25℃，但可暂时忍受－9℃左右低温，水分充足条件下，最高可忍耐 40℃高温而不落叶。

酸橙结果年龄因种苗来源而异，一般空中压条苗或嫁接苗在栽植后 4～5 年开始开花结果，种子繁殖在栽后 8～10 年才开始开花结果，结果期可达 50 年以上。

三、栽培技术

1. 选地、整地 苗床应选水源方便、土层深厚、质地疏松肥沃、排水良好的壤土或沙壤土，以未培育过柑橘类苗木的土地为佳。整地前施足基肥，每亩用腐熟有机肥 4 000 千克，深翻25～30厘米。播前耙平，作成宽 1 米的畦。定植场地以定植前 1 年垦荒翻耕为好。

2. 繁殖技术 生产上以种子繁殖为主，也可嫁接或压条繁殖。

（1）种子繁殖。冬播在当年采种后，春播在翌年 3 月上、中旬。按行距 30 厘米、株距 3～6 厘米条播，播后用肥土盖种再覆草，保持床土湿润。幼苗破土后及时去掉覆盖物，翌春待苗高 1 米左右时，再按行距 30～50 厘米、株距 25～30 厘米移栽。

（2）嫁接繁殖。嫁接用的砧木可用种子繁殖 2～3 年的幼株。每年 2 月、5—6 月、9—10 月均可。嫁接一般采用腹接法，也可采用"丁"

字形芽接等。嫁接时要求刀利、手稳、削口要平、嵌芽要准、包扎紧实。成活1～2年后，发育正常即可定植。

（3）定植。于翌年春、秋两季无风或雨后晴天进行定植，穴内施足腐熟堆肥。每穴植苗1株。根要伸直，填土后将苗轻提，然后压实，松覆土，浇水。定植后，在每株旁边插立柱，扎稳苗木，防止倒伏，苗长稳时撤除。

3. 田间管理

（1）中耕除草。幼树期每年至少进行4次中耕除草；冬季注意松土。

（2）灌溉、施肥。定植初期应视气候情况进行浇水。成林后一般不需浇水，如干旱可在施肥时多加些水，雨季防田内积水。幼树宜结合中耕除草追肥，以氮肥为主，尤其在春、夏、秋季追肥可使新梢抽长。结果树每年2月、5—6月、7—8月、10—11月各施肥1次，以人畜粪水为主，加入过磷酸钙和尿素，也可沿树开挖25～30厘米深的环状沟施入塘泥、草木灰等杂肥，施后用土填平。

（3）合理整枝。整枝方法随树龄不同而有所差异，幼树于定植后3～4年，树高1.5米时进行整枝，将离地1米以下小枝除去，使枝条伸向四方，呈圆形或塔形。成年树常在春节后整枝，主要剔除病枝及密生枝、下垂枝，结果老枝也可适当修剪。

4. 病虫害防治

（1）柑橘溃疡病。危害叶、枝梢、果实，南方3—4月开始发生，7月盛发，高温（25～30℃）易引起发病。防治方法：冬季或早春发芽前剪除病枝，就地烧毁；春芽萌动前每隔10～15天喷1:2:200波尔多液1次，共喷5～6次。

（2）疮痂病。危害叶、果和新梢幼嫩部分。5月下旬至6月中旬发病最重。防治方法：剪除病枝，集中烧毁；春芽萌发和落花时，各喷洒0.8:1:100波尔多液1次。

（3）虫害。主要有星天牛、介壳虫、潜叶蛾等，主要危害树叶、枝梢等，一般6月发生。防治方法：可根据不同害虫及危害情况用90%敌百虫500倍液喷施防治。

四、采收与加工

枳壳一般在7月果实未成熟时采摘，过迟则瓤大皮薄，质量差。将收摘的果实自中部横切成两半，晒干或煤火烘干。晒时要摊在草席或草地上，先晒瓤肉一面，待晒干至不沾灰土时再翻晒果皮面，直至全干。晒时切忌沾灰、淋雨，也忌摊晒在石板或水泥地面上，这样干后才能达到皮青肉白。如用火烤，火力不能过大，以防烤焦。

枸 杞 子

枸杞子为茄科植物宁夏枸杞（*Lycium barbarum* L.）的干燥成熟果实，有补肾益肝的作用。枸杞根皮干燥后也可入药，称地骨皮，有清热、凉血、降压的功效。主要分布于我国北方各省。主产于宁夏回族自治区以及河北、甘肃、陕西、青海等地。

一、形态特征

宁夏枸杞为灌木或小乔木状。主枝数条，粗壮，果枝细长，先端通常弯曲下盘，外皮淡灰黄色，刺状枝短而细，生于叶腋，长 1～4 厘米。叶互生或丛生于短枝上，叶片披针形或卵状长圆形，长 2～8 厘米，宽 0.5～3.0 厘米。花腋生，花冠漏斗状，粉红色或深紫红色。果实熟时鲜红，种子多数。花期 5—10 月，果期 6—10 月。

二、生长习性

枸杞具有较强的适应性，对温度、光照、土壤要求不甚严格。从主要分布区看，一般年平均气温在 5.6～12.6℃的地方均可栽培。

枸杞根系发达，一年有 2 次生长期，随之有 2 次开花结果期，春季现蕾在 4 月下旬至 6 月下旬，秋蕾在 9 月上旬。实生苗当年能开花结实，以后随着树龄的增长，开花结果能力逐渐提高，36 年后开花结果能力又渐渐降低，经济年龄约 30 年。

枸杞种子很小，千粒重只有 0.83～1.00 克。在常规保存条件下，种子寿命为 4～5 年。发芽适温为 20～25℃，此条件下 7 天就能发芽。

三、栽培技术

1. 选地、整地 育苗田以土壤肥沃、排灌方便的沙壤土为宜。育苗前施足基肥，翻地 25～30 厘米，作成宽 1.0～1.5 米的畦，等待播种。定植地可选壤土、沙壤土或冲积土，要有充足的水源，以便灌溉。土壤含盐量低于 0.2％。定植地多进行秋耕，翌春耙平后，按 1.7～2.3 厘米距离挖穴，穴径 40～50 厘米，穴深 40 厘米，备好基肥，等待定植。

2. 繁殖技术 枸杞繁殖有播种、插条与分株等方法。生产上以播种育苗为主。

（1）播种育苗。播种育苗以春播为好。播前将干果在水中浸泡 1～2 天，搓除果皮和果肉，在清水中漂洗出种子，捞出稍晾干，然后与种子量 3 倍的细沙拌匀，在室内 20℃条件下催芽，待种子有 30％露白时，按行距 30～40 厘米开沟，将催芽后的种子拌细土或细沙撒于沟内，覆土 1 厘米左右，播后稍镇压，并覆草保墒。播种量为每亩 0.5 千克。

（2）扦插育苗。于春季发枝前，选一年生枝条的徒长枝，截成 15～20 厘米长的插条，上端切成平口，下端削成斜口，按行株距 30 厘米×15 厘米斜插苗床中，保持土壤湿润。

（3）移栽。春、秋季均可，春季在 3 月下旬至 4 月上旬，秋季在 10 月中、下旬。按穴距 2.3 米挖大穴，每穴 3 株，穴内株距 35 厘米，也可按 1.7 米距离挖穴，每穴种 1 株，栽后踏实灌水。

3. 田间管理

（1）翻晒地及中耕除草。一般 1 年翻晒地 2 次，春翻在 3 月下旬至 4 月上旬，浅翻 12～15 厘米，秋翻在 8 月上、中旬，深翻 20～25 厘米。第 1 次中耕除草在 5 月上旬，第 2 次在 6 月上、中旬，第 3 次在 7 月下旬。

（2）施肥。冬肥在 10 月中旬至 11 月初施用，以羊粪、饼肥混合施用。三至五年生幼龄树一般每株施杂肥 10～15 千克、饼肥 2.0～2.5 千克。结果的成年枸杞，每株施杂肥 35～40 千克、饼肥 3～5 千克，施后灌水。生长期追肥，第 1 次在 5 月上旬，第 2 次在 6 月上旬，第 3 次在 6 月末至 7 月初，施速效氮、磷肥料。

（3）合理灌水。枸杞在生长季节喜水，但怕积水，应根据生长情况和土壤水分状况灌水。一般生长期每隔 1 周灌 1 次水，果熟期每采 1 次果灌 1 次水。从 8 月上旬至 11 月中旬结合施肥要灌 3 次水。

（4）整形和修剪。幼树整形为移栽后在距地面高 50 厘米处剪顶定干，于当年秋季在主干上部选留 3～5 个粗壮的枝条作主枝，并留 20 厘米左右进行短截。成树修剪可在春、夏、秋季进行，春季剪去枯死枝条，夏季剪去徒长枝条，秋季剪去徒长枝及树冠周围的老、弱、病枝和横条。

4. 病虫害防治

（1）黑果病。危害嫩枝、叶、蕾、花、青果等。始发期为 5 月中旬至 6 月上旬。防治方法：结合冬季剪枝清除树上的黑果、病枝及落叶落果，烧毁或深埋；发病期喷 1：1：120 波尔多液，每隔 5～7 天喷 1 次，连续 3～4 次。

（2）流胶病。多在夏季发生，秋季停止流出胶液。受害植株树干皮层开裂，从中流出泡沫状白色液体，有腥臭味，常有黑色金龟子和苍蝇吮吸。防治方法：田间作业避免碰伤枝干皮层，修剪时剪口平整；一旦发现皮层破裂或伤口，立即涂刷石硫合剂。

（3）根腐病。发生普遍，危害严重。防治方法：保持园地平整，不积水、不漏灌，发现病斑立即用灭菌剂灌根，隔 7～15 天 1 次，连续 3～4 次。

（4）白粉病。危害叶片，一般发生在多雨季节。防治方法：用 45％硫黄胶悬剂 200～300 倍液喷雾，每亩用量 30～35 毫升。

（5）虫害。主要有枸杞瘿螨、木虱、负泥虫、实蝇、蚜虫等。危害叶片与果实，4—9 月均可发生。防治方法：随时摘除虫果，集中烧埋。

四、采收与加工

宁夏枸杞采果期在 6—8 月，幼树可延迟至 10 月，采果期每隔 5～7 天采 1 次，忌在有晨露、雨水未干时采。采后可晒干或烘干。晒干前两天忌暴晒，忌手翻动。烘干可采用 3 阶段温度烘，第 1 阶段温度在 40～45 ℃，历时 1.0～1.5 天，至果实出现部分收缩；第 2 阶段温度在 45～50 ℃，历时 1.5～2.0 天，至果全部呈现收缩皱纹，呈半干状；第 3 阶段温度可在 50～55 ℃，历时 1 天左右，烘至干燥，干燥后要进行脱柄。

栀 子

栀子为茜草科植物栀子（*Gardenia jasminoides* Ellis）的干燥成熟果实，具有泻火除烦、清热利尿、凉血解毒之功能。主产于江西、湖南、湖北、浙江、福建等地。

一、形态特征

栀子为常绿灌木，高可达 2 米，通常高 1 米左右。叶对生或二叶轮生，茸质，长椭圆形或长圆状披针形，全缘；叶柄短；托叶鞘状，膜质。花单生于枝端，芳香，萼管倒圆锥形，有棱，裂片线形；花瓣旋卷形排列，花开时呈高脚杯状、脚碟状，5～6 裂，初为白色，后变为乳黄色。果卵形，黄色，有翅状纵棱 5～8 条，种子多数。花期 5—7 月，果期 8—11 月。

二、生长习性

栀子具有喜光、怕严寒的生长特性，要求光照充足、温暖湿润、土层深厚肥沃的生长条件。在 −5℃以上均能安全越冬，20～25℃最为适宜，30℃以上生长缓慢。3 月下旬叶腋间开始萌发新枝，一部分老叶也在此时脱落，主茎在 1 年内于春、夏、秋季有 3 个明显的抽生阶段，花谢后有一落花落果过程。果期一般需 1 年以上时间，有抱子怀胎的特性。

种子容易萌发，发芽适温为 25～30℃，发芽率可达 95％以上。种子寿命为 1～2 年。

三、栽培技术

1. 选地、整地　育苗地应选择东南向的山脚处或半阳的丘陵地，土壤以疏松肥沃、透水通气良好的沙壤土为宜。播前深翻土地，耙细整平，作宽 1.0～1.2 米、高 17 厘米左右的苗床。定植地宜选坐北朝南或东南向、耕作层深厚、土壤肥沃、土质疏松、排灌方便的冲积壤土、紫色壤土和砾质土。重黏土和重盐碱土不宜种植。选地后宜冬前深翻，使其冻垡。

2. 繁殖方式 可用种子、扦插和分株繁殖。种子繁殖的苗木数量大，成株后生长势强，是目前生产上主要应用的繁殖方法，也有用嫁接繁殖的。

（1）种子繁殖。春、秋季均可播种，以春播为佳。春播多在 2 月下旬至 3 月初，秋播在 9 月下旬至 10 月。将选择好的栀子果实剪破，取出种子用清水浸泡 12 小时，捞出下沉的充实种子，晾至半干即可播种。播前苗床先泼施人粪尿作为基肥，整平后按行距 25 厘米开深 2 厘米的浅沟，将种子均匀播入，覆 1～2 厘米厚的营养土（草木灰与磷肥拌和），稍镇压，再盖一薄层稻草，以保持土壤湿润。每亩用种 2～3 千克。

（2）扦插繁殖。一般在 2 月下旬至 4 月，或 9 月下旬至 10 月下旬进行，选择优良健壮、二至三年生枝条，剪成 17～20 厘米的插条，在高畦上按行距 15～30 厘米、株距约 8 厘米扦插。扦插时枝条应稍微倾斜插在苗床上，入土约 2/3，上端留 1 个芽节露出土面。插后经常浇水，保持床土湿润。如管理得当，1 年后即可定植。

（3）分株繁殖。于春季或秋季，选择优良健壮的株系，刨开表土，将幼株从母株相连处分挖出来，然后单独栽植，施浇稀粪水，促其成活。

3. 田间管理

（1）中耕除草。幼苗出土后，揭去覆盖物，经常保持苗床湿润，及时除去杂草，追肥 2～3 次，分期分批匀苗，最后保持株距在 7～10 厘米，必要时适当培土。定植后特别加强中耕除草，每年保持 2 次以上，中耕除草宜浅。冬季结合根际培土进行防冻保湿。

（2）整形修剪。栽植后 1 年就应修剪株芽，将主干 30 厘米左右以下的芽全部抹去，确保树形小乔木化，然后依照树的长势，修剪成内空外圆、层次分明的树冠。

（3）追肥。在 3 月底 4 月初，每亩施尿素 3～4 千克，为开花奠定营养基础。壮果肥在花谢后的 6 月下旬施，每亩深施复合肥 4～6 千克，此次忌施氮肥，以防止夏梢过量抽发，导致结果部位迅速上移。立秋前后重施花芽分化肥，每亩施尿素 6～7 千克，配合粪尿水 200 千克，挖穴水施，施好这次肥是增产的关键。每年冬季中耕除草后每亩施临时混合的尿素 10～20 千克、磷肥 30～40 千克，以补充营养，使其安全越冬。

4. 病虫害防治

（1）褐斑病。此病为常见的一种叶和果的病害。防治方法：用 1∶1∶1 000 波尔多液于 5 月下旬发病前和 8 月上旬分别喷药，每隔 15 天 1 次，连续 2～3 次。

（2）炭疽病。危害叶片和嫩果，一般 5 月开始发生，7—8 月危害最严重，导致叶片呈褐色病斑坏死，果实裂开。防治方法：加强施肥和抚育等栽培管理，促进树势，增强抗病力；5—8 月经常喷波尔多液保护和预防；发病时用高效低毒杀菌剂防治。

（3）煤污病。症状是在叶面、枝梢上，影响光合作用，甚至引起死亡。高温多湿、通风不良及蚜虫、介壳虫等分泌蜜露害虫发生多等状况下加重发病。防治方法：及时防治蚜虫、介壳虫等虫害；注意修剪，清除杂草，使通风透光，清除发病条件。

（4）根结线虫病。使地上部分的枝叶表现黄瘦，根似缺肥状，生长势衰弱，产量锐减，品质低劣；受害严重时，叶片干枯脱落，枝条枯萎以致全株死亡。防治方法：每年进行土、肥管理，增强树势，避免遭受根结线虫病的危害。

（5）龟蜡蚧。6—7 月若虫大量出现时栖居于叶片、枝梢上吸食危害。防治方法：冬季修剪后用 10 倍松脂合剂液进行喷雾；7 月上旬，用 15 倍松脂合剂液喷雾。

（6）大透翅天蛾。以幼虫危害树梢嫩叶，从 5 月上旬至 12 月均有危害。防治方法：栀子收获后，结合田间管理进行冬垦，杀死越冬蛹和破坏蛹室；保护天敌；在幼虫 3 龄前喷洒 90％敌百虫或 80％敌敌畏 1 000 倍液毒杀。

四、采收与加工

用种子繁殖的，定植后 3～4 年可开花结果，扦插繁殖的 2～3 年开始结果。在 10 月中、下旬，当果皮由青转为枯黄色时采收，采果用手摘，勿折枝。无论果大、果小、青果、黄果，一次性采回，不必分批采收而浪费劳力，还影响来年发枝和产量。鲜果的折干率一般为 6∶1。

除去果柄杂物晒干或文火烘干，最好置蒸笼内微蒸或放入明矾水中微煮，取出后晒至 8 成干，堆起"发汗"数天，再烘至全干即可。以皮薄、饱满、色红者为佳。

五、留种技术

一般情况下，栀子种子在播种后第 3 年开始结果。留种时应选生长势强、进入旺盛结果年龄、无病虫害的植株作留种母株，注意疏花疏果，加强田间管理。果实成熟时，选择果大饱满、色红、皮薄、无病虫危害的果实，晒至半干，剥开果实，取出种子，放水中搓散，收集下沉于水底的饱满种子，于通风处晾干，装入布袋挂藏。

草　果

草果为姜科植物草果（*Amomum tsaoko* Crevost et Lemarie）的干燥成熟果实，又名草果仁、草果子，具有燥湿温中、除痰截疟的功能。国内除依靠采收野生资源外，目前仍需从国外进口。草果主要分布在越南。我国产于广西、云南。

一、形态特征

多年生草本植物。植株高 2.0～2.5 米，根状茎横走，粗壮有节，地上茎直立，丛生。叶排成 2 列，叶片长椭圆形或狭长圆形，先端渐尖，基部渐狭，全缘，叶两面光滑无毛，叶鞘开放，包茎，叶舌长 0.8～1.2 厘米。穗状花序从根茎抽出，每一花序有 5～30 朵花，花黄色或红色。蒴果密集，长圆形或卵状椭圆形，顶端有宿存的花柱，熟时红色，外表面具有不规则皱纹，内有多角形种子。花期 4—5 月，果期 6—11 月。

二、生长习性

喜温暖而阴凉的山区气候环境。以年平均气温 18～20℃为宜，在绝对低温为 1℃时，不出现冻害现象。喜湿润，怕干旱，开花季节如雨量适中，则结果多，保果率高；若雨量过多，会造成烂花不结果；

若开花季节遇上干旱，花多数干枯而不能坐果。草果是阴生植物，不耐强烈日光照射，喜有树木庇荫的环境，一般荫蔽度50%～60%为宜。土壤则以山谷疏林阴湿处、腐殖质丰富、质地疏松的微酸性沃土为宜。

三、栽培技术

1. 选地、整地　宜选择山谷坡地、溪边或疏林下，土壤以富含腐殖质、质地疏松的沙质壤土为宜，贫瘠土和重黏土不宜栽种。在选好的林地上，要清理杂草和灌木，过密的乔木也应疏伐，调节荫蔽度为50%～60%，翻土深20～27厘米。作宽1.2～1.5米、高20厘米的畦，畦内按株行距挖穴，穴的规格为40厘米×40厘米×30厘米，穴内施堆肥、厩肥和火烧土等作基肥，与表土拌匀后待值。

2. 繁殖方法　用种子繁殖和分株繁殖。

(1) 种子繁殖。选择果粒大、种子饱满、无病虫害的高产植株作采种植株。当果皮紫红色、种子呈银灰色、果实嚼着有甜味时采摘，然后选出饱满、充分成熟、无病虫害的果实作种，宜随采随播。播种前先将果皮剥掉，洗净果肉，用清水浸种10～12小时，后将粗沙与种子置于竹箕充分搓擦，以擦掉假种皮为度。或将种子用30%的草木灰拌和，用手将种子搓散，除去表面胶质层，然后播种或晾干保存至翌年春季播种。

春、秋均可播种，以秋播较好。春播要在气温回升到18℃以上时进行，秋播在月平均气温18～20℃以上时进行。1个月种子就可大量发芽出土，播后40～50天发芽率可达80%以上，12月至翌年2月发芽率可达90%以上。

播种时在畦上以行距15～20厘米开沟，按株距约6厘米放种，播种深度为1.5～2.0厘米，播后覆土并盖草淋水。育苗半年后即可定植。

(2) 分株繁殖。在春季新芽开始萌发、尚未出土前，从母株丛中选取一年生健壮的分株，剪去下部叶片，留上部叶片2～3枚，以减少水分蒸发。将带芽根茎挖起，截7～10厘米长，截断后栽植。按株行距1.3米×1.7米开穴，穴规格为50厘米×50厘米×40厘米，每穴栽1丛，覆土压实，淋足定根水。

3. 田间管理

（1）遮阴。若荫蔽度不够，可搭设简易荫棚遮阴。

（2）中耕除草。种植后每年4—6月中耕除草1次，在最后1次除草时，割除结果后枯死的老株、病株。

（3）追肥。有条件的产区每年追肥多次。早春用干细的鸡粪拌以草木灰，撒在植株周围；夏季刚开花时，将草木灰在清晨露水未干前撒在叶面上作根外追肥；冬初收果后用厩肥、火烧土壅在根部。亦可结合中耕除草，开环状沟施追肥。

（4）培土。草果定植后至开花前要进行培土，使幼芽生长健壮，开花以后不宜培土，以免捂伤花蕾，造成腐烂不结果。每次除草时，如发现露出土面的须根，可在须根处培少量的腐殖质土，以利根部吸收养分。

（5）排灌。当根部现出球形花苞时，遇上干旱应及时灌溉；雨水太多时应注意排水，以免伤及花蕾，同时要将花蕾周围的杂物除去，使其通风透光，以免落花和烂果。

（6）调整荫蔽度。草果在整个生长发育阶段需要一定荫蔽，当树木生长造成林内透光度不够时，应适当疏伐或修枝，将荫蔽度控制在50%～60%，以利新株生长。

4. 病虫害防治

（1）立枯病。危害幼苗，3—4月发生，严重时会造成成片倒苗。防治方法：幼苗出土后用1∶1∶120波尔多液预防；发病后拔除病株，在病株周围撒石灰粉。

（2）钻心虫。危害草果的茎部。防治方法：发现虫情应及时剪掉枯心的植株。

四、采收与加工

草果在种植两年后便开花结果，一般在6～7年后才进入大量结果期。立秋后，9—10月果实成熟，在变灰褐色而未开裂时采收。将摘下的果实直接晒干或用微火烘干，否则易发霉变质。在烘烤时要掌握火候，火大会烤焦，火小则烤成霉草果。烘烤时火力要均匀，炉温保持50～60℃，并经常翻动，使受热均匀。亦可将鲜果放入沸水中烫2～3分钟，取出晒干，再用温火焙，即得干果实。

益　智

益智为姜科植物益智（*Alpinia oxyphylla* Miq.）的干燥成熟果实，又名益智仁，具有温脾止泻摄唾、暖肾固精缩尿的功效。主产于海南省，广东省雷州半岛也有少量分布，广西、云南、福建等地有栽培。

一、形态特征

多年生草本植物。植株高 1～2 米，茎直立，由茎基部萌发很短的根茎，自上抽笋，形成丛生的植株群体。叶 2 列互生，具短柄；叶片长披针形，先端尖，基部较宽，叶缘有细齿，叶面深绿色，两面光滑无毛，叶舌膜质。总状花序顶生，花唇形，唇瓣倒卵形，白色，中间有淡红色脉纹。蒴果椭圆形或近圆形，熟时淡黄色。种子形状不规则，棕黑色。花期 2—5 月，果期 6 月。

二、生长习性

喜温暖，年平均温度为 24～28℃最适宜，20℃以下则不开花或不完全开花，10℃以下则开花结果受到严重影响，不散粉，不能实现授粉而造成落花落果，低于 2℃则落果严重。喜湿润的环境，要求年降水量为 1 700～2 000 毫米，空气相对湿度为 80％～90％，土壤湿度在25％～30％。益智是一种半阴生植物，一般需荫蔽度为30％～50％。要求土壤疏松肥沃、排水良好、富含腐殖质的森林土、沙质土或壤土。

三、栽培技术

1. 选地、整地　宜选择具有一定荫蔽条件的河沟边、溪旁、山谷或坡度在 25°以下的山林地带。翻耕土壤后开穴，穴的规格为 40 厘米×40 厘米×30 厘米，穴中适当施腐熟的牛栏粪 5 千克，和表土混合。在海南岛常栽在橡胶林下。

2. 繁殖方法　用种子繁殖和分株繁殖。

（1）种子繁殖。随采随催芽后播种。于 2 月上旬至 3 月上旬，待催芽后有大量种子发芽时即播种，播后 10 天即可出苗。在整好的苗床上按行距 15 厘米开小沟，沟宽约 5 厘米，沟深不宜超过 2 厘米，每隔 5 厘米播种子 1 粒，播后覆土，盖草淋水。约 15 天即可出苗。育 1 亩苗可供栽 10 亩地。定植时密度为株行距 1.5 米×（1.5～2.0）米。种植时期一般在雨季、阴雨天。选健壮植株，整丛挖起，剪去部分叶片，留短秆和根状茎进行定植，少于 3 个芽的每穴植 2 丛。定植时不宜过深，轻压后再覆土与穴面齐平。淋定根水，以保成活。一般每亩植 200～220 丛。

（2）分株繁殖。选取一至二年生、茎粗壮、无病虫害、叶浓绿的未开花结果分蘖株作种（或用野生植株移植）。6—8 月采收果实后，选阴天进行。采挖种苗时应把地下茎带分芽从母株分离出来，勿伤根状茎，适当修剪叶片和过长的老根，新芽整个保留。每穴栽 4～5 株，种植深度略高于原来生长的痕迹，覆土不宜过深，以免影响分蘖，种后压实穴土。

3. 田间管理

（1）搭设荫棚。苗期需搭设荫棚，避免阳光直射。

（2）灌溉、排水。在干旱季节要适当淋水，保持土壤湿润，特别是花果期，如遇干旱易引起落花落果。遇暴雨则应及时排水。

（3）除草松土。果实采收后以及开花结果前各除草 1 次，松土宜浅，以免损伤根状茎和嫩芽。

（4）追肥。一般可在松土后进行。定植后第 1 年为了促进植株多分蘖，应多施氮肥；第 2 年为促进开花结果，应以磷、钾肥为主；第 3 年进入花果期，7—8 月施催芽壮株肥；翌年 1 月施足有机肥与磷、钾混合肥，以促进花芽分化及花的形成与发育。

（5）保果。在花苞开放期，于下午（或傍晚）喷施 0.5％硼酸或 3％过磷酸钙溶液，能提高其稔实率和结果数。

（6）修剪。割除已结果实的分蘖株和病株，减少养分消耗，促进新芽生长，增加能开花结果的植株。另外，还要剪去 3—7 月这 5 个月发出的新芽所形成的枝条，因为它们既赶不上明年的开花期，又等不到后年的开花季节，影响产量。

4. 病虫害防治

（1）立枯病。危害幼苗叶片或叶鞘，在土壤湿度大或连遇阴雨时易发。防治方法：苗床应设在地势较高、排水良好的地方；若土壤过湿，则开沟松土，加速水分蒸发；剪除病叶，集中烧毁；用1∶1∶100波尔多液或0.2～0.5波美度石硫合剂喷施，每隔7～10天喷1次，连续2～3次。

（2）叶枯病。老叶先发病，病菌多从叶尖、叶缘侵入。防治方法：清除落叶，适当遮阴；用1∶1∶100波尔多液喷洒。

（3）根线结虫病。危害根部。防治方法：土地不宜连作，种植前翻土晾晒；清除病根，铲除杂草。

（4）益智弄蝶。又叫苞叶虫，主要危害叶片。防治方法：人工摘除卷叶；幼虫发生时用90%敌百虫1 000倍液喷杀，每隔7天1次，连续2～3次。

（5）益智秆蝇。又叫蛀心虫子，成虫把卵散产于叶片上或叶鞘附近，幼虫孵化后，从叶梢侵入取食，心叶被害后再转移到其他植株继续危害，受害植株形成空心。防治方法：用敌百虫1 000倍液防治。

（6）地老虎、大蟋蟀、稻苞虫、蝗虫和金龟子。咬幼苗；危害叶片。防治方法：采用毒饵诱杀或人工捕捉。

四、采收与加工

5—6月果实呈淡黄色、种子呈棕褐色、具辛辣味、果皮茸毛减少时剪下果柄。将采收的果实充分晒干，若遇阴雨天，宜及时用低温（一般不宜超过40 ℃）烘干。

五、留种技术

选择充分成熟的粒大、饱满、无病虫害的、味浓、产量高的植株为留种母株。在5—6月果熟时，摘下鲜果，堆放3～5天，剥去果皮，把种子和等量的细沙、30%的草木灰混在一起搓去果肉，淘出种子。益智种皮坚实而含有蜡质，播种前需浸冷水1～2小时，然后放入40 ℃的温水中浸20分钟，捞出再浸冷水中20～24小时，取出后铺在沙床上催芽，注意淋水，保持沙床湿润，10～15天种子开始萌动，当出现白色小根点时即可取出育苗。

槐　米

槐米为豆科植物槐（*Styphnolobium japonicum* L.）的干燥花蕾，有凉血止血、清热泻火之功能。其干燥成熟果实称槐角，有润肠通便、止血凉血的功能。主产于辽宁、河北、河南、山东、安徽及江苏等地，我国南北各地普遍栽培。

一、形态特征

落叶乔木，高可达 25 米。羽状复叶互生，小叶 9～15 枚，卵形至卵状披针形，先端尖或渐尖，基部阔楔形，背面灰白色，疏被短茸毛。圆锥花序顶生，花萼钟形，花冠乳白色。荚果肉质，呈连珠状，长 2.5～6.0 厘米，不裂。种子 1～6 粒，肾形。花期 7—9 月，果期 9—10 月。

二、生长习性

槐多生于温带，喜干燥冷凉的气候条件。具有喜光、喜肥、耐寒、抗风、抗污染特性。对土壤要求不甚严格，但以湿润、肥沃、排水良好的中性沙质壤土为好。

种子一般经催芽后播种，1 周左右萌发，贮藏 5 个月后发芽率为40％。在北方，槐树 3 月下旬芽膨大，4 月中旬芽开裂，4 月下旬展叶，5 月中旬为生长盛期，6—7 月吐蕾，7—8 月为花盛期，8—9 月坐果，9—10 月为果熟期，10 月落叶形成越冬芽，进入休眠期，果实经冬不落，成熟过程中，荚果呈节状脱落。

三、栽培技术

1. 选地、整地　选择向阳、肥沃、疏松、排水良好的壤土。深翻60 厘米，整平耙细，作畦，畦宽 70 厘米，施足基肥，每亩用腐熟有机肥 500 千克或尿素 5 千克，再加圈肥 3 000～4 000 千克撒于畦面。

2. 繁殖方法　可采用播种繁殖，也可用根蘖进行分株繁殖。

（1）播种繁殖。

种子处理：选成熟、饱满的种子先用 70～80 ℃温水浸种 24 小时，捞出后掺种子量 2～3 倍细沙拌匀，堆放室内。催芽时注意经常翻倒，调节上下温度一致，以使发芽整齐。一般需 7～10 天发芽，待种子裂口 25%～30% 时即可播种。

育苗：于春、秋季条播或穴播，条播法播幅为 10～15 厘米，播后覆土 2～3 厘米，镇压，每亩用种 10～15 千克；穴播法按穴距 10～15 厘米播种，每亩用种 4～5 千克。

假植移栽：在北方，于秋末落叶后、土壤冻结前起苗，假植越冬。挖假植沟，沟宽 1.0～1.2 米，沟深 60～70 厘米，翌春按行株距 60 厘米×40 厘米栽植，栽后浇水。

（2）根蘖繁殖。可挖取成龄树的根蘖苗，按行株距 1.8 米×1.3 米开穴，每穴 1 株，一般 4～5 年可成株。

3. 田间管理

（1）苗田管理。当幼苗出齐后，进行 2～3 次间苗，播种当年按 10～15 厘米定苗。5—6 月追施适量的硫酸铵或稀释的人粪尿，7—8 月注意除草松土。育苗圃施用除草剂，施用时除草剂中掺混适量的湿润细土，然后撒到幼苗田周。应用化学除草剂，效果好，节省劳力。

（2）造林养护。槐树多作为四旁绿化树种，华北各地用于行道树、庭院树和环境保护林带进行栽植。树冠郁闭期间，对枯枝干杈要及时修剪，保护抚育，美化树形。

4. 病虫害防治

（1）溃疡病。幼苗期或移栽后，遇干旱时发生，危害枝干。防治方法：加强管理，施足水肥，增强抗病能力；用石灰：硫黄：食盐：水为 5：1.5：2：36 混匀，涂在树干上；对严重病苗要及时截干，重新养干。

（2）槐尺蠖。危害叶片，多发生在叶繁茂期。防治方法：3 月前于树冠下及其周围松土中挖蛹；发现初龄幼虫应立即喷松毛虫杆菌 500 倍液或 Bt 乳剂 500 倍液，或用 80% 敌敌畏 1 000 倍液。

（3）蚜虫。一般在春末夏初发生，危害嫩梢、嫩叶及花蕾，7—8 月为危害盛期。防治方法：参考其他中药材防治。

四、采收与加工

夏季花蕾形成时采收，及时干燥，除去枝、梗和杂质，即得药用的槐米。加工干燥后的槐米呈卵形或椭圆形，长 2～6 毫米，直径约 2 毫米。如遇阴雨天，可烘干或炕干，烘时温度约 40 ℃。秋后果实成熟，采收后除去杂质，加工干燥，即为槐角。

槟　榔

> 槟榔为棕榈科槟榔（*Areca catechu* L.）的干燥成熟种子，外果皮为中药大腹皮，槟榔有杀虫消积、降气、行水、截疟的功能。槟榔原产于马来西亚。在中国引种栽培已有 1 500 多年的历史，海南、台湾栽培较多。

一、形态特征

常绿乔木。高达 10～18 米，粗达 10～15 厘米；随着新叶不断生出，旧叶自行脱落，每落 1 枚叶，便在茎上留下一个环状痕迹。羽状复叶，叶片大，小叶披针形，表面光滑无毛；叶柄基部扩大成鞘状，环抱茎；成年植株每年脱落旧叶 6～7 枚。茎上最下 1 枚叶的基部抽出花序，花序的上部着生雄花，下部着生雌花。果圆形、长椭圆至矩圆形，内有种子 1 粒。花期 3—8 月，果熟期海南为 2—6 月，云南为 2—3 月。

二、生长习性

喜高温，适宜生长的气候条件为年平均温度 22 ℃以上，最宜在 24～26 ℃，25～28 ℃时生长迅速，16 ℃时发生落叶现象，5 ℃时植株即受寒害；年平均降水量为 1 500～2 200 毫米。幼株喜阴，成株喜阳。成株树冠上部暴晒、基部遮阴是最好的生长条件。土壤要求为土层深厚、富含有机质、保水力强、排水良好的砖红壤土或砖壤土。山区的腐殖质土，河岸冲积土及村边、路边、屋旁的肥沃园地也宜种植。

三、栽培技术

1. 选地、整地　育苗地宜选靠近水源、土壤肥沃疏松、排水良好且有一定遮阴条件的地段。种植地宜选择海拔 300 米以下的森林采伐迹地的南坡、谷地、河岸两旁背风之地以及农村的"五边地"。如为坡度较大的山地，宜水平带状整地，带宽3米，带面向内倾斜。带内侧挖一条蓄水沟，宽30厘米，深25~30厘米，长视地势而定。

2. 繁殖方法　主要用种子繁殖。

种子处理：生产上多用催芽。把果实摊在靠近水源并能起荫蔽作用的树底下，地底下铺一层河沙，堆成20厘米以下高度，长度不限，但便于淋水，并盖上稻草，不宜盖茅草，厚度以不见果实为度，每天淋水1次。7~10天果实表面开始发酵腐烂，即可取出果实用水洗净，重晒1~2天，晒时要注意翻动，以提高发芽温度，然后继续堆放，重新盖稻草、淋水，20~30天后，拣出具有白色芽点的果实，进行育苗。如种子量不多可用箩筐催芽法，将果实装在箩筐内，用稻草封盖箩筐口，置于屋内保温，淋水，待果皮发酵腐烂时，将箩筐连同果实一起放在河沟内洗擦干净，然后依上法放于屋内，当有白色芽点时即可育苗。按株行距30厘米×30厘米开小穴，施基肥，每穴放1粒经过催芽后露白的种子，覆土2~3厘米，压实后盖草，淋水至湿。

定植：1个月左右，小苗将陆续顶出土面。苗木经过1~2年的培育，待苗高60厘米、具6枚以上叶时，便可移苗定植。目前生产上还采用营养袋育苗，将经过催芽的种子放盛装营养土的塑料袋中，每袋放1粒，袋口直径25厘米，袋高30厘米，袋底要打2~4个小孔，以利通气排水。移植时不损伤根系，成活率高。以春季3~4月定植为宜；海南岛大面积造林宜在秋季8~10月，以顶端箭叶尚未展开时定植成活率最高。定植时宜选阴天进行。挖苗时不要损伤根系，要带土球，并剪去部分老叶。按株行距2米×3米挖穴，穴的规格为60厘米×60厘米×50厘米。一般每亩定植100株。定植不宜过深，踏实后淋足定根水，用杂草覆盖，或插小树枝遮阴，减少蒸发。营养袋育苗的在定植时要除去营养袋。

3. 田间管理

（1）遮阴。在定植后的最初几年，根浅芽嫩，为了保护幼嫩的槟榔不受烈日暴晒和减少地面水分蒸发，可在槟榔行间种植覆盖植物。海南产区在槟榔周围种飞机草、山毛豆等，也可间种一些经济作物、草本药材，既可荫蔽幼树，又可压青施肥，防止土壤冲刷，保持林地湿润，还可增加收益。

（2）灌溉、排水。在雨水较少的季节，应加强灌水。在多雨的季节，要注意排水，避免积水造成病害蔓延。

（3）除草、培土。幼龄期要保持植株周围无杂草，每年除草 3～4次，并使土壤疏松。结合除草进行培土，把露出土面的肉质根埋入土中，以增强根系对养分和水分的吸收。除草、培土后可将易腐烂的杂草复回槟榔茎基部。

（4）施肥。定植后幼树每年施肥 3～4 次，可在除草后进行。第 1年每亩施有机肥 250～500 千克，第 2、第 3 年每亩可施 500～1 000 千克。结果树第 1 年施肥 2 次。第 1 次在花苞开放前，每株施用人粪尿5～10 千克；第 2 次在果期进行，每株施绿肥或厩肥 15 千克，并加入过磷酸钙 100 克或熏土 5 千克等，以促进幼果生长。

4. 病虫害防治

（1）炭疽病。小苗和成龄植株均可受害。主要危害叶片，高温多湿季节易发病。防治方法：加强田间管理，增强植株抗病能力；发病期间用 1：1：120 波尔多液喷雾防治。

（2）基腐病。危害全株。防治方法：早期发现病株时，在树干顶部钻洞，排除臭液，可保存心叶，防止恶化，并围绕病株挖一环形小沟，填上石灰进行隔离消毒；将病株挖除烧毁。

（3）果腐病。多雨高湿环境下流行多发。防治方法：加强田间管理，增强抵抗能力；取食盐 0.15～20 千克用纸或布包装，放在心叶中央，受雨露潮解溶化，可防落果，免除感染。

（4）条斑病和叶斑病。苗期和成株期均可染病，主要受害部位为叶片。防治方法：加强槟榔园栽培管理，排出积水，合理施肥，及时清除田间病、死株及其残体，培育或选用无病健壮种苗；发病初期喷施 1：1：150 波尔多液，2 周喷施或茎注射 1 次硫酸链霉素、四环素等抗生素。

（5）红脉穗螟。幼虫危害花果，4—5 月、8—9 月是危害槟榔的高发期，造成落花落果。防治方法：冬季结合田间管理清理田园，将枯叶、枯花、落果集中烧毁或堆埋；及时清除被害的花穗和果实；在花苞脱落前或在幼虫形成期喷施药剂。

（6）透明圆盾蚧。若虫和雌虫吸取被害组织的汁液，使被害部位失绿发黄。防治方法：利用其天敌细喙唇瓢虫杀灭，或修剪带虫叶片；用草木灰肥皂液（水 50 千克、草木灰 5 千克、肥皂 0.125 千克，加热溶解，过滤）喷雾。

四、采收与加工

采收季节因不同用途和各地气候不同而异。先将成熟的果实晒 2～3 天，然后放入特制灶中，用木柴烤火，烘烤 7～10 天，每 1～2 天翻动 1 次，使其受热均匀，待果皮呈黑色时取出冷却，用小铁锤击破或用小刀剖开果皮，取出种子晒干，即为中药商品槟榔。一般 100 千克鲜果可加工 17～19 千克。将取出种子后的果皮用铁锤打松晒干即成大腹皮。

五、留种技术

选 20～30 年树龄、生长健壮、茎上下粗细一致、节间短、树形矮、叶色青绿、叶柄长而柔软、花序长而稍下垂、果枝节间长、分枝多、有 3～5 个花序、结果正常、产量稳定、无病虫害、单株产量不少于 300 个果实的优良植株作留种母树。槟榔种植 4～5 年后开始开花结果，从开花到果实成熟约需 1 年。一般选取 5—6 月成熟的第 2、第 3 个果托上的果实，分别挑选卵形、椭圆形及表面金黄色、光滑无斑纹状裂痕、饱满而重、核坚硬、果仁重、无病虫害的果实作繁殖材料。采回的果实置阳光下暴晒 1～2 天，让种子蒸发部分水分，使果皮略干，并可吸收热量，有利于种子发芽。

蔓 荆 子

蔓荆子为马鞭草科植物单叶蔓荆（*Vitex rotundifolia* L. f.）和蔓荆（*V. trifolia* L.）的干燥成熟果实，又名沙荆子、白布荆、万京子等。具疏散风热、清利头目、平肝凉血之功效。其叶亦可入药，具消肿止痛、凉血止血之功效。单叶蔓荆主产于山东、江西、浙江、福建等地；全国各地均有分布。三叶蔓荆主产于广东、海南、广西、云南等地。

一、形态特征

单叶蔓荆：落叶灌木，或匍匐蔓生，株高 1 米，蔓生茎长达 3 米以上，有香气，节上生不定根。幼枝四棱形，密被柔毛。单叶对生，叶片倒卵形或卵形，先端钝，基部楔形至圆形，全缘，上面绿色，下面灰白色，两面均疏生短柔毛和腺点。聚伞花序排成圆锥花序状，顶生；花萼钟形，5 浅裂，外面密生白色短柔毛；花冠淡紫色，上部 5 裂；雄蕊 4 枚，伸出花冠管外，花药"个"字形分叉；子房上位，球形，密生腺点。柱头 2 裂。核果球形，灰黑色，下半部被增大的灰白色宿萼包围。花期 7 月，果期 9 月。

蔓荆：与上种相似，主要区别为叶为三出掌状复叶，叶柄较长。花形、颜色同前者而略小，花冠蓝紫色。果实黑色或褐色。

二、生长习性

野生蔓荆多见于海湾、江河的沙滩荒洲上，适应性强，根系发达，对环境和土壤要求不严。喜阳光充足，耐旱、怕涝、耐瘠薄、耐盐碱，为碱性指示植物。茎常伏地斜生，节上多生不定根，有很强的防风固沙作用，是一种治理、改造、利用沙滩荒洲的理想植物。

种子容易发芽，发芽适温为 15～20℃，发芽率为 60% 左右。种子寿命为 2～3 年。

三、栽培技术

1. 选地、整地 选择低山区的沙丘、荒洲、海滩、湖畔、河岸沙滩等向阳处且不易积水的疏松沙土或沙壤土种植。除育苗地外，一般不必作畦，可直接开穴定植。育苗地应深翻 20 厘米，每亩施入 2 000～3 000 千克农家肥作基肥，耙匀整平，作成宽 1.3～1.5 米的畦。

2. 繁殖方法 可用种子、扦插、压条及分株繁殖，但生产上以扦插繁殖为主。

（1）种子繁殖。秋季将成熟的果实采回，与 2 倍的湿沙拌匀，堆放在室内阴凉通风处，翌年 4 月上、中旬取出待播。采用条播，行距 30 厘米，沟深 5～7 厘米，播幅 10 厘米，并充分淋湿播种沟。播前轻轻搓去果实外壳，置于 35～40℃ 的温水中浸泡 24 小时，捞出稍晾后，与混有粪肥的草木灰拌匀后播种。播后盖一层草木灰或土杂肥，再盖一层细沙土，最后盖草，经常保持土壤湿润，经 30～40 天出苗。每亩用种量为 6～8 千克。苗期应适当追施稀人畜粪水，促进幼苗健壮生长。如管理得当，幼苗当年能长到 30～40 厘米高，秋后即可定植，如长势不好，可于翌年春季定植。定植方法是在选好的地块上按株行距 1.0 米×1.3 米开穴，穴长、宽、深各 30 厘米，穴内适施土杂肥，并与土混匀，将苗栽入，每穴栽 2～3 株，填土压实，并浇透水。

（2）扦插繁殖。春、秋两季进行，但以春季阴雨天气扦插为好。选取健壮、无病虫害的一至二年生枝条，剪成 20 厘米长、具 2～3 个节的插穗，按株行距 6 厘米×15 厘米插入苗床，入土深约为插穗的 2/3，踏实泥土，浇透水，覆草。春季扦插者当年秋季定植，秋季扦插者翌春 4 月上旬移栽。亦可将枝条剪成 40～50 厘米的插穗，直接插入大田。

（3）压条繁殖。在 5—6 月植株生长旺盛时期，选择一至二年生的健壮长枝，用波状压条法，每 40～50 厘米将枝条埋入土中，深约 15 厘米，压实。待枝条与土壤接触处长出不定根后分段截断，带根定植。

（4）分株繁殖。在 4 月上旬或 7 月上旬选择阴雨天，将老蔸周围的萌蘖连根挖出，随挖随栽。

3. 田间管理

（1）中耕除草。定植后 1～2 年，植株矮小尚未封行，应注意中耕除草。一般在春季萌芽前，6 月和冬季落叶后进行，冬季中耕结合培土进行。

（2）追肥。定植后前两年以施人畜粪水为主，一般结合中耕除草进行。两年后，植株开始开花结果，应增施磷肥，每年 2 次，第 1 次于开花前，第 2 次在修剪后，在花期还可喷施 1％过磷酸钙水溶液 1～2 次，有较明显的增产效果。

（3）排水。积水易造成严重落花落果，并导致病害发生，故雨季应及时排出积水。

（4）整枝打顶。生长 5～6 年后，枝条密集丛生，应在冬眠期将老枝、弱枝、枯枝和病枝剪掉，促其多发新枝，新枝长到 1 米左右时应打顶，以利开花结果。

4. 病虫害防治

（1）叶斑病。7—9 月发生，危害叶片。防治方法：选地势高燥处种植；秋季收果后清洁田园；发病前用 1∶1∶100 波尔多液喷雾。

（2）吹绵蚧壳虫。4—5 月始发，5—6 月和 8—10 月危害严重，以若虫危害幼枝、叶和幼果。防治方法：清除田间枯枝杂草；冬季喷洒 8～10 倍松脂合剂或 3～5 波美度石硫合剂，以杀死越冬虫口。

（3）菟丝子。4—5月发生，直至秋后，尤以高温多湿季节发生严重。防治方法：初发时，人工及时摘除并烧毁；喷洒鲁保一号菌。

四、采收与加工

蔓荆子栽后第3年即开始开花结果，当果实由绿色变成灰褐色时即可采摘。但由于各地气候差异较大，果实成熟期相差很大，一般9—11月陆续成熟，应分期分批采收。采回的果实先在室内堆放3～4天，然后摊开晒干，去杂后即成蔓荆子。

薏苡仁

薏苡仁为禾本科植物薏苡（*Coix lacryma - jobi* L.）的干燥种仁，又名薏仁米、苡米、六谷子、药玉米等。具健脾利湿、清热排脓之功效。主产于江苏、四川、河北、辽宁等地，全国各地均有栽培。

一、形态特征

一年或多年生草本，株高1～2米。茎直立粗壮，有10～20节，节间中空，基部节上生根。叶互生，呈纵列排列；叶鞘光滑，与叶片间具白薄膜状的叶舌；叶片长披针形，先端渐尖，基部稍鞘状包茎，中脉明显。总状花序，在上部叶鞘内成束腋生，小穗单性；花序上部为雄花穗，每节上有2～3个小穗，上有2朵雄花，雄蕊3枚；花序下部为雌花穗，包藏在骨质总苞中，常2～3小穗生于1节，雌花穗有3朵雌花，其中1朵花发育，子房有两个红色柱头，伸出包鞘之外，基部有退化雄蕊3枚。颖果成熟时，外面的总苞坚硬，呈椭圆形。种皮红色或淡黄色，种仁卵形，背面为椭圆形，腹面中央有沟。花期7～9月，果期8—10月。

二、生长习性

薏苡喜温和潮湿气候，忌高温闷热，不耐寒，忌干旱，尤以苗期、抽穗期和灌浆期要求土壤湿润。气温15℃时开始出苗，高于25℃、相对湿度 80％～90％时，幼苗生长迅速。

种子容易萌发，发芽适温为 25～30℃，发芽率为 85％左右。种子寿命为 2～3 年。

三、栽培技术

1. 选地、整地　薏苡生长对土壤要求不严，除过黏重土壤外，一般土壤均可种植，但以向阳、排灌方便的沙质壤土为好。薏苡对盐碱地、沼泽地的盐害和潮湿有较强的耐受性，故也可在海滨、湖畔、河道和灌渠两侧等地种植。忌连作，前茬以豆科作物、棉花、薯类等为宜。整地前每亩施农家肥 3 000 千克作基肥，深耕细耙，整平，除小面积外，一般不必作畦，但地块四周应开好排水沟。

2. 繁殖方法　用种子繁殖，可育苗移栽或大田直播。

为促进种子萌发和防止黑穗病，播前应进行种子处理。方法如下：用 5％石灰水或 1∶1∶100 波尔多液浸种 24～48 小时后取出，用清水冲洗干净；用 60℃温水浸种 30 分钟；用 75％五氯硝基苯 0.5 千克拌种 100 千克。播种期因品种而异，一般在 3—5 月进行，早熟种可早播，晚熟种可晚播。

（1）大田直播。点播或条播。点播株行距因品种而异，早熟种可密些，晚熟种则可稀些，一般在（25～40）厘米×（30～50）厘米，每穴播 4～5 粒种子，播深 3 厘米，覆火灰土，并浇稀粪水，每亩用种 4～5 千克。

（2）育苗移栽。一般在 3 月上旬整好苗床，撒播育苗，稍覆细土，并保持土壤湿润，30～40 天后，苗高 12～15 厘米时即可移栽，株行距同直播，每穴栽苗 2～3 株，栽后浇稀粪水，每亩用种 30～40 千克，育出的秧苗可移栽 10 000 米^2 左右。

3. 田间管理

（1）间苗、补苗。幼苗具 3～4 枚真叶时进行间苗、补苗，每穴留壮苗 2～3 株。条播者按株距 3～6 厘米间苗。5～6 枚真叶时，按株距 12～15 厘米定苗。

（2）中耕除草。分 3 次进行。第 1 次在苗高 5～10 厘米时浅锄；第 2 次在苗高 20 厘米时进行；第 3 次在苗高 30 厘米时结合施肥、培土进行。

（3）追肥。也分 3 次。第 1 次在苗高 5～10 厘米时，每亩施粪水 2 000 千克；第 2 次在苗高 30 厘米或孕穗时进行，每亩施粪水 3 000 千克；第 3 次在花期，用 2% 过磷酸钙液进行根外追肥。

（4）排灌。苗期、穗期、开花期和灌浆期应保证有足够的水分，遇干旱要在傍晚及时浇水，保持土壤湿润，雨后或沟灌后要排出畦沟积水。

（5）摘除脚叶。于拔节后摘除第 1 分枝以下的老叶和无效分蘖，以利通风透光。

（6）人工辅助授粉。开花期于上午 10—12 时，用绳索等工具摇动植株使花粉飞扬，对提高结实率有明显效果。

4. 病虫害防治

（1）黑穗病。又名黑粉病，危害严重，发病率高。防治方法：严格进行种子处理；轮作；发现病株立即拔除烧毁。

（2）叶枯病。雨季多发，危害叶部，防治方法：发病初期用 1：1：100 波尔多液喷施。

（3）玉米螟。5 月下旬至 6 月上旬始发，8～9 月危害严重。苗期以 1～2 龄幼虫钻入心叶中咬食叶肉或叶脉，抽穗期以 2～3 龄幼虫钻入茎内危害。防治方法：播种前清洁田园；薏苡地周围种植美人蕉诱杀；心叶期配毒土或用 90% 敌百虫 1 000 倍液灌心叶，也可用 Bt 乳剂 300 倍液灌心叶。

（4）黏虫。又名夜盗虫，幼虫危害叶片。防治方法：幼虫期用 50% 敌敌畏 800 倍液喷施；也可用糖醋毒液（糖：醋：白酒：水＝3：4：1：27）诱杀成虫；化蛹期挖土灭蛹。

此外，还有黏虫的幼虫在生长期或穗期危害，应注意田间检查，及时防治。

四、采收与加工

薏苡栽植当年就可收获，具体采收期因品种、播期不同而异。早熟品种 8 月即可采收，而晚熟品种要到 11 月采收。同株籽粒成熟时间也不一致。一般待植株下部叶片转黄、籽粒已有 80% 左右成熟变色时即可收割。割下的植株可集中立放 3～4 天后用打谷机脱粒。脱粒后的种子摊晒至干即得壳薏苡，可供贮藏。用脱壳机碾去外壳和种皮，筛净晾晒即得薏苡，以供药用和食用。

五、留种技术

　　采收前选分蘗性强、结实密、成熟期较为一致的丰产性单株作为种株，待种子成熟时分别采收，粒选，剔除变种、有病虫危害及未熟种子，选留饱满、具光泽的种子作为翌年繁殖用种。

第五章
全草类中药材栽培

广金钱草

广金钱草为豆科植物广东金钱草［*Desmodium styracifolium* (Osb.) Merr.］的干燥全草，又名金钱草、假花生、落地金钱、铜钱草等。具有清热去湿、利尿通淋的功能。主产于广东、广西、福建等地，野生种、栽培种均有。

一、形态特征

灌木状草本植物。植株高30~90厘米，茎平卧或斜生，枝圆柱形，密被伸展的黄色短茸毛。通常有小叶1枚，有时3枚小叶，互生，顶端小叶圆形，革质，先端微凹，基部心形，上面无毛，下面密被贴伏的茸毛，脉上最密，如有侧叶，则较顶端叶小，圆形或椭圆形，被毛，具小托叶，为线状披针钻形，具条纹。总状花序顶生或腋生，花小、蝶形，紫色，有香气，苞片卵形，被毛，花萼被粗毛。荚果线状长圆形，被短毛，一侧微波状，4~5个节，内有数粒种子，肾形。

二、生长习性

生于荒坡、草地或丘陵灌丛中、路旁边。喜温暖湿润气候，最适生长温度为23~25℃。对土壤要求不严，较干旱贫瘠的土壤也能生长。

三、栽培技术

1. 选地、整地　宜选择山坡、溪边或灌木丛中，土壤肥沃疏松的

坡地或缓坡地均可，翻耕土地，清除杂草、树根，作畦，畦宽 1.0～
1.2 米、高 20 厘米。秋、冬翻耕，春季整地起畦，畦宽 1.2 米，每亩施
入 3 000 千克腐熟的农家肥作基肥。

2. 繁殖方法　用种子繁殖。3 月下旬至 4 月初种植。在 10 月果实
成熟时采收，晒干后取出种子，选粒大、饱满种子作种。广金钱草种子
较小，种皮坚硬，且不透水，需用砂纸摩擦种皮，或用 4 倍的干细沙与
种子拌匀，于盛器中轻轻研磨，至种皮变得粗糙失去光泽为度。经过处
理的种子发芽率可由 40%～60% 提高到 90% 以上。将种子均匀撒播在
整好的苗床上，覆土 0.5 厘米，盖草，浇水保湿。

3. 田间管理

(1) 间苗。当苗长出 3～6 厘米时，去弱留强，去密留疏。

(2) 除草、浇水。苗期地面裸露较多，杂草生长快，应及时清除，
直至封行。干旱时要及时淋水，保持湿润。

(3) 追肥。苗长至 25～30 厘米时，施 1 次人畜粪水肥，之后每隔
30～40 天追施 1 次。在收割清理田园后，适当施腐熟的农家肥，以促
进新芽萌发生长。

4. 病虫害防治

(1) 根腐病。主要危害幼苗。防治方法：选育抗病品种；拔除病
株，集中烧毁；在发病处用 0.3% 的石灰水浇灌，防止蔓延。

(2) 霉病。主要危害生长期的茎叶，被害时为水渍状的斑，扩大后
腐烂。防治方法：病部应及时除去和烧毁；改善通风条件。

(3) 立枯病。苗期遇阴雨高湿天气时容易发生，主要危害茎基部。
发病时茎基部呈浅黄褐色腐烂，并很快倒伏死亡。防治方法：发病后用
75% 春雷霉素 600 倍液喷施。

(4) 黏虫。主要危害叶片。防治方法：在幼虫入土化蛹期挖土灭
蛹；利用幼虫有假死习性，可在清晨人工捕杀；在成虫始盛期，用糖醋
毒液诱杀。

(5) 毛虫。幼虫取食叶片。防治方法：冬季在被害植株周围翻土杀
蛹；在成虫期用黑光灯诱杀成蛾。

四、采收与加工

夏、秋采收，当地上茎蔓长至 50～80 厘米时，割取地上茎叶。收

割时注意割大留小，较长的在距茎基部 10 厘米处割取，以便再萌发出新枝，通常 1 年可收割 2 次。将割下的茎叶捆成小把，晒干即可。

五、留种技术

选择果粒大、饱满、无病虫害的植株为留种母种。

广 藿 香

广藿香为唇形科植物广藿香 [*Pogostemon cablin* (Blanco) Benth.] 干燥全草，又名藿香，有芳香化浊、开胃止呕、发表解暑的功效。广藿香是我国著名南药之一。原产于菲律宾、马来西亚、印度等国。引入我国栽培历史悠久，主产地为广东、海南、广西、云南等。

一、形态特征

多年生草本植物。茎高 30～100 厘米，有特殊香气，茎直立，幼茎方形，老茎近圆柱形，密被毛。单叶对生，具叶柄，叶片阔卵形或卵状椭圆形，边缘有锯齿，两面密被灰白色短毛，并有腺点。花排成顶生或腋生的穗状花序，花冠唇形，淡红色；子房上位，柱头 2 裂。小坚果椭圆形。在原产地菲律宾常开花，但在我国栽培少见开花。

二、生长习性

广藿香原产于热带地区，引种到我国热带、南亚热带地区栽培，由于年积温比原产地低，很少见开花，开了花亦不结果。它喜温暖，怕霜冻，生长适宜温度为年平均温度 22～25 ℃，最适宜生长气温为 25～28 ℃，低于 -2 ℃时则大部分植株死亡。喜湿润，忌干旱，适宜于在年降水量 1 600～2 000 毫米、雨量分布均匀、相对湿度在 80% 以上的地区种植。广藿香苗期不耐烈日，成株则可在全光照下生长。土壤要求排水良好、疏松肥沃、保水保肥能力强的沙质壤土。

三、栽培技术

1. 选地、整地　育苗地宜选避风的林间平缓坡地，种植地宜选避风的林间坡地、河旁冲积地、村前村后的"五边地"等种植，以免强风、台风吹折质地脆弱的枝条。土壤以排水良好、富含腐殖质的沙质壤土为好。广东栽培广藿香常与水稻轮作，在晚稻收割后即翻耕晒田，使土壤充分风化，增加肥力和地温，施以土杂肥、花生麸作基肥，至翌年栽植前再耕翻细耙，然后作成宽 60 厘米、高 30～40 厘米的畦。畦沟宽30 厘米，畦长视地形而定。

2. 繁殖方法　主要采用扦插繁殖。

（1）插条选择和截取。选取当年生 5 个月以上粗壮、节密、叶小而厚、无病虫害的枝条作插穗。据药农经验，髓部白色、折之有响声、断面有汁液流出的枝条为好，取嫩枝的顶梢，截成长 10～15 厘米的小段，每段具 3～4 个节，剪去下部的叶片，仅留顶端两枚叶和小的心叶。

（2）扦插季节。一般在 2—4 月，当气温回升，雨季开始，植物体内液体流动旺盛时进行。有的产区在 7—8 月育苗，供秋季（9—11 月）种植。

（3）扦插方法。在整好的苗圃地上采用开沟条插，先在畦上按行距10 厘米开横沟，沟深 6～8 厘米，每隔 6 厘米插 1 根。如 8 月扦插，9月定植，行株距还可密些，入土深度为插条的 1/2～2/3，仅让顶梢大叶片露出土面为度，覆土，淋水，使插条与泥土紧密结合，盖上稻草或其他细草，厚度仅让插条露出顶芽为度，让它能起庇荫作用。插后一般10 天左右开始生根，25～30 天便可移栽。定植时株行距为 30 厘米×30厘米，每亩共栽苗 3 000 株左右。

3. 田间管理

（1）遮阴。苗期要有适当的荫蔽，幼苗长大后，在酷暑天也要适当荫蔽，荫蔽度以 40%～50% 为宜。

（2）淋水、排水。当畦面发白，可将水引入畦沟，水深达畦高1/2～2/3，让水慢慢渗透湿润畦面为止。不能引水的地方，要每天淋水1 次以上。同时要防止雨水过多而积聚，注意排水。

（3）间种。为了充分利用土地、光能，药农喜欢在广藿香行间间种蔬菜（生姜、白菜等）、瓜类（丝瓜、苦瓜等），利用瓜棚为幼苗遮阴。

（4）补苗。种植后要及时补苗，特别是直接扦插的，要补种同龄生根苗。

（5）中耕除草。春季定植时正是雨季，土壤容易板结，杂草生长快，要勤除草松土和培土。

（6）施肥。移栽成活后便可施肥，每隔 1～2 个月施肥 1 次。肥料以人畜粪尿为主，每亩用 250～350 千克加 7 倍以上清水施用，或施硫酸铵 5～6 千克，每千克加 100 千克水稀释。施肥不要淋在茎基部，并掌握先稀后浓、薄施勤施的原则。广州郊区多用腐熟的垃圾肥，每亩施 1 000 千克，将畦沟的烂泥翻起盖住垃圾等有机肥，以加速垃圾腐烂分解，尽快供植株利用。

（7）防霜冻。需要过冬的植株，特别是秋季定植的幼小植株，抗寒能力差，故在有霜冻地区栽培的广藿香，冬季应盖稻草或搭棚防霜，在挡北风面加盖塑料薄膜，以保暖防冻害。最好在秋末施入猪牛栏粪肥，加火烧土壅蔸保暖。

4. 病虫害防治

（1）斑枯病。此病多在高温多湿季节发生，危害叶片。防治方法：广藿香收获后清除病残株，集中烧毁，消灭越冬病原菌；结合喷药给叶面喷施磷酸二氢钾，可提高植株抗病力。

（2）枯萎病。此病是真菌引起的根部病害。主要发生于 6 月中旬至 7 月上旬，多雨、排水不良的地方发病尤其严重。防治方法：同斑枯病，另外要注意做好排水工作，降低田间湿度。

（3）蚜虫（藿香虱）。吃食叶片、嫩梢。防治方法：可用 2.5% 鱼藤酮乳油 800～1 000 倍液喷雾防治。

（4）红蜘蛛。危害叶片。防治方法：参见天门冬。

四、采收与加工

广藿香在种植 14 个月左右、枝叶旺盛生长期采收。但因各地气候、栽培习惯和轮作方法不同，有的采收期在当年 11—12 月入冬前进行，有的在翌年 4—5 月或 7—8 月进行。采收时宜选晴天露水干后，拔起或挖起全株，抖去根上的泥土。收获后要及时摊晒数小时，使叶片稍呈皱缩状态，捆扎成小把（每把 7.5～10.0 千克）分层交错堆叠一夜，将叶色闷黄，堆叠时切勿将叶与根部混叠。翌日再摊晒。摊晒时间的长短根据各地习惯而定，有的晒 3 天，堆放 2 天；有的晒 5 天，堆放 3 天。堆上用草席覆盖，再用尼龙薄膜覆盖。反复摊晒至干。供蒸油用的，先将叶片或茎叶晒干后堆放一段时间，然后蒸馏。

五、留种技术

在广藿香大面积收获前取下部分枝条移植在繁殖苗圃里，待下次再进行大量育苗供种植用。

毛花洋地黄

毛花洋地黄为玄参科植物毛花洋地黄（*Digitalis lanata* Ehrh.）的干燥叶，别名小洋地黄。有强心利尿的功效，可治急慢性心力衰竭、陈发性心动过速与心房纤维性颤动等症。浙江、河北等地有栽培。

一、形态特征

二年生草本，高50～100厘米。叶片阔披针形或长披针形，全缘，叶端尖锐，无柄，下端具茸毛，下部叶有柄，茎上部叶叶柄较短或无叶柄。总状花序，花壶形，花冠乳黄色或灰白色，花萼、花柄及花轴密被茸毛。蒴果圆锥形。种子细小，成熟后呈黄褐色。花期5—6月，果期6—7月。

二、生长习性

毛花洋地黄喜温暖湿润的气候条件，不耐严寒，忌酷热，生长适温在15～25℃。对土壤要求不甚严格，但过于黏重的低洼地不宜种植。

种子常规贮藏可保持两年仍有较高的活力，发芽适温为20℃，播后7～8天萌芽，第2年3—8月为旺盛生长期。生产周期为2年。

三、栽培技术

1. 选地、整地　选择地势较高、排水良好的土地种植，忌用连作地。于前作收获后，施用腐熟堆肥5 000千克及塘泥等农家肥作基肥，然后进行翻耕，耙碎耙细，整成宽1.2～1.5米、高20厘米的高畦，畦面要求平整。育苗地宜精耕细作，畦宽1米左右。

2. 繁殖方法　可采用直播或育苗移栽的方法，直播法省工，产量、质量也可以，但不利套茬口及苗期管理。

（1）直播法。南方 9 月上、中旬播种，北方 4 月中旬播种。播前用 30℃温水浸种 12 小时，浸后晾干，覆湿布置暗处催芽，每天翻动 1～2 次，并用清水淋洗，翻动宜轻，露白后即可播种。播种时按行距 20 厘米开浅沟，均匀撒播，播后覆细土，再覆盖稻草保湿，注意常淋水，保持土壤湿润，10 天后萌芽。每亩用种 0.3 千克。

（2）育苗移栽。可用温床、温室育苗，播前催芽，晾干后与种子量 100 倍细土拌匀，撒于苗床上，再用细土稍稍覆盖，淋水，再覆草保湿，并常淋水，使土面保持湿润，直至发芽揭去盖草。当幼苗有 6～7 枚真叶时即可移栽，移栽在早春 3 月进行，选阴雨天，随起苗随栽种，带泥移栽，按株行距 20 厘米×20 厘米开穴定植，穴深 10～12 厘米，定植后隔日浇水。

3. 田间管理

（1）越冬管理。苗期因气温下降，苗很容易受冻害，当幼苗达 8 枚真叶时，长江以南地区结合冬前雍土一般能安全越冬，某些地区可根据实际情况，用薄膜搭矮棚越冬，但应注意调节棚内气温，不可过热过冷，天气回暖后即可拆除。

（2）中耕除草。幼苗生长缓慢，要注意及时除草松土，利于幼苗生长。每次采叶后也应中耕除草 1 次，越冬植株可结合雍根冬锄。

（3）肥水管理。可结合中耕除草进行追肥，定植后、返青后都应追肥，以氮肥为主，适施少量硫酸铵。苗期注意常浇水，生长期一般不需浇水。

（4）打顶。越冬后 5—6 月部分植株抽薹开花，应及时摘除花薹，以减少养分消耗。

4. 病虫害防治

（1）根腐病。危害根部，造成腐烂，6—8 月高温暴雨季节易发生。防治方法：注意排水、松土；及时拔除病株，病穴及其周围浇石灰水；不宜连作。

（2）花叶病。危害嫩叶，表现花叶，叶皱缩变厚，畸形不结果。防治方法：早期防治蚜虫，防治传染媒介，可用吡虫啉喷雾防治；及时拔除病株，用无病种苗作种。

（3）虫害。有蚜虫、地老虎、蛴螬、蝼蛄等，可参照其他中药材虫害防治方法。

四、采收与加工

当叶片肥厚、皱纹显著时即可采收，北方在 9—10 月，南方在 5—7 月，宜选连晴数日的中午。采收时注意采集外围及基部颜色浓绿、肥厚成熟的叶片。采后及时干燥，可烘干，烘干温度不超过 60 ℃，以叶片深绿有光泽且质沉易碎者为佳。

五、留种技术

选择植株生长健壮、叶片肥厚而长、无病虫害的三年生植株留种。留种地的植株花薹上端 1/3 的花朵应予以摘除，保留下部分花以集中营养。留种植株原则上一般不采叶，7 月种子相继成熟，即可采收，脱粒后贮藏备用。

半　枝　莲

半枝莲为唇形科植物半枝莲（*Scutellaria barbata* D. Don）的干燥地上部分，又名并头草、赶山鞭、牙刷草。具清热解毒、活血祛瘀、消肿止痛、抗癌等功能。分布于我国南方各省区。

一、形态特征

多年生草本，株高 30～40 厘米。茎下部匍匐生根，上部直立，茎方形、绿色。叶对生，叶片三角状卵形或卵圆形，边缘有波状钝齿，下部叶片较大，叶柄极短。花小，2 朵对生，排列成偏侧的总状花序，顶生；花梗被黏性短毛；苞片叶状，向上渐变小，被毛。花萼钟状，外面有短柔毛，二唇形，上唇具盾片。花冠唇形，蓝紫色，外面密被柔毛；雄蕊 4 枚，二强雄蕊；子房 4 裂，柱头完全着生在子房底部，顶端 2 裂。小坚果卵圆形，棕褐色。花期 5—6 月，果期 6—8 月。

二、生长习性

半枝莲喜温暖湿润的气候，对土壤条件要求不高。野生种多见于沟旁、田边及路旁潮湿处。过于干燥的土壤不利于其生长。

半枝莲一般栽培3～4年后，植株开始衰老，萌发能力减弱，必须进行分株另栽或重新播种。

种子容易萌发，发芽适温为25℃。种子寿命为1年。

三、栽培技术

1. 选地、整地　以疏松肥沃的沙质壤土或壤土为好，翻耕，同时每亩施入农家肥2 000千克作基肥，耕细整平，作成宽1.3米的畦。

2. 繁殖方法　以种子繁殖为主，也可用分株繁殖。

（1）种子繁殖。多直播，时间为9月下旬至10月上旬，条播或穴播。条播按行距25～30厘米开沟，沟深4厘米左右；穴播者按穴距27厘米左右开穴。播种时，先将种子撒入混有畜粪水的草木灰里，拌成种子灰，再均匀地撒入沟内或穴内，覆一层细土或草木灰，厚度不得超过0.5厘米。播后在出苗前要绝对保持土壤湿润，播后约20天即可出苗。每亩用种子0.3～0.4千克。

（2）分株繁殖。春、夏进行。将植株老根挖起，选健壮、无病虫害植株进行分株，每株有苗3～4根，按穴距27厘米左右穴栽，栽后浇水。

3. 田间管理

（1）间苗、补苗。直播的在苗高5～7厘米时按株距4～5厘米进行间苗，同时进行补苗，补苗应带土移栽，栽后浇水。

（2）中耕除草。出苗即进行中耕除草，以后每次收割后都应及时进行。

（3）追肥。结合中耕除草，每次每亩追施2 000千克人畜粪水。

4. 病虫害防治　半枝莲在生长过程中几乎无病害发生，花期易发生蚜虫危害，可用50％的敌敌畏1 000倍液喷雾防治。

四、采收与加工

用种子繁殖的，从第2年起，每年5月、7月、9月都可收割1次。分株繁殖的，当年9月收获1次，以后每年也可收割3次。收时用镰刀齐地割取全株，拣除杂草，捆成小把，晒干或阴干即可。

五、留种技术

5—6月种子逐渐成熟时分批采收果枝，晒干或阴干，搓出种子，簸净茎秆、杂质，置布袋中于干燥处贮藏。半枝莲连作田无需留种，一般可以连茬 3～4 年再更新一次根苗。

白花蛇舌草

白花蛇舌草为茜草科植物白花蛇舌草（*Hedyotis diffusa* Willd.）的干燥或新鲜全草，别名鹩哥利、鹤舌草等。性凉，味甘、淡。具清热解毒、利尿消肿、活血止痛等功效。历史上是南方的一种民间野生草药，近年研究发现其具抗癌和护肝等功效。主产于河南，主要分布在云南、广东、广西、福建、浙江、江西、安徽、江苏等地。

一、形态特征

一年生披散矮小草本，茎长约 20 厘米，多分枝，基部略方柱形。单叶对生，近无柄，纸质，线形，长 1～2 厘米或更长，全缘，上面光滑，下面稍粗糙，顶端急尖或渐尖；中脉上面凹陷，侧脉不显，托叶长 2 毫米，下部合生，上部具 1～3 条钻形裂片。花通常春天开放，白色，单生或有时双生叶腋；花梗长 2～3 毫米；萼管球形，长约 1.5 毫米，萼檐裂片长圆状披针形，长 1.5～2.0 毫米；花冠筒状，长约 4 毫米，花冠裂片卵状长圆形，长约 2 厘米；雄蕊 4 枚，着生于花冠喉部；花柱稍外伸，柱头 2 裂。蒴果扁球形，直径 2～3 毫米，顶具宿萼裂片，果皮膜质，室背开裂，灰褐色及黄褐色。种子细小，黄棕色。花期 6—9 月，果期 7—10 月。

二、生长习性

白花蛇舌草多野生于田边、园地、旷野、路旁、渠沟、河边等潮湿处，喜温暖潮湿环境，需要充足的阳光，不耐干旱和积水，以疏松、肥沃的腐殖质壤土为佳。

白花蛇舌草种子极小，每个果实中包含有数百粒种子，种子千粒重仅有 0.006 克左右。种子在恒温条件下发芽率极低，但在自然变温（20～35℃）的条件下，发芽率可达 70% 以上。在一般贮藏条件下，种子寿命为 1 年，低温贮藏可延长种子寿命。

三、栽培技术

1. 选地、整地 家种白花蛇舌草应选择地势偏低、光照充足、排灌方便、疏松肥沃的壤土种植。每亩施各种腐熟的农家肥 500 千克或复合肥 100 千克作基肥，将基肥均匀撒入土内，浅耕细耙，开沟作畦，畦宽 1 米，畦沟深 30 厘米，畦面呈龟背形，以便排灌。

2. 繁殖方法 用种子繁殖。

（1）播种和收获时间。白花蛇舌草的播种可分为春播和秋播，春播作商品，秋播既可作商品又可作种子。春播在江南水稻栽培地区以 5 月上旬为佳，至 8 月中、下旬收获，可原地秋播，也可留根发芽栽培；秋播于 8 月中、下旬进行，至 11 月中、下旬果实成熟后即可收获。

（2）种子的播前处理。由于白花蛇舌草种子细小，又包含在果实中，为了提高出苗率，播种前应进行种子处理，具体方法为：将白花蛇舌草的果实放在水泥地上，用橡胶或布包裹的木棒轻轻摩擦，脱去果皮及种子外的蜡质，然后将细小的种子拌数倍细土，便于播种均匀。

（3）播种方法。白花蛇舌草一般有条播和撒播两种。条播行距为 30 厘米；撒播为将带细土的种子均匀播在畦面上，稍压或用竹扫帚轻拍，播种后用麦秆薄盖一层，白天遮阴，晚上揭开，直至出苗后长出 4 枚叶片为止，或播种后用猪穴肥薄薄盖在畦面上并留有空间，既起到遮阴作用，又使土壤疏松，有利于出苗，早晚喷浇 1 次水，保持畦面湿润，但不积水。秋播畦面要用麦秆覆盖，防止暴晒影响出苗，待苗长出 4 枚叶片时，揭去麦秆。秋季如留根繁殖，不需要遮阴，沟里应灌满水，以畦面湿润不积水为佳。每亩用种 1 千克左右。

3. 田间管理

（1）间苗及除草。幼苗出土后应结合松土、除草进行间苗，按株距 10 厘米定苗。在苗高 6 厘米左右、植株尚未披散之前应勤除杂草，并追浇 1 次稀人畜粪水；待植株长大披散满地时，就不再除草，以免锄伤植株。

（2）排灌。播种后应经常浇水，保持土壤湿润，但忌畦面积水，雨后有积水及时排出；在小暑至大暑期间应在沟内灌水，起到降温作用，防止植株烧伤。在植物生长期间，水源是关键，既要防旱又要防涝，果期可停止灌溉。

（3）追肥。白花蛇舌草生长期短，需要重施基肥，以农家肥为主。经过多年观察发现，一定量的氮肥既能疏松土壤，又能促进植物生长，如遇苗期长势不好，在 6 月上旬苗高 10 厘米左右时，每亩用人粪 500 千克，用 5 倍水稀释后泼浇，中期据长势可不定期追施清水粪，又因白花蛇舌草苗嫩，追肥时要掌握浓度，以防烧灼。另外，如果收获 2 次，在第 1 次收割后，每亩追施 1 次浓人粪或尿素 15 千克，待苗高 10 厘米左右再施清水粪，如果在收获前，即刚开花时苗势不好，可增施 1 次粪肥。

4. 病虫害防治　生长前期常有地老虎咬食幼芽、截断根茎；生长中后期有日本雀天蛾咬食叶片和嫩茎。防治方法：可用敌百虫拌炒香的豆饼或麦麸，做成毒饵诱杀，或于清晨露水干前人工捕杀。

四、采收与加工

在长江以南地区，白花蛇舌草 1 年可收割两次。第 1 次收获在 8 月中、下旬，部分果实成熟时，齐地面割取地上部分，去杂质和泥土，晒干为商品；第 2 次收获在 11 月上旬，待果实成熟时，割取地上部分，去杂质和泥土，晒干即可。

五、留种技术

白花蛇舌草第 1 次收获的种子较嫩，出苗率不如第 2 次收获的种子，一般把第 2 次收获的成熟果实作为种子。收获时在大田选植株粗壮、分枝多、果实成熟的全草，齐地面割取地上部分，晒干后全草连果实一起保存，待来年播种，一般出苗率在 60% 以上。

石　斛

石斛为兰科植物石斛（*Dendrobium nobile* Lindl.）或同属多种植物的茎，别名扁金钗、吊兰花。性寒，味甘，具益胃生津、滋阴清热等功效，用于治疗阴伤津少、口干烦渴、食少干呕等症。主产于云南、广西、浙江，广东、贵州、江西、四川、安徽、江苏也有分布。

一、形态特征

多年生草本，高 20～50 厘米，具白色气生根。茎直立，丛生，黄绿色，稍扁，具槽，有节。单叶互生，无柄，革质，狭长椭圆形，叶鞘抱茎。总状花序腋生，具小花 2～3 朵，花白色，先端略具淡紫色。蒴果椭圆形，具 4～6 条棱。种子多数，细小。花期 5—6 月，果期 7—8 月。

二、生长习性

石斛喜在温暖潮湿、半阴半阳的环境中生长，以在年降水量 1 000 毫米以上、空气湿度大于 80%、1 月平均气温高于 8℃的亚热带深山老林中生长为佳。对土肥要求不甚严格，野生种多在疏松且厚的树皮或树干上生长，有的也生长于石缝中。

每年春末夏初，二年生茎上部节上抽出花序，开花后从茎基长出新芽发育成茎，秋、冬季节进入休眠期。

三、栽培技术

1. 选地、整地　根据其生长习性，石斛栽培地宜选半阴半阳的环境，空气湿度在 80%以上、冬季气温在 0℃以上地区，人工可控环境也可。树种应以绿黄葛树、梨树、樟树等为好，且应为树皮厚有纵沟、含水多、枝叶茂、树干粗大的活树。石块地也应在阴凉、湿润地区，石块上应有苔藓生长及表面有少量腐殖质。

2. 繁殖方法　主要采用分株繁殖法。石斛种植一般在春季进行，因春季湿度大、降水量渐大，种植易成活。选择健壮、无病虫害的石斛，剪取三年生以上的老茎作药用，二年生新茎作繁殖用。繁殖时减去过长老根，留 2～3 厘米，将种蔸分开，每蔸含 2～3 个茎，然后栽植，可采取贴石栽植和贴树栽植法。

贴石栽植：在选好的石块上，按 30 厘米的株距凿出凹穴，用牛粪拌稀泥涂一薄层于种蔸处，塞入石穴或石槽，力求稳固不脱落即可，可塞小石块固定。

贴树栽植：在选好的树上，用刀将树干砍去一部分树皮，将种蔸涂一薄层牛粪与泥浆混合物，然后塞入破皮处或树纵裂沟处，贴紧树皮，再覆一层稻草，用竹篾捆好。

3. 田间管理

（1）浇水。石斛栽植后期空气湿度过小时要经常浇水保湿，可用喷雾器喷雾的形式浇水。

（2）追肥。石斛生长地贫瘠应注意追肥。第 1 次在清明节前后，以氮肥混合猪牛粪及河泥为主；第 2 次在立冬前后，用花生麸、菜籽饼、过磷酸钙等加河泥调匀糊在根部。此外尚可根外追肥。

（3）调整荫蔽度。石斛生长地的荫蔽度要在 60% 左右，因此要经常对附生树进行整枝修剪，以免过于荫蔽或荫蔽度不够。

（4）整枝。每年春天萌发新茎时，结合采收老茎将丛内的枯茎剪除，并除去病茎、弱茎以及病根、老根。栽种 6～8 年后视丛蔸生长情况翻蔸，重新分枝繁殖。

4. 病虫害防治

（1）石斛黑斑病。危害叶片，使叶片枯萎，3—5 月发生。防治方法：收获后清园，烧毁病枝病叶。

（2）石斛炭疽病。危害叶片及茎枝，受害叶片出现褐色或黑色病斑，1—5 月均有发生。防治方法：冬季注意清园；喷施波尔多液防治。

（3）石斛菲盾蚧。寄生于植株叶片边缘或背面，吸食汁液，5 月下旬为孵化盛期。防治方法：集中有盾壳老枝烧毁。

四、采收与加工

1. 采收　每年春末萌芽前采收，采收时剪下三年生以上的茎枝，留下嫩茎让其继续生长。

2. 加工　因品种和商品药材不同，有不同加工方法，以下介绍两种方法。

（1）将采回的茎株洗尽泥沙，去掉叶片及须根，分出单茎株，放入85℃热水烫 1～2 分钟，捞起，摊在竹席或水泥场上暴晒，待至 5 成干时，用手搓去鞘膜质，再摊晒，并注意常翻动，至全干即可。

（2）也可将洗净的石斛放入沸水中浸烫 5 分钟，捞出晾干，置竹席上暴晒，每天翻动 2～3 次，晒至身软时，边晒边搓，反复多次至去净残存叶鞘，然后晒至全干即可。

关 木 通

关木通为马兜铃科植物木通马兜铃（*Aristolochia manshuriensis* Kom）的干燥藤茎。性寒、味苦。有清心火、利小便、通经下乳功能。主治心烦、尿赤、水肿、热淋涩痛、白带、经闭乳少、湿热痹痛。木通马兜铃主产于吉林、黑龙江、辽宁、山西、陕西、甘肃也有少量分布。

一、形态特征

多年生缠绕性木质大型藤本植物，藤茎呈长圆柱形，稍扭曲，茎长8～10米，最长者可达30米。节部稍膨大。叶互生，叶片圆状心形，全缘。花单一，腋生于短枝上。果实具6棱。种子心状三角形，浅灰褐色，背面凸起，有小突起，腹部凹入，平滑无毛。花期5月，果熟期8—9月。

二、生长习性

关木通具有喜湿润、耐严寒的特征。适宜中温带冬冷夏热湿山地气候，要求年平均气温3℃左右，林间郁闭度为50%～80%。植株缠绕于乔木或灌木上生长。

三、栽培技术

1. 选地、整地　栽培地应选择灌溉方便、排水良好的杂木林及次生林山区沟谷地、缓坡地带，坡度不超过10°～15°，以肥沃的棕色森林土、沙质土为好。播种前进行整地。

2. 繁殖方式　用种子繁殖。

适宜种植时间为4—10月。选阴雨天或晴天下午太阳偏斜时，按行距20～25厘米开沟条播，株距可依土质肥瘠、管理粗细、排灌难易而定。种子播入沟内后，覆土2～3厘米，镇压即可。

3. 田间管理

（1）水分管理。播种后保持土壤湿润，幼苗生长期应注意排水。

（2）搭架。苗高30厘米以上应搭架扶蔓。采取人工搭架时，可将各种树枝搭成篱笆支架，可利用小乔木或灌木，如蔓荆、白灰毛豆等。

（3）施肥。生长期每年施农家肥2～3次。

4. 病虫害防治 东北马兜铃在生长期间病害较少，主要是虫害。

（1）根腐病。主要表现为根部腐烂枯死，并传染至附近的植株，严重时会造成成片植株死亡。防治方法：在栽培中要注意雨季及时排水；如发现病株要立即拔除并烧毁，病穴周围撒石灰粉进行消毒。

（2）马兜铃凤蝶。幼虫在7—9月咬食叶片和茎。防治方法：人工捕杀。

（3）蚜虫。危害叶片。防治方法：用内吸性杀虫剂喷雾防治。

四、采收与加工

秋、冬两季割取基部，去掉头尾和幼枝，刮去外表木栓质粗皮，晒干。干燥过程中，将藤茎理直，至七八成干时，按直径粗细分档扎捆，再继续干燥即成。

五、留种技术

选粒大、饱满、无病虫害的种子留种。

肉 苁 蓉

肉苁蓉为列当科植物肉苁蓉（*Cistanche deserticola* Ma）的干燥全草。别名苁蓉、大芸、察干高要（蒙语）。味甘、咸，性温。有补肾壮阳、益精血、润肠通便、强筋骨的功能。治阳痿、腰膝冷痛、不孕、肠燥便秘等症。主产于内蒙古、新疆、甘肃、宁夏、青海等地。

一、形态特征

肉苁蓉为多年生寄生草本植物，茎肉质，圆柱形或下部较扁。高40～160厘米，下部较粗，向上渐细。叶鳞片状，淡黄白色，下部叶紧密、宽短而厚，向上渐稀疏、狭长而薄，叶片三角形、披针形或狭披针形，无柄。穗状花序粗大，顶生，圆柱形，长15～50厘米。蒴果卵形，成熟时二瓣裂，褐色，果内含几百粒种子。种子椭圆形或球形，一端较尖，黑褐色，有光泽，大小为（1.0～1.2）毫米×（0.7～1.0）毫米。5—6月开花结果。

二、生长习性

肉苁蓉为寄生植物，寄主为梭梭和白梭梭等。寄生点通常有几个不明显的芽，无自养独立根系，靠吸盘索取寄主的营养维持生长，在地下发育分化。前期生长迟缓，第3年后长势加快，其中一个芽形成较大的肉质茎。采挖时，如不破坏寄生点及其根部，翌年将生长出新的成年植株。

肉苁蓉喜干旱少雨气候。抗逆性强，耐干旱。喜长日照、积温高、昼夜温差大。在地下水充足的地方生长发育良好。

肉苁蓉种子在自然条件下保存3年仍有活力，在冰箱低温干燥条件下寿命更长，用25℃湿沙贮藏则活力下降。种子吸水力强，可以诱导寄主毛细根向种子延伸接触形成寄生关系。

三、栽培技术

1. **选地、整地**　宜选沙土或半流沙荒漠地带，以土壤呈中性或偏碱性、阳光充足、雨量少、排水良好、昼夜温差大为佳。可利用天然梭梭林较集中的沙漠地进行圈栏，防止牛、羊和骆驼啃食，浇水施肥，保护扶壮寄主。也可培育人工梭梭林，秋后采收梭梭种子，春天作畦播种育苗。种子播种后1～3天出苗，1～2年后定植，行株距均为1.0～1.5 m，定植2～3年以后，生长健壮，可以接种肉苁蓉。梭梭也可直播，但应注意防风，保水保苗。

2. **繁殖方式**　用种子繁殖。在野生梭梭东侧或东南侧方向挖苗床，距寄主50～80厘米，苗床大小不一，长1～2米，宽1米左右，深50～80厘米；或在寄主密集处，可挖一条大苗床沟，围绕许多株寄主，将种子点播于苗床上，施入骆驼粪、牛羊粪等，覆土30～40厘米。上面留沟或苗床坑，以便浇水。人造梭梭林生长整齐、成行，可在植株两侧开沟作苗床。播种后保持苗床湿润，诱导寄主根延伸到苗床上。春天或秋天播种，第2年部分苗床内有肉苁蓉寄生，少数出土生长，大部分在播种后2～4年内出土、开花结实。

3. 田间管理　沙漠里风大，寄主根经常被风吹裸露，要注意培土或用树枝围在寄主根附近防风。苗床要经常浇水保墒，还要除掉其他植物。肉苁蓉 5 月开花时要进行人工授粉，提高结实率。

4. 病虫害防治

（1）梭梭白粉病。7—8 月发生，危害嫩枝。防治方法：用武夷菌素 300 倍液喷雾防治。

（2）梭梭根腐病。多发生在苗期，危害根部。防治方法：选排水良好的沙土种植，加强松土。

（3）种蝇。发生在肉苁蓉出土开花季节，幼虫危害嫩茎，钻隧道，蛀入地下茎基部。防治方法：可用 90% 敌百虫 800 倍液在地上部喷雾或浇灌根部。

（4）大沙鼠。啃食梭梭枝条、根系。防治方法：用毒饵于洞口外诱杀。

四、采收与加工

1. 采收　春、秋两季均可采收，以 4—5 月采收为佳。初春，肉苁蓉吸收融化的冰雪水迅速生长，4—5 月即可采挖。

2. 加工　春季采收后置沙中半埋半露，晒干后即为甜肉蓉（亦称盐大芸），可采用如下几种加工方法。

（1）晾晒法。白天在沙地上摊晒，晚上收集成堆遮盖起来，防止昼夜温差大冻坏肉苁蓉，晒干后颜色好、质量高。

（2）盐渍法。将个大者投入盐湖中淹 1～3 年；或在地上挖 50 厘米×50 厘米×120 厘米的坑，放入等大不漏水的塑料袋，在气温降到 0℃时，把肉苁蓉放入袋内，用当地未加工的土盐配制 40% 的盐水进行腌制，第 2 年 3 月取出晾干为咸大芸。

（3）窖藏法。在冻土层的临界线以下挖一坑，将新鲜肉苁蓉在天气冷凉之时埋入土中，第 2 年出窖取出晒干。

五、留种技术

应同时留梭梭种子及肉苁蓉种子。宜选粒大、饱满、无病虫害的种子留种。

灵 香 草

灵香草为报春花科植物灵香草（*Lysimachia foenum - graecum* Hance）的干燥全草。别名零陵香、香草。味甘，性平，无毒。有祛风寒、避瘟疫、行气止痛、驱虫的功能。可治感冒头痛、牙痛、咽喉肿痛、胸满腹胀、蛔虫等。主产于广西、广东、云南，四川、贵州、湖北、台湾等地也有栽培。

一、形态特征

灵香草为多年生草本植物，高 20～40 厘米，直立或匍匐。匍匐茎上生长不定根，茎无毛，具棱或狭翅。叶互生，卵形或椭圆形，全缘，灰绿色，基部下延，叶与茎的表面密布棕色小腺点，新鲜时香气不显著，干燥后香气浓郁。花单生叶腋。蒴果球形，灰白色。种子细小，黑褐色。花期 5 月，果期 7—8 月。

二、生长习性

灵香草喜阴凉湿润。灵香草生长于海拔 1 200 米以上深山林下及山谷阴湿地带，年平均温度 14.9℃，当日平均温度在 9～10℃时，幼芽开始萌动。月平均温度在 13～19℃、相对湿度在 85％以上、荫蔽度为 75％、土层深厚的条件下，植株生长良好，每 5 天可增高 1 厘米左右。

灵香草不耐高温，温度超过 30℃会影响其生长，甚至死亡。但灵香草能耐－2℃低温。

三、栽培技术

1. 选地、整地　选择阴凉湿润的深山，具有落叶层而富含腐殖质和排水良好的杂木林地，尤其以疏松的生荒地为佳。经疏伐使林下荫蔽度在 75％左右，然后将杂草、枯枝落叶、草根等除净，每亩施入 70～100 千克磷肥、1 000～1 500 千克草木灰作基肥。深耕、碎土和耙平，作成宽 90 厘米的高畦。

2. 繁殖方式　现生产上多采用扦插繁殖。每年 4—5 月进行，选取粗壮、无病虫害的当年生植株，剪取长 4～5 厘米的插条，每插条带 1～2 枚叶，按株行距 5 厘米×6 厘米扦插，扦插的深度以入土 3/4 为宜，然后将土压紧，浇水，保持土壤湿润。

3. 田间管理

（1）除草。待植株成活后，每年除草两次，同时清除枯枝落叶。第 1 次在开花前（2—3 月）。第 2 次在 10—11 月。刚种不久如遇大雨插条会被雨打翻，故雨后要检查，进行补插。

（2）施肥。施肥有明显的增产效果，尤以氮、磷、钾增产效果最好。不同土壤肥力条件不同，应视具体情况酌情施肥。

4. 病虫害防治

（1）细菌性软腐病。此病是一种毁灭性病害，一年四季均可发生，以开花前后流行速度最快，主要危害叶片、茎秆、花朵等部位。防治方法：冬季清园处理和烧毁残体，减少越冬病原菌；种植时选用无病种苗或进行种苗消毒；及时清除田间杂草和避免机械损伤；加强田间管理，注意通风透光，降低田间湿度；及时清除病株，减少菌源。

（2）排草斑枯病。病斑多时可引起落叶，且常有软腐病细菌混生，并加剧软腐病的危害。防治方法同上。

四、采收与加工

1. 采收　灵香草一年四季可采收，但以冬季采收为好，其产量高，质量好。将全株拔起，去净泥沙。为了不影响翌年的面积和产量，达到少种多收，只采收地上部分，不除根，特别是土质肥、病害少、长势较好的场地更是如此。采取茎叶而留根的方法是从根部以上 4～5 厘米处采收，以利再生。收完后及时把灵香草地里的杂草和枯枝叶清除干净，然后用磷肥 100 千克和氮肥 2.5 千克拌土 150～200 千克，施盖灵香草根。

2. 加工　为了运输方便，可用明火烘干，但由于灵香草是易燃品，故烘至七八成干即可。以茎叶细嫩、灰绿色、干燥、香气浓、无泥沙杂质者为佳。为了达到此目的，可用炭火或烤房进行烘烤。

芦 荟

芦荟为百合科植物芦荟（*Aloe vera*（L.）Burm f.］的叶片干燥液汁。芦荟别名斑纹芦荟、油葱、象鼻草等。味苦、性寒。有清热、通便、杀虫、通经的功能。可治热结便秘、经闭、疳疾，外用治癣疮、龋齿和烫伤等症。主产于中国广东、广西、云南、福建，非洲亦有分布和栽培。

一、形态特征

芦荟为多年生肉质草本，高 30～50 厘米。叶肥厚多汁，簇生于短茎上，呈莲座状；叶长披针形，基部较宽，直立而斜展，粉绿色，有白色斑纹，边缘有尖齿状刺。总状花序腋生，花葶高 50～70 厘米，花橙红色。蒴果，种子多数。花期 3—6 月，果期 8—11 月。

二、生长习性

芦荟喜温暖，怕寒冷；喜光，耐旱。当气温降至 0 ℃时即遭冻害，在 -1 ℃时植株开始死亡，但在有覆盖的条件下，能忍受 -3 ℃的短暂霜冻。生长期间要求有充足的阳光，在潮湿肥沃土壤中生长则叶片肥厚浓绿，但土壤过湿或积水会造成根叶腐烂。

三、栽培技术

1. 选地、整地 宜选阳光充足、排水良好、肥沃、富含石灰质的壤土。过湿过黏重的土壤不宜种植。定植前翻耕土地，每亩施腐熟有机肥或土杂肥 1 500～2 000 千克作基肥，然后作畦，畦宽 0.8～1.0 米，畦长视地形而定。

2. 繁殖方式 常采用分株繁殖。

每年春季（3—4 月）或秋、冬季（9—11 月），将芦荟周围分蘖出来的小苗连根挖取，并切断与母株连接的地下茎，即可定植。定植时，用 10～20 厘米高的分株苗，株行距 50 厘米×50厘米或 40 厘米×50 厘米，每畦种 2 行，每穴栽 1 株。注意定植时将根舒展，覆土压紧，如土壤干燥时需浇定根水，并用小树枝临时遮阴。

3. 田间管理

（1）淋水、排水。夏季天热干燥时必须淋水，保持土壤湿润；但不宜过于潮湿，注意排出积水，以免烂根。

（2）除草松土。生长期间要勤除草松土。雨季除草要将除下的杂草清出园外，堆沤作肥；旱季除草要用杂草覆盖根际。在除草时结合松土或培土。

（3）追肥。及时施肥，以腐熟有机肥为主，结合化肥，每年施 3～4 次。每次每亩施腐熟有机肥 4 000～5 000 千克，混合尿素 6 千克、过磷酸钙 50 千克。

4. 病虫害防治　芦荟在整个生长期内很少受病虫害危害。

四、采收与加工

1. 采收　芦荟种植 2～3 年后即可收获。在芦荟叶片生长旺盛期，将中部及下部生长完全、长 20～30 厘米的叶片分批割下。

2. 加工

（1）将采收的新鲜叶片切口向下，竖直放于木槽或其他容器中，取其流出的液汁干燥即为中药芦荟。

（2）将采收的新鲜叶片用清水洗去泥土，横切成片。加入与叶片同重量的水，用猛火煎煮 2～3 小时，再用纱布过滤，把澄清的过滤液放入锅中加热蒸发至黏稠状，倒入模型内烘干或在太阳下暴晒干，即为药用芦荟膏。不同成熟度的叶片加工所得芦荟膏的量不同，老叶为 2.86%，嫩叶为 1.83%。

佩　兰

佩兰为菊科植物佩兰（*Eupatorium fortunei* Turcz.）的干燥地上部分，又名香水兰、燕尾香、香草等。具清暑、化湿、辟秽等功能。主产于江苏、浙江、河北、山东等地，全国大部分地区有栽培。

一、形态特征

多年生草本，株高 70～120 厘米。根茎横走，稍长。茎直立，下部光滑无毛。叶对生，中部叶有短柄，多 3 全裂，裂片长圆形或长圆状披针形，先端渐尖，边缘有粗锯齿。头状花序排列成复伞房状，总苞片先端钝；每个头状花序具小花 4～6 朵；花两性，全为管状花，红紫色；雄蕊 5 枚；子房下位，柱头 2 裂。瘦果圆柱形，具 5 条棱，黑褐色。花期 7—9 月，果期 8—10 月。

二、生长习性

佩兰喜温暖湿润气候，气温低于 19 ℃时生长缓慢，25～30 ℃时生长迅速，耐寒，怕涝，生长后期耐旱能力强。根系发达，在茎基和地下茎上能抽出许多枝，分枝能力强。

三、栽培技术

1. 选地、整地　佩兰对土壤要求不严，但喜肥沃、疏松、湿润的沙壤土。种植时宜选灌水方便、阳光充足的地方，山坡、平地均可，但不宜在低洼地和盐碱地种植。深耕细耙，施足基肥，作成宽 1.3 米的畦。

2. 繁殖方法　用根茎繁殖，在 11 月至翌年 4 月进行。栽时选择色白、粗壮具有芽眼的根茎，剪成 6～10 厘米的小段，按株行距 10 厘米×30 厘米开穴栽植，栽后覆土，稍加镇压，浇水。春播者 15 天左右即可出苗。

3. 田间管理

（1）间苗、补苗。苗高 10～15 厘米时应进行间苗，每穴留壮苗1～2 株。缺苗处应及时补苗。

（2）中耕除草。主要在苗期进行，土壤板结或浇水后应及时中耕，见草就除，封垄后即停止。

（3）追肥。苗高 6～10 厘米时可追施水粪 1 次；苗高 20 厘米时再施 1 次。第 1 茬苗收割后紧接着施 1 次浓肥，施后浇水；第 2 茬苗高 20 厘米时再施水粪 1 次。

（4）排灌。播种后要保持土壤湿润，生长期间遇干旱应及时浇水。多雨积水时及时排出。

4. 病虫害防治

（1）根腐病。低洼积水处易发，危害根部。防治方法：排出积水；

用 5％石灰水浇灌根部。

（2）红蜘蛛。危害叶片和幼苗。防治方法：参见玄参。

四、采收与加工

佩兰一年种植可多年收获。每年可收割 2 次，第 1 次在 7 月上旬，第 2 次在 9 月上旬。当植株生长旺盛，尚未开花时，选晴天中午割下地上部或摘收茎叶，晒干即可。

此外，上海、南京等地历来有使用鲜佩兰的用药习惯，采收时间在 5—9 月，随用随采。

细　辛

细辛为马兜铃科植物细辛（*Asarum heterotropoides* Fr. Schmidt）干燥带根全草。性温，味辛。有祛风、散寒、解热、镇痛等作用。主治感冒、咳嗽、哮喘、风湿性关节痛、鼻炎、喉炎、胃炎。主产于辽宁、吉林、黑龙江等地，陕西、山东也有栽培，但辽宁产的质量佳。

一、形态特征

细辛为多年生植物，株高 15～25 厘米。地下有横走的根茎，生许多细长的白根，有强烈的辛味和香气。根状茎上部分枝，每分枝上有 1～2 枚心脏形叶片，长 4～12 厘米，宽 5～14 厘米，柄长 7～15 厘米，叶呈丛生状，单株叶片数十枚至上百枚。花单生，从两叶柄中间抽出；花被紫红色，广椭圆形，从基部反卷。蒴果半球形，成熟不开裂，待腐烂后才破裂。种子卵状圆锥形，硬壳质，灰褐色，有光泽。花期 4—5 月，果期 6—7 月。

二、生长习性

细辛喜凉爽湿润的环境，忌强光和干旱。土壤以疏松肥沃、富含有机质为好。

一般 7 月初播种，8 月初种子裂口，8 月中旬露出胚根，9 月初可达 4 厘米，10 月可达 6 厘米以上。当年不出苗，经 4℃以下的低温打破休眠后，到第 2 年春天当地温回升到 6℃左右时幼芽出土。8～12℃时达出苗盛期。细辛生长发育极为缓慢，播种后第 2 年只长 2 枚子叶；第 3 年春才长出 1 枚真叶；第 4 年仍为 1 枚真叶，或少数为 2 枚真叶，极少数开花；第 5、第 6 年才多数为 2 枚真叶并大量开花结实。春天幼苗出土，5 月地上部基本定型，以后不再长新的枝叶，即使因病虫或外伤失去茎叶，当年也不再生长。根茎在地下休眠，秋季形成 1 个小芽，越冬后来年抽出较小的叶片。因此，保护地上部健壮生长极为重要。

种子有休眠习性，因此种子采收后需保湿贮藏，使种胚继续分化和发育，经 30～55 天可完成后熟过程。种子忌干燥，寿命短，一般在 30 天左右。

三、栽培技术

1. 选地、整地 细辛喜疏松肥沃、富含有机质的土壤，以中性或微酸性为好。忌强光，怕干旱，因此东北主产区多选林下栽培，用老参地或农田种植必须搭棚遮阴。林下栽培对树种要求不严，但以阔叶林最好，针阔混合林次之。坡向以东向或西向为好，坡度最好在 10°以内。

整地宜在春、夏季进行，早整地有利于土壤熟化，使细辛生长好，病害轻。刨地前将林地的小灌木或过密树枝去掉，保持林下有 50%～60%的透光度。刨地深度为 15～20 厘米，除去石块、树根，搂平土面，作成宽 1.0～1.2 米、长 10～20 米、高 20 厘米左右的高畦。作业道宽 50～100 厘米，土层厚作业道可稍窄，土层薄作业道宽些，以保证畦面有足够的土量。

2. 繁殖方式 主要用种子繁殖，也可分根繁殖。

（1）种子繁殖。

种子处理的方法是在林下背阴处挖一浅坑，深约 15 厘米，大小依种子多少而定，将 1 份种子与 5 份以上的沙子拌匀放入坑内，上盖约 5 厘米沙子，再盖树叶或稻草。经常检查，注意保温不积水，经 45 天左右应及时播种，以免发芽。播种采用撒播、条播、穴播。撒播将 1 份种子与 10 份细沙或土拌匀撒于畦面，每平方米播种子 30 克左右。条播在畦上按行距 10 厘米、播幅 4 厘米播种，每行播 130 粒左右。穴播行距 13 厘米，穴距 7 厘米，每穴播 7～10 粒。播后用腐殖土或过筛的细土覆盖，厚约 2.5 厘米，其上再盖草或树叶 3 厘米左右，保持土壤湿润。

细辛可直播，在原地生长 3～4 年收挖产品。在种子充足的情况下可以采用。目前产区为充分利用种子扩大种植面积，多采用育苗移栽。以移栽二至三年生苗为好，在每年的秋末、春初（地上部枯萎后或幼苗萌动前）进行。栽植方法是在施足基肥的畦上横向开沟，行距 17～20 厘米，株距 7～10 厘米，将种根在沟内摆好，让根舒展，覆土厚度以芽苞离土表 5 厘米左右为宜，上面盖草或树叶。还可按行距 15 厘米挖穴栽植，每行栽 7～10 穴。

（2）分根繁殖。利用收获的植株，将根状茎上部 4～5 厘米长的一段剪下，每段必须有 1～2 个芽苞并保留根条，然后按 20 厘米×20 厘米的行株距挖穴，每穴种 2～3 段根茎。

3. 田间管理

（1）浇水、除草。细辛根系浅，不耐干旱，特别是育苗地，种子细小，覆土浅，必须经常检查土壤湿度，土壤干时及时浇水，以保证苗全、苗壮。应注意及时拔草，畦上、畦沟均应无杂草。

（2）调节光照。5 月以前气温低，细辛苗要求较大光照，可不用遮阴。从 6 月开始，光照应该控制在 50%～60% 的透光度，利用老参地栽细辛必须搭好荫棚，林间栽培也要按细辛对光照的要求补棚或修理树枝。

（3）施肥、培土。细辛是喜肥植物，种植在瘠薄的土壤里，如果不施肥，生长极其缓慢。根据辽宁种植者的经验，基肥以猪圈粪为最好，熏土肥（老虎粪）次之，化肥以过磷酸钙为好。每年 5 月和 7 月可分别用过磷酸钙 1 千克加清水 50 千克搅拌溶解后取上清液，用喷壶向畦面浇灌，每 20 米^2 用过磷酸钙 1 千克。入冬以后，每亩用猪圈粪 4 000 千克掺入过磷酸钙 40 千克一起发酵，将已发酵好的肥料与 5 倍量左右的腐殖土混合在一起撒盖于细辛畦上，既起到来年的施肥作用，又可保护芽苞安全越冬。因为细辛根茎每年向上生长一节，其上芽苞如果不加保护，易受冻害。

（4）摘除花蕾。多年生植株每年开花结实，消耗大量养料，影响产量，因此除留种地以外，当花蕾从地面抽出时全部摘除。

4. 病虫害防治

（1）病害防治。细辛病害较少，目前危害较重的是菌核病，每年早春到夏季发生，危害全株。防治方法：加强田间管理，畦内不积水、不板结，注意通风，光照调整到 50％～60％的透光度；应适时收获或换地种植；发现病株应彻底清除，在病穴撒石灰进行土壤消毒。

（2）虫害防治。虫害主要有地老虎、蝗虫、细辛凤蝶等。蝗虫、细辛凤蝶咬食叶片，严重时大部分叶片被吃掉。地老虎危害最重，咬食幼芽，截断叶柄和根茎。防治方法：可用敌百虫拌炒香的豆饼或麦麸，做成毒饵诱杀，或用毒土毒杀；人工捕杀。

四、采收与加工

1. 收获　种子直播的细辛，如果密度大，生长 3～4 年即可采收。用二年生苗移栽的，栽后 3～4 年收获；用三年生苗移栽的，栽后 2～3 年收获。有时为了多采种子也可延迟到 5～6 年收获，但超过 7 年，植株老化容易生病，加之根系密集，扭结成板，不便采收。采收时期以每年 9 月中旬为佳。

2. 加工　收获后去净泥沙，每 1～2 千克捆成一把，放阴凉处阴干，避免水洗、日晒。水洗后叶片发黑、根条发白，日晒后叶片发黄，均降低气味，影响质量。每亩可产干品 400～700 千克。

五、留种技术

细辛种子 6 月上旬陆续成熟，应分批采收，因为成熟期不同对发芽率影响极大。当果皮是绿色时，种子发芽率不到 50％；果皮白色时种子已定浆，其发芽率可达 90％以上；果皮裂开时种子发芽率最高，但果皮裂开，种子容易散失。故以采收已发白的果实为好。当种子开始成熟就应每天或隔 1 天采收 1 次。采收后堆放 1～2 天，待果皮变软后搓出种子，用水洗净直接播种或后熟处理以后播种。种子切忌干燥贮放。具有 90％以上发芽率的鲜籽，装袋后贮放于库房，20 天后发芽率降到 30％左右，50 天以后失去发芽力。

贯叶连翘

贯叶连翘为藤黄科植物贯叶连翘（*Hypericum perforatum* L.）的干燥全草，别名女儿茶、千层楼、大对叶草、小刘寄奴、贵州连翘等。性辛、寒。全草含金丝桃素，以花瓣的含量最高。具收敛、抗菌、止血、通经活络及抗病毒、抗肿瘤作用。分布于陕西、甘肃、青海、新疆、四川、贵州、江苏、山东、河北等地。现四川、陕西等地有栽培。

一、形态特征

多年生草本，高 20～60 厘米，全株无毛，茎直立、圆柱形、多分枝。叶较密，对生，无柄，基部稍抱茎，长椭圆形至线形，长 1.2～2.8 厘米，宽 0.4～0.8 厘米，先端钝，全缘，叶面密布透明腺点，边缘散生黑色腺点。二歧状聚伞花序生于茎及分枝顶端，多个组成顶生圆锥花序；萼片 5 枚，长椭圆形或披针形，边缘有黑色腺点；花瓣 5 枚，黄色，长圆形或长圆状椭圆形，花瓣和花药均有黑色腺点。蒴果长圆状，开裂，内含多粒种子。种子细小，圆桶形，黄褐色。花期 5—8 月，果期 9—10 月。

二、生长习性

贯叶连翘原野生于海拔 800～2 100 米的山地灌丛、草丛及路旁，喜温暖湿润的环境。耐寒，长江以南可露地越冬。喜生于阳坡地，对土壤要求不严，可利用零星隙地栽培。

种子具光敏特性，为喜光照的种子，发芽适温为 15～20 ℃，发芽率在 60% 以上，温度适宜时 4～5 天发芽。

三、栽培技术

1. 选地、整地　宜选择向阳、土地肥沃、疏松湿润的沙质壤土，耕翻 30 厘米，打碎土块，混入适量腐熟堆肥，整平作畦，畦宽 1.2～1.5 米，畦长视地形而定，畦间开排水沟约 30 厘米兼作业道。

2. 繁殖方法　用种子繁殖，采用育苗移栽，也可分株繁殖。

（1）种子繁殖。

育苗：一般在 3—5 月播种。撒播或条播，播前须将畦面整平耙细，条播按 15～20 厘米开浅沟。由于贯叶连翘种子细小，又具光敏特性，所以播种时应与拌有草木灰的沙土混匀播种，播后不覆土，轻施人畜粪水，7～10 天后即可出苗。每亩用种子 0.3～0.4 千克。

移栽：于翌年 4 月上旬，在整好的畦面上按株行距 25 厘米×30 厘米开穴，每穴栽苗 5～6 株，边挖边栽，栽后及时浇水。

（2）分株繁殖。贯叶连翘分蘖能力较强，可在冬季或春季从老株边挖取带根的分蘖苗栽种。栽种方法同上述移栽方法。

3. 田间管理　育苗田当苗高 5～7 厘米时开始间苗、补苗，保持株距在 5～6 厘米。由于苗期生长缓慢，应注意中耕除草，出苗后至少每月进行 1 次。第 1 次结合间苗进行，以后在 6 月、8 月、10 月进行中耕除草后，都要及时追肥 1 次。移栽大田后，每年都可中耕除草 4 次，一般在 3 月、5 月、7 月、10 月进行；追肥 3 次，在 3 月、5 月、10 月中耕除草后进行。肥料以人畜粪水为主，也可施用氮素化肥。

4. 病虫害防治　贯叶连翘病虫害较少，在栽培田里尚未见病虫害发生。

四、采收与加工

1. 采收　贯叶连翘药用其地上部分全草，药材一般每年可采收两次，第 1 次在 6—7 月花前期采收，第 2 次在 10 月中、下旬采收，具体时间随气候、海拔、温度不同而定。一般以蕾期至将开放时采收的质量好，花后质量下降。采收时注意戴好手套，避免眼和外露的皮肤与植株接触。

2. 加工　新鲜植株必须在采集之后立即加工，防止光照，将植株绑成捆，然后干燥，以微温干燥为好。天气温和条件下，可将植株铺在平板上干燥或在通风处阴干。

穿 心 莲

穿心莲为爵床科植物穿心莲 [*Andrographis paniculata* (Burm. F.) Nees] 的干燥地上部分，又名一见喜、榄核莲、印度草、斩蛇剑、苦草。具清热解毒、消肿止痛功能。原产于印度、斯里兰卡等亚洲热带地区，南亚和东南亚均有分布。在我国，穿心莲均为栽培，现南方各地都有栽培，北方一些地方也有引种。

一、形态特征

穿心莲在原产地为多年生草本，在我国粤、闽北部和其以北地区不能露地越冬而变成一年生植物，株高50～100厘米。茎直立，四棱形，多分枝，节呈膝状膨大。单叶对生，长圆状卵形至披针形，全缘或浅波状。叶柄短，近无柄。由顶生和腋生的总状花序组成大的圆锥花序，苞片披针形；花小，花萼5深裂，密被腺毛；花冠淡紫白色，近二唇形；雄蕊2枚，花丝有丛毛；子房上位，2室，花柱细长。蒴果线状椭圆形，成熟时紫褐色。种子多数，椭圆至卵圆形，略扁，黄褐色至棕褐色。花期7—10月，果期8—11月。

二、生长习性

穿心莲喜湿怕旱，喜光，喜肥，不耐寒，整个生长过程均需高温、高湿条件。植株生长的最适温度为25～30℃，15～20℃时生长缓慢。开花结实要求温度在20℃以上，低于20℃只开花不结实。除福建、广东省外，由于早霜，完全不能开花。遇0℃低温或霜冻，植株将全部枯萎。种子发芽适温为25～30℃，成熟种子寿命为1～2年。

三、栽培技术

1. 选地、整地　穿心莲对土壤要求不严，但以地势平坦、背风向阳、土质疏松、排水良好和靠近水源的田块为佳，干旱地和盐碱地不宜种植。忌与茄科作物轮作。每亩施入农家肥2 000千克作基肥，移栽前翻耕整平，作成宽1.3米的畦。苗床地宜冬前翻耕，冻垡。育苗前施足基肥，再耕翻2～3次，一定要做到田块细碎、疏松，苗床宽1.2米，如有条件，苗床北面可设风障。

2. 繁殖方法　用种子繁殖，生产上多用育苗移栽，南方也可直播或扦插繁殖。

（1）育苗。长江中下游地区温床育苗于3月中、下旬播种，冷床育苗于4月播种。宜晴天进行，先将苗床灌1次透水，水渗透后畦面扬一薄层过筛细土，播前种子用细砂或砂纸摩擦，使种皮失去光泽为宜。撒播，播后覆细土，厚度以刚盖没种子为度，再盖一层粉碎的树叶或稻草，以保持土壤水分，防止板结，最后盖玻璃或塑料薄膜，傍晚再盖草帘保湿。播后7～10天出苗。幼苗期要严格控制苗床温度和湿度。出苗之前地温需保持在20～25℃，薄膜内气温最好保持在30～45℃，相对湿度在85％以上，晴天中午超过50℃也无影响。出苗后具3枚真叶时，可揭掉薄膜通气，这时薄膜内的气温应控制在28～35℃，切忌超过40℃。如水分不足，应及时浇水，防止高温缺水。在无风的晴天可早晚盖膜，中午揭膜透风炼苗。5月下旬畦面温度达17～20℃时，可撤掉玻璃或薄膜，并适当控制水分，促使根系发达。注意除草，防病，并可适当追肥提苗。

（2）移栽。当苗高10厘米左右、具6枚真叶时即可移栽，时间一般在6月上旬至7月上旬，以阴天或傍晚移栽为好，移栽前1天苗床浇水，以便起苗，带土移栽成活率高。株行距20厘米×30厘米，穴栽。栽后及时浇水。肥水条件差的地方可适当密植，而采种田则可适当稀植。

3. 田间管理

（1）保苗。如移栽后3～5天内无雨日晒，应适当遮阴，同时每天早晚浇水，促使幼苗成活。

（2）追肥。以氮肥为主，在移栽成活后5～7天，每月追肥1次，每次每亩施人粪尿2 000～3 000千克。

（3）中耕除草。生长期间结合施肥进行3～4次，中耕要浅，同时适当培土，以促进茎基部不定根的生长。

（4）排灌。每次追肥后应及时浇水，苗期及平时也应经常浇水，以充分保持土壤湿润。但忌积水，多雨时应注意排水。

4. 病虫害防治

（1）立枯病。危害幼苗。防治方法：降低土壤湿度。

（2）猝倒病。危害幼苗。防治方法：控制湿度，注意通风，加强苗床管理。

（3）青枯病。7—8月高湿多雨季节多发，危害成株。防治方法：忌积水；忌连作。

（4）虫害。主要有蝼蛄、地老虎、棉铃虫等，危害幼苗或成株。防治方法：人工捕捉。

四、采收与加工

9月上旬至10月中旬将要现蕾时采收，可将整株连根拔起，去除根系，晒干即可。如是收净叶，则可将叶片全部摘下，晒干即成。产品以干燥、色绿、无杂质者为佳。

五、留种技术

江浙一带如露地播种，植株不能开花结籽。生产用种一般多从南方调种，如需留种，必须早育苗，早移栽，以延长生育期。一般采用温床加温育苗，3月播种，以使穿心莲在8月下旬现蕾开花，9月中旬蒴果变紫色时分批采收。种子田应稀植，株行距以50厘米×60厘米为宜，8月现蕾与抽薹开花时打顶，适当控制氮肥并增施磷、钾肥。9月中旬后气温渐低，如有条件可用塑料薄膜保温，以利种子充分成熟。果实收获后，放阴凉处后熟几天，开裂后筛去果皮，晒干贮藏。

绞 股 蓝

绞股蓝为葫芦科植物绞股蓝［*Gynostemma pentaphyllum* (Thunb.) Mak.］的干燥地上部分，又名七叶胆、小苦药、公罗锅底。具清热解毒、止咳祛痰之功能。产于长江以南各省区，现陕西、湖北、浙江、江苏、山东等地有栽培。

一、形态特征

多年生草质藤本，长可达3～5米。根状茎细长横走，有冬眠芽和潜伏芽。茎柔弱蔓状，节部疏生细毛，茎卷须多2叉。叶互生，叶片为鸟趾状复叶，小叶3～7枚；小叶卵圆形，先端渐尖，基部半圆形或楔形，边缘有锯齿，被白色刚毛。圆锥花序腋生，花单性，雌雄异株；花小，黄绿色；花萼短小，5裂；花冠5裂，裂片披针形；雄花雄蕊5枚，花丝下部合生；雌花子房下位、球形，2～3室，花柱3个，柱头2

裂。浆果球形，成熟时紫黑色，光滑。种子 1～3 粒，阔卵形，深褐色，表面有乳状突起。花期 6—8 月，果期 8—10 月。

二、生长习性

绞股蓝喜阴湿环境，忌烈日直射，耐旱性差。野生种多见于海拔 300～3 200 米的山地林下、阴坡山谷和沟旁石塘。一般 3—4 月萌发出土，5—9 月为旺盛生长期，8 月下旬枯萎，全年生育期 180～220 天。

种子有一定的休眠特性，用流水处理在一定程度上可以解除休眠。发芽适温为 15～30 ℃的变温。种子寿命为 1 年。

绞股蓝无性繁殖能力强，其地下根茎和地上茎蔓的茎节均能萌发不定根和芽，并可长成新的植株，因此，生产上常用无性繁殖。

三、栽培技术

1. 选地、整地　宜选山地林下或阴坡山谷种植。一般土壤均可种植，但以肥沃疏松的沙壤土为好。每亩施农家肥 2 000 千克作基肥，翻耕耙细，作成宽 1.3 米的畦，也可利用自然山地开畦种植。

2. 繁殖方法　生产上常用根茎分段繁殖和茎蔓扦插繁殖，也可用种子繁殖。

（1）根茎繁殖。于春季（2—3 月）或秋季（9—10 月）进行，将根茎挖出，剪成 5 厘米左右的小段，每小段 1～2 节，再按株行距 30 厘米×50 厘米开穴，每穴放入 1 小段，覆土约 3 厘米，栽后及时浇水保湿。

（2）扦插繁殖。一般 5—7 月进行，植株生长旺盛时，将地上茎蔓剪下，再剪成若干小段，每段应有 3～4 节，去下面 2 节叶片，按 10 厘米×10 厘米的株行距斜插入苗床，入土 1～2 节，浇水保湿，适当遮阴，约 7 天后即可生根。待新芽长至 10～15 厘米时，便可按株行距 20 厘米×30 厘米育苗移栽。

（3）种子繁殖。可采用直播或育苗移栽。直播于 3 月中、下旬按行距 30～40 厘米开浅沟或穴距 30 厘米开穴。种子播前用温水浸种 1～2 小时。播种后覆土 1 厘米，浇水，至出苗前经常保持土壤湿润。播后 20～30 天出苗，每亩用种 1.5～2.0 千克。当苗长至具 2～3 枚真叶时按株距 6～10 厘米间苗，苗高 15 厘米左右时按株距 15～20 厘米定苗。

育苗播种时间同直播，撒播或条播，播后可在畦上盖草并浇水保湿。出苗后揭去盖草。幼苗具3～4枚真叶时，选阴天移栽于大田。

3. 田间管理

（1）中耕除草。在幼苗未封行前，应注重中耕除草，并注意不宜离苗头太近，以免损伤地下嫩茎。

（2）追肥。定植后1周即应施1次薄粪，配施少量尿素及磷、钾肥。每次收割或打顶后均要追1次肥，最后1次收割后施入冬肥，冬肥以厩肥为主。

（3）打顶。当主茎长到30～40厘米趁晴天进行打顶，以促进分枝。一年可进行2次，一般摘去顶尖3～4厘米。

（4）搭架遮阴。苗期忌强光直射，可在播时间种玉米或用竹竿搭高1.0～1.5米的架，上覆玉米、芦苇等遮阴物。由于绞股蓝自身攀缘能力差，在田间需人工辅助上架。一般在茎蔓长到50厘米左右时，将其绕于架上，必要时缚以细绳。搭架是绞股蓝生产上一项重要措施。

（5）排灌。绞股蓝喜湿润，故要经常浇水，雨季注意排水，以免受涝。

4. 病虫害防治

（1）白粉病。多发于生长后期，危害叶片。防治方法：清洁田园。

（2）白绢病。发病初期病株叶片出现黄色小点，后成褐斑，易脱落，若扩至全叶则变褐枯死；茎基部先出现黄色水渍状小点，后绕茎扩展变褐，进而引起全株变褐甚至枯死。防治方法：在栽种绞股蓝苗时，可用哈茨木霉麸皮培养物加细土培施在植株根茎周围，促使土壤中木霉菌大量生长和繁殖，从而抑制白绢病的生长，达到防治目的。

（3）叶斑病。从叶缘或叶尖开始，逐渐向中心扩展，先为水渍状，后来成为黄色枯斑，发病严重时，整株叶片腐烂、脱落。防治方法：清园；注意排水，降低田间湿度。

（4）三星黄萤叶甲。4月下旬始发，以幼虫和成虫危害叶片。防治方法：清洁田园。

（5）灰巴蜗牛和蛞蝓。危害叶片、芽和嫩茎。防治方法：可撒施石灰水或石灰粉防治。

四、采收与加工

当茎蔓长达2～3米时，选择晴天收割，收割时应注意留植物地上茎 10～15 厘米，以利重新萌发。南方一年可收割 3～4 次，北方收 2 次，最后 1 次可齐地收割。收后晾晒干燥，置阴凉密闭处保藏，以保持干品色泽。

五、留种技术

绞股蓝果实多见于通风良好处，一般在花序中有 30% 以上的浆果颜色为蓝黑色时便可采种。收后将果穗放在阴凉通风处后熟，1 周后采下果实，放在竹席或竹匾中晾晒风干，搓去果壳，随后置布袋或纸袋中于通风干燥处保藏。

根茎繁殖时，南方地区在地上部分收割后，根茎可在土中自然越冬。北方如温度较低，地表需要覆盖保护或进行窖藏。

荆　芥

> 荆芥为唇形科植物裂叶荆芥 [*Schizonepeta tenuifolia* (Benth.) Briq.] 的干燥地上部分，又名香荆芥，其花序称荆芥穗。具发表、散风、透疹之功能；炒炭有止血作用。主产于河北，全国大部分地区有栽培。

一、形态特征

一年生草本，株高 70～100 厘米，有强烈香气。茎直立，四棱形，基部带紫红色，上部多分枝。叶对生，基部叶有柄或近无柄，羽状深裂为 3～5 裂片；裂片线形至线状披针形，全缘，两面均被柔毛，下面具下凹小腺点，叶脉不明显。轮伞花序，多轮密集于枝端成穗状；花小，淡紫色，花冠 2 唇形；雄蕊 4 枚，二强雄蕊；花柱基生，2 裂。小坚果4 粒，卵形或椭圆形，表面光滑，棕色。花期 6—8 月，果期 7—9 月。

二、生长习性

荆芥对气候、土壤等环境条件要求不严，我国南北各地均可种植。喜温暖湿润气候。幼苗能耐 0℃ 左右的低温，−2℃ 以下则会出现冻害。忌干旱和积水，忌连作。

种子发芽适温为 15～20℃，种子寿命为 1 年。

三、栽培技术

1. 选地、整地 宜选较肥沃湿润、排水良好的沙壤土种植，地势以阳光充足的平坦地为好。荆芥种子细小，整地必须细致，同时施足基肥，每亩施农家肥 2 000 千克左右。然后耕翻深 25 厘米左右，粉碎土块，反复细耙整平，作成宽 1.3 米、高约 10 厘米的畦。

2. 繁殖方法 用种子繁殖，直播或育苗移栽。一般夏播为直播，而春播采用育苗移栽。

（1）直播。5—6 月麦收后立即整地作畦，按行距 25 厘米开 0.6 厘米深的浅沟。种子用温水浸 4～8 小时后与细沙拌匀，播种时将种子均匀撒于沟内，覆土，稍加镇压。每亩用种子 0.5 千克。也可春播或秋播，但秋播占地时间较长，一般较少采用。播种方法也可采用撒播。

（2）育苗移栽。春播宜早不宜迟。撒播，覆细土，以盖没种子为度，稍加镇压，并用稻草盖畦保湿。出苗后揭去覆盖物，苗期加强管理。苗高 6～7 厘米时按株距 5 厘米间苗。5—6 月苗高 15 厘米左右时移栽大田，株行距为 15 厘米×20 厘米。

3. 田间管理

（1）间苗、补苗。出苗后应及时间苗，直播者苗高 10～15 厘米时按株距 15 厘米定苗，移栽者要培土固苗，如有缺株应及时补苗。

（2）中耕除草。结合间苗进行，中耕要浅，以免压倒幼苗。撒播者只需除草。移栽后视土壤板结和杂草情况中耕除草，可进行 1～2 次。

（3）追肥。荆芥需氮肥较多，但为了秆壮穗多，应适当追施磷、钾肥。第 1 次在苗高 10 厘米时，每亩追施人粪尿 1500 千克；第 2 次在苗高 20 厘米时，每亩施人畜粪水 1 500～2 000 千克；第 3 次在苗高 30 厘米以上时，每亩撒施腐熟饼肥 60 千克，并可配施少量磷、钾肥。

（4）排灌。幼苗期应经常浇水，以利生长。成株后抗旱能力增强，但忌水涝，如雨水过多，应及时排出积水。

4. 病虫害防治

（1）根腐病。高温积水时易发。防治方法：参见丹参。

（2）茎枯病。危害茎、叶和花穗。防治方法：清洁田园；与禾本科作物轮作；每亩用200千克堆制的菌肥，耙入3～4厘米的土层。

（3）虫害。有地老虎、银纹夜蛾等。防治方法：用毒饵诱杀；黑光灯诱杀；人工捕杀。

四、采收与加工

春播者当年8—9月采收；夏播者当年10月采收；秋播者翌年5—6月才能收获。当花穗上部分种子变褐色、顶端的花尚未落尽时，于晴天露水干后用镰刀从基部割下全株，晒干即为全荆芥；如只收花穗，称荆芥穗，去穗的秸秆称荆芥秸。全荆芥以色绿、茎粗、穗长而密者为佳；荆芥穗以穗长、无茎秆、香气浓郁、无杂质者为佳。

五、留种技术

秋季收获前，在田间选择株壮、枝繁、穗多而密、无病虫害的单株作种株。收种时间须较产品收获晚15～20天。当种子充分成熟、籽粒饱满、呈深褐色或棕褐色时采收，晾干脱粒，除杂，置布袋中悬挂于通风干燥处贮放。

草 珊 瑚

草珊瑚为金粟兰科植物草珊瑚 [*Sarcandra glabra* （Thunb.）Nakai] 的全草，又名九节茶、肿节风、接骨木等。味辛、苦，性平，有抗菌消炎、清热解毒、祛风除湿、活血止痛、通经接骨等功效，用于治疗各种炎症性疾病、风湿关节痛、疮疡肿毒、跌打损伤、骨折等。近年来用于治疗胰腺癌、胃癌、直肠癌、肝癌、食道癌等有较显著效果。分布于江西、浙江、安徽、福建、台湾、湖南、湖北、广东、广西、四川、贵州、云南等地。

一、形态特征

多年生常绿草本或亚灌木，株高50～120厘米。茎直立，绿色，无毛，节膨大，节间有纵向较明显的脊和沟。单叶对生，具柄；叶片草质，卵状长圆形，长 6～16 厘米，宽 3～7 厘米；先端渐尖，基部尖或楔形，边缘除近基部外有粗锯齿，齿端有 1 个腺体；托叶鞘状，两侧有微小突出的尖齿。花小，黄绿色，单性，同株，雌雄花合生于 1 枚极小的苞片腋内，组成顶生短穗状花序；雄蕊 1 枚，药隔膨大成卵形，花药 2 室，生于药隔侧面上端；子房 1 室，卵形，柱头无柄。浆果核果状，球形，熟时呈鲜红色。花期 8—9 月，果期 10—11 月。

二、生长习性

野生草珊瑚常生长于海拔 400～1 500 米的山坡、沟谷常绿阔叶林下阴湿处。适宜温暖湿润气候，喜阴凉环境，忌强光直射和高温干燥。喜腐殖质层深厚、疏松肥沃、微酸性的沙壤土，忌贫瘠、板结、易积水的黏重土壤。

草珊瑚多为须根系，常分布于表土层，采收时易连根拔起。根部萌蘖能力强，常从近地面的根茎处发生分枝而使植株呈丛生状。种子育苗的植株，定植后第 2 年开始结果。

三、栽培技术

1. 选地、整地　宜选水源方便的山坡田或山沟溪流旁和山谷林荫下的沙质土壤地段种植。秋、冬季翻挖土地，自然风化，翌春种植前整地。苗圃地选阴湿、土层深厚、质地疏松的常绿阔叶林下地块。整地时每亩施入农家土杂肥 2 000 千克，翻耕入土，耙细整平，作成高畦，畦宽 1 米。

2. 繁殖方法　生产上多用扦插繁殖，也可用种子繁殖和分株繁殖。

（1）扦插繁殖。3—4 月，从生长健壮植株上选取一至二年生枝条，剪成带 2～3 节、长 10～15 厘米插穗，捆成小把，将其基端置于 0.05 毫升/升 ABT 3 号生根粉溶液中浸泡 2～3 分钟，或在 1 毫升/升萘乙酸溶液中快蘸后扦插。经过处理的插穗，生根时间显著缩短，成活率几乎达 100%。插穗处理后，在事前准备好的苗床上按株行距 5 厘米×10 厘米斜插入土，土面上留 1 节，按紧，浇透水。如果苗床荫蔽度小，最好搭设荫棚，经常保持苗床湿润。扦穗后 30 天左右，插穗生根，并开始萌芽。成活后应注意松土除草，适时追施稀薄人畜粪水，促进幼苗生长。培育 10～12 个月，即可出圃定植。

（2）种子繁殖。10—12 月果实红熟时将其采回，用细湿沙拌和（种子∶湿沙＝1∶2），在室内高燥通风处堆藏，或将其装入木箱，置室内通风处贮藏。翌春 2—3 月，取出种子播种。在整好的苗床上，按行距 20 厘米开深 2～3 厘米的播种沟，将种子均匀播于沟内，用火土灰或细土覆盖，以不见种子为度，畦面盖草，并搭荫棚。播种后约 20 天出苗，及时揭去盖草。育苗期间要经常松土除草，适时追肥。如果苗期管理精细，当年 11—12 月即可出圃定植。

（3）分株繁殖。在早春或晚秋进行。先将植株地上部分（在离地面 10 厘米处割取）割下入药或作为扦插材料，然后挖起根蔸，按茎秆分割成带根系的小株，按株行距 20 厘米×30 厘米直接栽植大田。栽植后需连续浇水，保持土壤湿润。成活后注意除草、施肥。此法简便，成活率高，植株生长快，但繁殖系数低。

移栽：种子繁殖和扦插繁殖的苗木，一般在当年 11—12 月或翌春 2—3 月起苗移栽。在整好的畦上，按株行距 20 厘米×30 厘米定植，并浇透定根水。成活后需及时加强田间管理。

3. 田间管理

（1）查苗、补苗。移栽后要及时查苗，如发现死苗缺株，要带土补栽，确保全苗。

（2）中耕除草。苗期要及时清除田间杂草，并适当进行中耕松土。一般每年中耕 3～4 次，保持土壤疏松，田间无杂草。

（3）灌溉、排水。定植后要经常保持土壤湿润，如遇干旱，要及时灌溉浇水。多雨季节如田间积水，要及时排出，以免引起烂根。

（4）追肥。一般每年春、夏两季各追肥 1 次，每亩施用硝酸铵或尿素 6～7 千克、氯化钾 2～3 千克，兑水浇施。冬季结合培土施 1 次农家肥，将栏肥或沤肥施于植株根际，用沟边泥土覆盖肥料，既可保温防寒，又可促进翌春植株早生快长。

（5）间作遮阴。草珊瑚耐阴性强，喜漫射光，所以宜选在常绿阔叶林下种植。如在无荫蔽条件的山坡种植，可在田间间作玉米等高秆作物，利用高秆作物适当遮阴。通过对间作作物的管理，既可促进草珊瑚的生长，又可增加经济收入。

4. 病虫害防治　草珊瑚刚从野生种转为家种，抗病虫能力较强，目前尚未发现危害较重的病虫害，无需防治。但如果田间遮阴条件差，在阳光强烈的夏季会出现叶片灼伤现象，叶尖或叶缘出现斑枯，严重者全叶枯焦。可采用灌水降温、改善遮阴条件等措施减轻危害。

四、采收与加工

据报道，草珊瑚叶片有效成分含量比根、茎高，因此，在生长期可将植株下部浓绿的老叶摘下，晒干或直接加工成浸膏。一般秋季收割，在植株离地面5～10厘米处割下，洗净晒干即可入药。亦可直接加工成浸膏，交到制药厂作为生产中成药的原料。一般定植当年，每亩可产干品200～300千克，以后产量逐年增高，每亩最高可产600千克以上。药材质量以无杂草、无泥沙、无虫咬和无霉变为佳。

徐 长 卿

徐长卿为萝藦科植物徐长卿 [*Cynanchum paniculatum* （Bunge）Kitagawa] 的根及根茎或带根全草。别名逍遥竹、土细辛。性温，味辛，无毒。具有镇痛止咳、祛风除湿、活血、解毒作用。可治胃病、腹痛、风湿关节疼痛、跌打损伤、毒蛇咬伤、荨麻疹、慢性气管炎。野生于山坡或路旁草丛中。全国各地均有分布，主产于江苏、河北、湖南、安徽、河南、广西及东北等地。

一、形态特征

徐长卿为多年生直立草本，高达80厘米。根茎短，须状根多。茎细、刚直，节间长。叶对生，披针形至线形，长5～14厘米，宽2～8毫米，叶端尖，全缘，边缘稍外翻，有缘毛，叶基渐狭，叶背中脉隆起。圆锥花序顶生叶腋，总花序柄分枝，花梗细柔，花多数，黄绿色。蓇葖果角状。种子顶端着生多数银白色茸毛。花期7—8月，果期8—9月。

二、生长习性

徐长卿对气候的适应性较强，在长江南北的山区和平原等阳光充足的地方都可生长，喜湿润，但忌积水。土壤以腐殖质土或肥沃深厚、排水良好的沙质土为好。

二年生以上植株均能开花结实，但结果率较低。种子容易萌发，发芽适温为 25～30℃，发芽率可达 90％ 以上。种子寿命为 2～3 年。

三、栽培技术

1. 选地、整地 以选择富含腐殖质的肥沃深厚、排水良好的沙质壤土种植为佳。每亩施充分腐熟的农家肥 3 000～4 000 千克，加过磷酸钙 30 千克作为基肥，深翻 30 厘米左右，整平耙细，作高畦，畦宽 1.3 米，畦长 6～10 米或视地形而定，畦面龟背形。

2. 繁殖方式 生产上可用种子繁殖或分株繁殖。

（1）种子繁殖。播种期 3—4 月。种子用草木灰拌匀，按行距 15 厘米开沟条播，沟深 2 厘米左右，播后覆盖草木灰或腐殖质土，最后盖草，保持湿润，约 2 周后出苗，出苗时揭去盖草。每亩播种量为 1.0～2.5 千克。育苗 1～2 年，在冬季倒苗后至春季萌发前移栽，株行距均为 22～26 厘米，每穴 2 株。栽后淋浇粪水定根。

（2）分株繁殖。在秋末或早春挖根时，选健壮无病虫害的植株，将过长的须根剪下作药用，留下长约 5 厘米的根，将母蔸分开，每蔸应有 1～2 个芽，按行距 20～23 厘米、株距 10～13 厘米挖穴栽植。栽时使根伸直，覆土压实，然后浇水。

3. 田间管理

（1）间苗、定苗。播种后 20～25 天出苗，齐苗后可按株距 6～10 厘米、行距 15 厘米进行定苗。

（2）中耕除草。杂草对徐长卿整个生长期都有危害，尤以苗期为重。为此，生产上可在整地前 1 周用草甘膦、莠去津等除草剂喷洒地面再混土后开沟播种；在出苗前于畦面覆盖一层生土或火烧土。幼苗或生长期结合松土及时拔草。

（3）培土壅根。在出苗后苗高 20 厘米左右时，适当培土壅根可促进地下部生长，提高产量。具体做法是结合追肥，将家畜粪与火烧土或其他不带杂草种子的土混合敲碎，盖住畦面，厚度不超过 3 厘米。

（4）追肥。苗高 10 厘米左右时进行第 1 次追肥，每隔 1 个月左右时间追肥 1 次，共 3 次，肥料以人畜粪水为主。栽后追肥，春、夏季可用人畜粪水，冬季用腐熟农家肥。每次追肥都要结合中耕除草，一年进行 2～3 次。

（5）排灌。种子发芽后应注意淋水，使土壤湿度适中。遇干旱或雨后积水应及时浇水或排水。

4. 病虫害防治

（1）根腐病。5—6月开始发生，受害根呈黑色湿腐。防治方法：加强栽培管理，雨季及时排水；及时拔除死亡病株，病穴用石灰处理；不重茬，最好与禾本科作物轮作。

（2）蚜虫。春季开始发生，主要危害幼株嫩茎叶。防治方法：参见大黄。

（3）大谷盗。主要危害收获后的种子，在贮藏期间，成虫与幼虫均喜在黑暗的角落里咬食种子。防治方法：注意勤翻晒，必要时进行熏蒸。

四、采收与加工

用种子繁殖的2～3年后采挖，分株繁殖的1～2年后采挖。一般在秋、春季将其茎叶和根分别采收。采收后去净泥土，晒到半干后，扎成小把，再晒干或阴干。干燥的全草，茎叶灰绿色；干燥根及根茎为深褐色，质脆易断。以干燥、肥大、色正、无杂质、气味浓者为佳。

五、留种技术

由于徐长卿茎秆细小，容易倒伏，往往导致果实不能成熟或霉烂，因此，可采用小竹竿或小树枝搭起支撑架。此外，徐长卿花期较长，开花多而结果少，开花前期用磷酸二氢钾进行根外追肥或花期适当喷洒复合坐果灵，可有效提高结果率。

果实一般在9月成熟，蓇葖果成熟后会自动开裂，种子即随风飘落。故待蓇葖果呈黄绿色、将要开裂时，应分期分批及时采收。将采收果实置匾内揉搓，除去果壳和种缨，选择成熟、饱满、黑褐色的种子放干燥阴凉处保存或用牛皮纸袋和布袋贮藏。

甜 叶 菊

甜叶菊为菊科植物甜叶菊（*Stevia rebaudiana*）的干燥叶。别名甜菊、糖草、甜草。甜菊全株都有甜味，以叶片最甜。甜叶菊有提高血糖、降低血压、促进新陈代谢的作用，制成保健茶或食品添加剂，可治疗糖尿病、肥胖症，可调节胃酸、恢复神经疲劳、预防小儿龋齿等。甜叶菊原产于南美洲亚热带地区，1977 年在中国引种成功，现已在多地栽培。

一、形态特征

甜叶菊为多年生草本，株高 1.0～1.3 米。根稍肥大，50～60 条，长可达 25 厘米。茎直立，基部稍木质化，上部柔嫩，密生短茸毛。叶对生或茎上部互生，披针形，边缘有浅锯齿，两面被短茸毛，叶脉三出。头状花序小，总苞筒状，总苞片 5～6 层，边等长；花托平坦；花冠基部浅紫红色或白色，上部白色。瘦果线形，稍扁，褐色，具冠毛。花期 7—9 月，果期 9—11 月。

二、生长习性

甜叶菊喜在温暖湿润的环境中生长，但亦能耐 −5℃ 的低温，气温在 20～30℃ 时最适宜茎叶生长。甜叶菊属于对光照敏感性强的短日照植物，临界日长为 12 小时，所以在低纬度地区栽培时开花较早。开花受精后，胚珠需 25～30 天才能发育为成熟种子，当种子成熟后冠毛随风飘扬，到处传播。

种子细小，千粒重仅有 0.25～0.32 克。无休眠期，成熟种子的发芽适宜温度为 20～25℃，光能促进种子萌发。种子寿命不足 1 年。

三、栽培技术

1. 选地、整地　甜叶菊对土壤要求不严，但以疏松肥沃、含腐殖质较多的土地为好。前茬作物以大豆、花生、绿豆等为宜，不适合连作。土壤 pH 以中性为佳，小于 5.5 或大于 7.9 均不适宜。栽种甜叶菊的地块要进行秋耕，翻耕的深浅对产量有一定的影响，深些好，同时每亩施用过磷酸钙 20～25 千克作基肥。

2. 繁殖方式　以种子繁殖为主，也可用扦插、压条繁殖。

（1）种子繁殖。生产上多采用播种育苗然后移栽定植的方式。我国南方地区通常应用平畦播种育苗，而北方则多用温床育苗。长江南岸的播种期以 10—11 月为宜，幼苗在育苗畦内越冬，到翌年 3 月中、下旬即可移植至大田中栽培。北方一般在 2—4 月利用温室或温床播种育苗。为使种子撒得均匀，播种前可用细沙把种子掺混起来加以磨搓，然后放在温水中浸 10～12 小时，再用少量草木灰拌种。播完用木板轻轻压种子，使之与土壤接触，再用喷雾器向床面喷 1 次水，保持床上湿润，提高出苗率。温、湿度适宜，播后 7～10 天即能发芽出土。播种量为每 100 米^{2}苗床需 500 克，实际培育成壮苗数目为 20 万～25 万株，足够栽植 12～15 亩土地。一般每亩栽苗 8 000～9 000 株，密植可达 10 000～12 000 株。

（2）扦插繁殖。从 3 月下旬到 8 月下旬均可扦插，现蕾之前剪取的插穗扦插成活率较高。扦插时选符合要求的健壮分枝、侧茎，截取 15～20 厘米长的小段，将插条的 1/3～1/2 插入床土中，株行距为 2 厘米×5 厘米。插后及时浇水，顶部用草帘或塑料薄膜覆盖起来，夜间保温，中午避免阳光直接照射，待长出新芽时适当通风透光，逐步锻炼幼苗对外界的适应性，形成根系发达、茎叶健壮、色泽正常的壮苗。

（3）压条繁殖。只限于在选种工作中为保留优良单株时应用，不适合大面积栽培生产。

3. 田间管理　甜叶菊耐湿怕干，夏季高温少雨，水分不足时，下部叶片容易脱落。对肥料的要求也高，所以栽培甜叶菊需要供应足够的氮、磷、钾肥。通常第 1 年每亩施用硫酸铵 7.5～10 千克，在长江沿岸各地，第 2 年追施硫酸铵 15～20 千克。使用钾肥宜勤施薄施，一般每亩 8～10 千克，每年分 2～3 次追施为好。追肥、灌水后地表略干可结合除草进行 1～2 次松土，保持田间清洁、土壤疏松。为了促进茎叶繁茂，增加产量，当苗高 20～25 厘米时，可进行打顶、摘心，打顶后每株的新生分枝能达 12～17 条，这段时间正是需肥、需水的时期，应向根部追施磷、钾肥，或向叶面喷施磷酸二氢钾，以达到优质高产的目的。

甜叶菊开花授粉阶段消耗大量养分，这时需及时加强管理，茎枝交叉过密，下边的叶片容易脱落，遇有急风暴雨全株容易倒状，因此除了追肥、浇水之外，还应结合中耕向根旁培土，注意田间排水，保持畦间透光通风，适当采摘下部的叶片。

4. 病虫害防治

（1）苗立枯病。该病为苗期病害。防治方法：可选排水良好、土质疏松的地块育苗；及时拔除病株，并用草木灰和生石灰混合粉（草木灰∶生石灰＝3∶1）处理病穴。

（2）叶斑病。7—10月容易发生此病，危害茎叶。防治方法：于5—6月注意排水，降低土壤的湿度，并多施钾肥提高植株抗病能力；收获后清园，处理残株，集中烧毁。

（3）白绢病。4—5月降雨较多，土壤湿度过大，往往容易发生此病，危害根部。防治方法：合理密植，注意田间通风透光；增施磷、钾肥，避免幼苗徒长；一旦发现病株立即拔除，在病穴周围撒施石灰消毒。

（4）尺蠖（量尺虫、造桥虫）。防治方法：可保护尺蠖的天敌绒茧蜂；用Bt喷雾防治。

四、采收与加工

甜叶菊的叶片中含有的糖苷随着植株的生长而增加，通常盛蕾期含苷量最高，此时为最佳采收期。长江以南栽培的每年能收割3次，黄河沿岸各地可以收割2次，华北北部和东北、内蒙古一带每年只能收割1次。收获时务必选择晴天剪取枝茎，当天采收的枝条应于当晚摘叶，然后摊开晾干，不能堆积，否则叶片变黑，影响质量。大面积种植的宜用烘干机加工干燥，干燥后打捆包装，为了防止发霉变质，保持绿色，在干后可装入塑料袋中，扎口密封。

紫　苏

紫苏为唇形科植物紫苏 [*Perilla frutescens* （L.） Britt.] 的干燥地上部分，又名赤苏、红苏、香苏。全草名全苏，具散寒解表、理气宽胸之功能。紫苏的果实、叶片和茎干燥后分别称苏子、苏叶和苏梗，均作药用。苏子具润肺、消痰的功能；苏叶和苏梗药效同全苏。主产于河北、河南、江苏、浙江等地，全国各地广泛栽培，长江以南有野生种。

一、形态特征

一年生草本，株高1.0～1.5米。茎四棱形，直立，被细毛，紫色或绿紫色，多分枝。叶对生，有长柄，叶片椭圆形至宽卵形，先端突尖或渐尖，边缘有锯齿，两面紫色，被柔毛。轮伞花序组成偏向一侧的顶生或腋生总状花序；每花有 1 苞片，卵圆形，先端渐尖；花萼钟形，先端 5 裂；花冠二唇形，紫红色或粉红色；雄蕊 4 枚，二强雄蕊；子房 4 裂，柱头 2 浅裂。小坚果近球形，灰棕色。花期 6—7 月，果期 7—9 月。

二、生长习性

紫苏对气候、土壤条件适应性强，但在温暖湿润、土壤疏松肥沃、排水良好、阳光充足的环境生长旺盛。

种子容易萌发，发芽适温为 25 ℃。种子寿命为 1 年。

三、栽培技术

1. 选地、整地　选阳光充足、排灌方便、疏松肥沃的壤土种植。每亩施入 2 000～3 000 千克农家肥作基肥，耕翻耙细整平，作成宽80～100 厘米的畦。

2. 繁殖方法　用种子繁殖，直播或育苗移栽。

（1）直播。3 月下旬至 4 月上、中旬，在整好的畦上按行距 50～60 厘米开 0.5～1.0 厘米深的浅沟。穴播按穴距 30 厘米×50 厘米开穴。播时将种子拌上细沙，均匀地撒入沟（穴）内，覆薄土，稍加镇压。每亩用种子 1 千克，播后 5～7 天即可出苗。

（2）育苗移栽。苗床宜选向阳温暖处，施足基肥，并配加适量过磷酸钙，于 4 月先浇透水，然后撒种，覆细土约 1 厘米。如果气温低，可覆盖塑料薄膜，幼苗出土后揭除。苗高 5～6 厘米时间苗，苗高 15～20 厘米时，选阴雨天或午后按株行距 50 厘米×60 厘米移栽于大田，栽后及时浇水 1～2 次，即可成活。

3. 田间管理

（1）间苗、补苗。条播者苗高 10 厘米左右时，按株距 30 厘米定苗；穴播者每穴留 1～2 株。如有缺苗应补苗。育苗移栽者，栽后7～10 天如有死苗，也应及时补苗。

（2）中耕除草。封行前必须经常中耕除草，浇水或雨后如土壤板结，也应及时松土。

（3）追肥。苗高 60 厘米时，每亩追施 1 500 千克的人畜粪，配施 15 千克的尿素，施后培土浇水。

（4）排灌。幼苗和花期需水较多，干旱时应及时浇水，雨季应注意排水。

4. 病虫害防治

（1）斑枯病。6月始发，危害叶片。防治方法：发病初期用1:1:200波尔多液喷雾防治。

（2）欧洲菟丝子。6—9月危害地上部。防治方法：水旱轮作；深翻土地使寄生植物不能出土。

（3）猝倒。幼苗发病，茎基部水渍状，后变为黄褐色，绕茎扩展，并缢缩成线状而倒伏，此时子叶仍为青绿色。几天后，以此病苗为中心向外扩展，成片倒伏。低温多雨、播种过密时病害发生严重。防治方法：加强检查，发现零星病株立即挖除并撒少量草木灰。

（4）根腐病。危害根茎，主根受害腐烂，不出侧根，植株矮小，严重时茎叶枯萎死亡。防治方法：加强田间管理，生长期间合理运用肥水，施用腐熟有机肥，增施磷、钾肥；防止大水漫灌，雨季注意排水，防止紫苏根系浸泡在水中；及时拔除病株并带出田外深埋或烧毁，病穴及四周撒生石灰消毒。

（5）锈病。主要危害叶片。防治方法：播种前用种子重量0.4%的15%三唑酮拌种；发病初期可选用1:1:200波尔多液、25%三唑酮可湿性粉剂2 000倍液、25%丙环唑可湿性粉剂4 000倍液、50%硫黄胶悬剂400～500倍液等喷雾防治，7～10天喷1次，连喷2～3次。

（6）白粉病。俗称白毛病，发病适温为16～24℃。高温高湿与高温干旱交替天气植株生长势弱时发病严重。防治方法：发病初期可选用25%三唑酮可湿性粉剂2 000倍液、40%硫黄·多菌灵悬浮剂500倍液喷雾防治，7～10天喷1次，连喷2次；也可在刚发病时立即喷洒碳酸氢钠500倍液，每隔3天喷1次，连续4～5次。

（7）红蜘蛛。主要危害叶片。6—8月天气干旱、高温低湿时发生最盛。防治方法：清园；喷施0.2～0.3波美度石硫合剂。

（8）黑点银纹夜蛾。7～9月幼虫咬食紫苏叶成孔洞或缺刻。防治方法：可用90%晶体敌百虫1 000倍液喷雾防治。

四、采收与加工

采收期因用途不同而异，一般花穗抽出1.5～3.0厘米时，植株含挥发油最多，因此，8—9月花序初现时收割全草作全苏用。枝叶繁茂时采叶阴干即得苏叶。果实成熟时全株割下，晒干，打出果实即为苏子，茎下半部除去侧枝即为苏梗。

五、留种技术

留种株宜稀植，以株行距50厘米×80厘米为宜。种株宜选健壮、产量高、叶片两面都是紫色的植株，待种子充分成熟呈灰棕色时收割脱粒，晒干去杂，置阴凉干燥处保存。

薄　荷

薄荷为唇形科植物薄荷（*Mentha canadensis* Linnaeus）的干燥地上部分，又名药薄荷。具散风热、清头目、透疹等功能。主产于江西、安徽、四川等地。

一、形态特征

多年生草本，株高30～80厘米，全株有清凉香气。根状茎匍匐、白色。地上茎匍匐或直立，绿色或紫色，方形，中空，具倒向微柔毛和腺点。叶交互对生，卵形或长椭圆形，边缘有细锯齿，两面具疏柔毛及黄色腺点。轮伞花序腋生；花萼钟形，外被白色柔毛及腺点，10脉，5齿；花冠淡红紫色，二唇形；雄蕊4枚；子房4裂。小坚果4粒，卵球形。花期8—10月，果期9—11月。

二、生长习性

薄荷为浅根性植物，根茎大部分集中在土壤表层15厘米左右的范围内，水平分布约30厘米。根茎和地上茎均有很强的萌芽能力，生产上作为无性繁殖材料。薄荷对环境条件的适应性强，在海拔2 100米以下地区都能生长，但喜阳光充足、温暖湿润环境。根茎在5～6℃萌发出苗，植株生长的适宜温度为20～30℃，地下根茎在－30～－20℃的条件下仍可安全越冬。

三、栽培技术

1. 选地、整地　选择向阳平坦、肥沃、排灌方便的沙质壤土种植。忌连作。每亩施入农家肥 4 000 千克，配施 60 千克复合肥作基肥。翻耕整细耙平，作成宽 1.0～1.2 米的畦。

2. 繁殖方法　在生产上主要用根茎繁殖，也可用扦插繁殖和种子繁殖。薄荷的根茎无休眠期，只要条件适宜，一年四季均可播种，但一般在 10 月下旬至 11 月上旬进行。挖出地下根茎后，选择节间短、色白、粗壮、无病虫害者作种根。然后在整好的畦面上按行距 25 厘米开沟，沟深 6～10 厘米，将种根放入沟内，可整条排放也可切成 6～10 厘米长的小段撒入。密度以根茎首尾相接为好。播种后覆土，耙平压实，每亩用根茎 100 千克。

3. 田间管理　出苗后保持田间湿润、无杂草，小水常浇，如有积水及时排出。苗高 15 厘米左右和每次收割后应及时追肥，每次每亩追施 15 千克尿素，并辅以少量磷、钾肥，或追施人畜粪水 3 000 千克，施后浇大水。

4. 病虫害防治

（1）锈病。5 月多雨季节多发，危害叶片。防治方法：及时排出田间积水，降低湿度；发病初期喷 25% 三唑酮 1 000 倍液防治。

（2）白星病。5—10 月发生，危害叶片。防治方法：发病初期用 1∶1∶120 波尔多液喷雾防治。

（3）虫害。主要有小地老虎和银纹夜蛾等。防治方法：用 90% 敌百虫 1 000～1 500 倍液防治。

四、采收与加工

薄荷在江苏和浙江地区，每年可收割 2 次，华北地区可收割 1～2 次。第 1 次一般在 7 月的初花期，第 2 次在 10 月的盛花期。选晴天，于中午前后用镰刀贴地将植株割下，摊晒 2 天，注意翻晒，7～8 成干时扎成小把，再晒至全干即可作为药材出售。如将薄荷茎叶稍晾晒至半干，再分批放入蒸锅内蒸馏，即得薄荷油。

五、留种技术

薄荷容易退化，应做好留种、选种工作，常用方法有以下两种。

1. 片选留种　对于只有少量混杂退化的田块，于 4 月下旬苗高 15 厘米时，或 8 月下旬二茬（刀）薄荷 15 厘米时，结合除草分两次连根拔除野生种或其他混杂种，同时拔除劣苗、病苗，以作留种田。

2. 复茬留种　适用于混杂退化严重的田块，于 4 月下旬在大田中选择健壮而不退化的植株，按株行距 15 厘米×20 厘米移栽到留种田里，加强管理，以供种用。

第六章
花类中药材栽培

丁　香

丁香为桃金娘科植物丁香（*Eugenia caryophyllata* Thunb.）的干燥花蕾，又名鸡舌香、公丁香。干燥果实为母丁香，丁香有温中降逆、补肾助阳的功效。丁香原产于印度尼西亚马鲁古群岛，现桑给巴尔、马达加斯加、马来西亚、菲律宾和印度等地均有栽培。我国的药用丁香历史上依靠进口，为解决用药需求，从20世纪50年代开始引种栽培，现海南已扩大试种，并连年开花结果。

一、形态特征

常绿乔木，高10～15米。树皮灰白而光滑。叶对生，叶片革质，卵状长椭圆形，全缘，密布油腺点，叶柄明显，叶芽顶尖，红色或粉红色。花3朵一组，圆锥花序，花瓣4枚，白色而现微紫色，花萼呈筒状，顶端4裂，裂片呈三角形，鲜红色，雄蕊多数，子房下位。浆果卵圆形，红色或深紫色，内有种子1粒，呈椭圆形。花期1—2月，果期6—7月。

二、生长习性

丁香喜高温，属热带低地潮湿森林树种，在年平均气温23～24℃、最高月平均气温26～27℃、最低月平均气温16～19℃时生长良好。引种到我国南方尚有一定忍受低温的能力，当冬季1—2月月平均气温19～20℃、绝对最低气温9～10℃时，生长发育正常，仍能抽枝吐叶，当气温 0 ℃时，植株死亡。丁香不耐干旱，要求年降水量为 1 800～2 500 毫米。苗期以及一至三年生幼树喜阴，不宜烈日暴晒，成龄树喜光，需要充足的阳光才能开花结果。喜土层深厚、疏松肥沃、排水良好的黄壤和红壤。丁香枝叶茂盛，体积大，侧枝细脆而根系小，支持力弱，遇强风易倒，需设防护林加以保护。选地要选东南向或朝东坡向。

三、栽培技术

1. 选地、整地　宜选择温和湿润、静风、温湿变化平缓、坡向最好为东南坡的地区，并选择土层深厚、疏松肥沃、排水良好的壤土栽培。深翻土壤，打碎土块，施腐熟的干猪牛粪、火烧土作基肥，每亩施肥 2 500～3 000 千克。平整后作宽 1.0～1.3 米、高 25～30 厘米的畦。如果在平原种植，地下水位要低，至少在 3 米以下。有条件地区先营造防护林带，防止台风危害。种植前挖穴，穴规格为 60 厘米×60 厘米×50 厘米，穴内施腐熟厩肥 15～25 千克，掺天然磷矿粉 0.05～0.10 千克，与表土混匀填满穴，让其自然下沉后待植。

2. 繁殖方法　主要用种子繁殖。果实 7—8 月陆续成熟。鲜果肉质坚实，每斤鲜果有 300～350 粒种子。开沟点播，沟深 2 厘米，株行距随育苗方式不同而异。苗床育苗株行距为 10 厘米×15 厘米；营养砖育苗株行距为 4 厘米×6 厘米。播种后盖上一层细土，以不见种子为度，不要盖土太厚。在播前搭好荫棚，保持 50% 的荫蔽度。播后 19～20 天即可发芽。3 个月后具 3 对真叶时，把幼苗带土移入装有腐殖质土的塑料薄膜袋或竹箩内，每袋（箩）移苗 1 株，置于自然林下或人工荫棚下继续培育。定植后 5～6 年开花结果。

3. 田间管理

（1）荫蔽。一至三年生的幼树特别需要荫蔽，由于株距较宽，可在行间间种高秆作物，如玉米、木薯等，既可遮阴，又可起防护作用，还能增加收益，达到"以短养长"的目的。

（2）除草、覆盖。每年分别在 7 月、9 月、10 月除丁香植株周围草，并用草覆盖植株，但不要用锄头翻土，以免伤害丁香根。林地上其他地方的杂草被割除作地面覆盖，还可作绿肥，代替天然植被覆盖地面。除草工作直至树冠郁闭能抑制杂草的生长为止。

（3）补苗。丁香在幼龄期的致死因素较多，如发现缺苗，应及时补种同龄植株。

（4）排灌。幼龄丁香根系纤弱，不耐旱。三年生以下的丁香树，干旱季节需要淋水，否则幼树干枯。开花结果期如遇干旱，易引起落花落果，也要淋水。雨季前疏通排水沟，以防积水。

（5）施肥。定植后一般每年施肥 2～3 次。第 1 次在 2—3 月，每株施稀人粪尿 10～15 千克或尿素、硫酸钙和氯化钾各 0.05～0.10 千克；第 2 次在 7—8 月，除施氮肥外，每株加施 0.1 千克过磷酸钙或适量堆肥和火烧土，但不宜过量和紧靠根际，以免灼根，造成腐烂；第 3 次在 10—12 月，施以厩肥或堆肥，掺适量过磷酸钙和草木灰。

（6）培土。丁香树是浅根系，表土上层的细根必须避免受伤，同时这些细根不应露出土面，若露出要用肥沃土培土 2～5 厘米。

（7）修枝。丁香树不需要大量修枝，但为了便于采花，可将主干上离地面 50～70 厘米内的分枝修去；若有几个分权主干，应去弱留强、去斜留直，保留 1 个。上部枝叶不要随便修剪，以免造成空缺，影响圆锥形树冠的形成。

（8）防风。防护林的设置是确保丁香园完整的一项重要措施。此外，幼龄期在台风来临前要做好防风工作，可用绳子和竹子固定丁香植株树干，以减轻台风对丁香植株的摇动，从而降低危害。

4. 病虫害防治

（1）褐斑病。幼苗和成龄树都有发生，危害枝叶、果实。防治方法：可在发病前或发病初期用 1：1：100 波尔多液喷洒；清洁田园，消灭病残株，集中烧毁。

（2）煤烟病。主要是由黑刺粉虱、蚧类、蚜虫等害虫的危害而引起。防治方法：发现上述害虫危害时用杀虫剂喷杀；发病后用 1：1：100 波尔多液喷洒。

（3）根结线虫病。由一种线虫引起，危害根部。防治方法：种植前及时清除带线虫种苗。

（4）红蜘蛛。危害叶片。防治方法：用 0.2～0.3 波美度石硫合剂喷杀，每 5～7 天喷 1 次，连续 2～3 次。

（5）红蜡蚧。危害枝叶。防治方法：冬季可喷 10 倍松脂合剂，每隔 7～15 天喷 1 次，连续 2～3 次。

（6）大头蟋蟀。危害小枝、叶、幼干。防治方法：采用毒饵诱杀。先将麦麸炒香，然后用90％晶体敌百虫30倍液拌湿麦麸，傍晚放在畦周围。

四、采收与加工

一般种植5～6年后开花，25～30年为盛产期。在我国海南岛引种区，6—7月花芽开始分化，明显看见花蕾，当花蕾由淡绿色变为暗红色时或偶有1～2朵开放时，即把花序从基部摘下，勿伤枝叶，这样可提高公丁香产量，又可减少丁香树养分的消耗。如果让花蕾继续生长，翌年3月为盛花期，4—6月坐果，并逐渐长成幼果，采收未成熟果实，即为母丁香。从花芽分化到果实成熟需经1年时间。采收后的丁香花蕾，拣净杂物于阳光下晒，若天气晴朗一般晒3～4天即可。为了充分干燥，花蕾不可堆得太厚，而且要定时翻动，晒至干脆易断即为商品丁香。未成熟的幼果采收后晒干即为母丁香。

五、留种技术

采种母树最好是15年以上、生长健壮、高产和抗病力强的植株。7—8月采摘紫红色的成熟果实。采后不能日晒，马上播种。若从国外引进，宜用剥掉果肉及薄种皮的种子，用煮沸半小时的湿木糠作为种子包装填充物进行贮藏或运输，但湿度不宜过大。

西　红　花

西红花为鸢尾科植物番红花（*Crocus sativus* L.）的干燥柱头，又名藏红花。具活血化瘀、凉血解毒、解郁安神之功效。此外还用于观赏、食品调料、化妆美容、染料等方面。原产于地中海沿岸。我国在1965年和1980年两次引种，现上海、江苏、浙江等地已有较大面积栽培。

一、形态特征

多年生草本，株高20厘米左右。地下球茎扁球形，外被褐色膜质鳞叶，具环节，环节上着生芽，芽被多层塔形膜质鳞片。顶芽1～4个，大而明显，位于球茎顶端。每球有 2～13 个叶丛，每叶丛有 2～15 枚叶，叶丛基部有 3～5 枚鞘状鳞片包裹；叶线形，无柄。花顶生；花被6 枚，淡红色；雄蕊 3 枚；雌蕊 3 枚，花柱细长，柱头 3 深裂，顶端略膨大呈漏斗状，边缘有不整齐锯齿，伸出花被外，下垂、深红色，油润，具特异芳香。子房下位，3 室。败育，不结籽，花期 11 月。

二、生长习性

番红花属亚热带植物，喜冬季温暖湿润、夏季炎热干旱气候。喜阳光充足环境，较耐寒，冬季可耐－10 ℃的低温。目前，我国引种区虽也属亚热带地区，但夏季多雨，不利于球茎的露地越夏，故目前多用室内采花和露地繁殖球茎相结合的栽培方法。

番红花室内开花期间需要一定的空气湿度，一般要求空气相对湿度保持在 80%左右，湿度过低，开花数减少，湿度超过 90%，又会使球茎过早发根。

三、栽培技术

1. 选地、整地　宜选冬、春气候温暖湿润及阳光充足、土壤疏松肥沃、呈微碱性、排水良好的缓坡地或山坡田种植。前茬以豆类作物为佳。播种前 1 个月，每亩施农家肥 4 000 千克、过磷酸钙 40 千克和菜籽饼 200 千克，深翻入土，耙匀，作成宽 1.3～1.5 米、高 20 厘米的畦。

2. 繁殖方法　用球茎繁殖。

（1）直播法。一般在 8 月下旬至 9 月中旬进行。播种前，球茎应剔除侧芽，15 克以下的球茎留 1 个顶生芽，其余均用消毒的利刀剔除，25 克以下的留顶芽 3 个。剔芽后晾 2～3 天，促使伤口愈合。条播，在作好的畦上按行距 15～20 厘米开 5～8 厘米深的沟，然后浇水，待水下渗后，按株距 8～10 厘米将球茎放入沟内，主芽向上，覆土。每亩用种茎 2 万个左右，约 400 千克，具体多少与种植密度和种茎大小有关。

（2）室内采花和露地繁殖球茎法。8 月中旬以前，将 10 克以上的球茎按大小分档，分别排放在室内的匾框里，分层上架，每层间隔 30厘米。有关设施可事先搭建，也可利用蚕室。严格掌握好室内的温度和湿度。待 80%的花摘下后，应及时将球茎移入大田进行露地栽培，种植方法同直播法。

3. 室内和田间管理

（1）室内管理。球茎在室内萌芽、开花全靠消耗自身的养分和水分，为防失水过多，室内应保持 80% 左右的空气相对湿度。湿度低时可适当洒水，但不宜过多，以防水流到根部。球茎萌芽后，还需调换匾框位置，使它们受光均匀。盛夏季节尽可能保持阴凉，一般控制在 24～27℃，以利花芽分化，避免 30℃ 以上的持续高温。一般可在房屋南北面架设凉棚，并注意晴天中午前后关窗、早晚打开门窗通风等调节室内温度。此外，在花芽伸长的同时，未除尽的侧芽也会逐渐萌发，应及时除去。

（2）田间管理。

浇水：西红花需水量较大，在整个生长期间，尤其是开花和新球生长期间，土壤湿度应保持在 70%～80%，故应适时浇水。

追肥：花期过后或栽后半个月左右要追施 1 次有机肥和草木灰，翌春视苗情适当追肥。

中耕除草：浇水和雨后应及时中耕除草，但 4 月以后不再锄草，因此后的田间杂草可起遮阴保湿作用，有利于番红花的后期生长。同时将继续萌发的侧芽抹掉。

4. 病虫害防治

（1）腐败病。7—8 月始发，危害主芽，严重时危害整个球茎。防治方法：采用室内采花和露地繁殖球茎法，错开发病期；轮作；及时拔除病株，并用石灰粉消毒；栽种前用 5% 石灰液浸种 20 分钟。

（2）花叶病。危害叶片，严重时影响全株。防治方法：选用无病植株的球茎作种；及时防治传病媒介昆虫。

四、采收与加工

直播法、室内采花和露地繁殖球茎法均在当年 11 月采收。西红花开花后应及时采收，摘取雌蕊的红色花柱和柱头，并采用快速干燥法及时加工。一般用 50～60℃ 烘 4 小时即可干燥，并贮放于干燥密闭容器中，置避光阴凉处。

五、留种技术

5 月上、中旬，当叶片完全枯黄时，立即挖取球茎。挖后洗净，剪去残叶，除去底部的球茎残体，按大小分档，用半湿的细河沙拌匀后置室内贮藏，栽种时选无病虫害的大球茎作种。采用室内采花者，可直接将球茎排于室内的匾框里，上架贮藏。贮藏前其温度要求高些，为24～29℃，而后期应低些，为15～18℃，以利花芽充分发育和提早开花。

红　花

　　红花为菊科植物红花（*Carthamus tinctorius* L.）的干燥花冠，又名红蓝花、草红花、杜红花、刺红花等。具活血通经、祛瘀止痛等功效。主产于云南、新疆，全国各地多有栽培。

一、形态特征

　　一年生或二年生草本，株高1.0～1.5米，全株光滑无毛。茎直立，下部木质化，上部多分枝。单叶互生，近无柄，基部略抱茎；叶片长椭圆形或卵状披针形，边缘有不规则的浅裂，裂片先端呈尖刺状，顶端有锐刺，叶两面光滑，深绿色，两面的叶脉均隆起。头状花序顶生，着生多数管状花，总苞叶状，边缘具锐锯齿；花冠先端5裂，裂片线形，红色或橘红色；雄蕊5枚；雌蕊1枚，子房下位，1室。瘦果白色，倒卵形，通常有4棱，稍有光泽，一端截形，另一端较狭。花期5月，果期6月。

二、生长习性

　　红花喜温暖干燥气候，抗寒性强，耐盐碱。喜阳光充足的环境，抗旱、怕涝。红花属长日照植物，短日照有利于营养生长，而长日照则有利于生殖生长。

　　种子容易萌发，5℃以上就可萌发，发芽适温为15～25℃，发芽率为80%左右。种子寿命为2～3年。

三、栽培技术

　　1. 选地、整地　宜选地势高燥、排水良好、土层深厚、中等肥沃的沙壤土或黏质壤土种植。忌连作，前茬以豆科、禾本科作物为好。整地时每亩施农家肥2 000千克，配施过磷酸钙20千克作基肥，耕翻入土，耙细整平，作成宽1.3～1.5米的高畦。在北方种植可不作畦，但地块四周需开好排水沟。

2. 繁殖方法 用种子繁殖。北方宜春播，南方则以秋播为主，时间在10月上旬至11月上旬。播前用50℃温水浸种10分钟，转入冷水中冷却后取出晾干待播。条播或穴播。条播行距为30～50厘米，播后覆土2～3厘米。穴播行距同条播，穴距为20～30厘米，穴深6厘米，每穴播种子5～6粒，播后覆土。每亩用种量条播为3～4千克，穴播为2～3千克。

3. 田间管理

（1）间苗、补苗。当幼苗具3枚真叶时进行，条播者按株距10厘米间苗，穴播者每穴留壮苗4～5株。苗高8～10厘米时定苗，条播者按株距20厘米定苗，穴播者每穴留壮苗2株。

（2）中耕除草。一般进行3次。前两次结合间苗、定苗进行，锄松表土，第3次在植株封行前进行，同时结合培土。

（3）追肥。结合间苗、定苗每次每亩追施人畜粪水2 000千克；抽茎分枝期至封行前再追施人畜粪水3 000千克，配施过磷酸钙20千克。现蕾前还可进行1～2次根外追肥，肥种为0.2%磷酸二氢钾溶液，如喷施米醋300倍液，也有明显的增产效果。

（4）打顶。一般种植较稀、在肥沃土地上生长良好的植株，可去顶促其多分枝，当株高达1米左右时摘心即可。密植或瘠薄地块上的植株不宜打顶。

（5）排灌。出苗前、越冬期、现蕾期和开花期须保持田间湿润，遇干旱应及时浇水。如降水量大、气温升高，要及时挖沟排水。

4. 病虫害防治

（1）炭疽病。4—5月阴雨多湿时多发，危害茎、叶及花蕾，严重影响产量。防治方法：种子进行处理；选用抗病性强的有刺红花品种；选地势高燥、排水良好的地块种植；忌连作；发现病株及时拔除，集中烧毁；发病前用1∶1∶120波尔多液喷施。

（2）锈病。4—5月始发，低温高湿有利于发病，危害叶部。防治方法：选地势高燥地或高垄种植；用种子量0.4%的15%三唑酮拌种；

增施磷、钾肥。

（3）枯萎病。5月初始发，花期多雨时严重，危害全株。防治方法：清洁田园；发现病株及时拔除并烧毁，病穴用石灰粉消毒；用1：1：120波尔多液灌根；选用无病株留种。

（4）红花实蝇。5月始发，6—7月危害严重，以幼虫危害花头和嫩种子。防治方法：清洁田园；忌与白术、矢车菊等间套作；花蕾现白期用90％敌百虫800倍液喷施。

四、采收与加工

春栽当年、秋栽第2年5—6月即可收获，一般开花后2～3天即进入盛花期，可逐日采收。采收标准以花冠顶端由黄变红时为宜。采下的花应盖一层白纸在阳光下干燥；或在阴凉通风处阴干，不能搁置或翻动，以免霉变发黑；也可在49～60℃的烘房内烘干。采花后20天左右，茎叶枯萎，瘦果成熟，可选晴天割下植物，脱粒。种子既可入药（白平子），又可榨油。

五、留种技术

在盛花期，选生长健壮、植株高矮一致，抗病力强，分枝多、花头大、花冠长，开花早而整齐的丰产型单株，做好标记。待种子成熟时，采主茎上花头，单收单打，选色白、粒大、饱满的种子作种。

辛　夷

辛夷是木兰科植物望春玉兰 [*Yulania biondii* (Pamp.) D. L. Fu] 的干燥花蕾，性温，有通鼻窍、散风寒、治牙痛等功效。主产于河南、湖北、陕西、安徽、四川、甘肃等地也有栽培。

一、形态特征

落叶乔木，高达6～10米，树冠圆整。嫩叶及芽被有柔毛，小枝无毛。单叶互生，倒卵形，基部宽楔形，全缘。花先叶开放，桃红色，单生枝顶，较大，具微芳香，花被 9 枚，外轮线形，内 2 轮匙形，雄蕊多数，心皮多数，分离，子房 1 室。聚合果圆柱形，淡褐色，成熟时开裂。种子红色。花期 2—3 月，果期 6—9 月。

二、生长习性

喜温暖湿润气候和充足阳光，稍耐寒，耐旱，多生于海拔 200 米以上的平原、丘陵、山谷，有较强的抗逆性，在酸性或微酸性土壤上生长良好，苗期怕强光。

种子有休眠特性，需低温沙藏 4 个月才可打破休眠，低温处理的种子发芽率达 80% 以上。每年秋季落叶，第 2 年春季先开花后展叶。实生苗 8～10 年产蕾，嫁接苗 2～3 年产蕾。

三、栽培技术

1. 选地、整地　根据其生长习性特点，育苗地宜选阳光较弱、温暖湿润的环境，土壤以疏松肥沃、排水良好的沙壤土为好。翻耕约 30 厘米，施足腐熟堆肥，整平耙细，作成宽 1.5 米左右的畦。栽植地宜选阳光充足的山地阳坡或在房前屋后零星栽培，最好大面积成片栽培，以便管理。栽前宜深耕细耙，施足基肥，修建沟渠，以利排灌。

2. 繁殖方法　生产上以种子繁殖为主，但以嫁接繁殖最为经济。

（1）种子繁殖。

育苗：选健壮植株的种子作母种，于 9 月上、中旬将采收的成熟种子与粗沙混拌，反复搓揉，使其脱去红色油脂层，用清水漂洗晾干后拌细湿沙进行低温处理。一般选背风向阳处，挖池拌 2～3 倍种子量的细沙，覆草保湿，经常检查，保持湿润，待种子裂口露白时，及时播入育苗床。可按行距 30 厘米开沟，沟深 3 厘米，播后少许覆土，保持湿润 1 个月左右即可出苗，沙藏期注意防积水与霉变。

移栽：2 年后，当幼苗高 80～100 厘米时即可移栽，苗木随起随栽。

（2）嫁接。整个生长季均可嫁接，但以 5 月下旬嫁接成活率最高，产区多采用芽接法。接穗宜选发育良好、生长壮实、芽呈休眠状、无病虫害的枝条，以一年生接穗为好，砧木与接穗应粗细相当。选天气晴朗、无风或微风下午嫁接，嫁接时将芽片插入砧木切口处，使芽片与砧木皮层贴紧，用绳扎牢，半个月即可出苗。

（3）扦插育苗。选二年生以上的枝条，截成 60 厘米左右的枝条，去除叶片，于夏、秋阴雨天扦插于湿润苗床上，入土20～30厘米，压实浇水，即可成活，翌年可移栽。

3. 田间管理

（1）中耕除草。移栽后的几年里，应于夏、冬两季中耕除草，并于基部培土，除去基部萌蘖苗。

（2）施肥。辛夷喜肥，宜于 2 月中旬每亩施入 2 000 千克农家肥与 100 千克过磷酸钙堆沤的复合肥，于株旁开穴施下，夏季摘心与冬季也应适施农家肥。

（3）整形修剪。辛夷幼树生长旺盛，必须及时修剪，否则易造成郁闭，内部通风透光不良，影响花芽形成。当定植苗高1.0～1.5米时打顶，主干基部保留 3～5 个主枝，避免重叠，以充分利用阳光。基部主枝宜与主干保持 20 厘米左右距离，利于矮化树冠，便于采摘。每主枝保留顶部枝梢，侧枝保留 25 厘米左右，保留中短花枝，打去长势旺的长枝。树冠整成伞状，内部通风透光。为使翌年多产，新果枝宜于 8 月中旬摘心。

4. 病虫害防治

（1）立枯病。4—6 月多雨时期易发，危害幼苗，基部腐烂。防治方法：苗床整平，排水良好；进行土壤消毒处理，每亩可用 15～20 千克硫酸亚铁，磨细过筛，匀撒畦面；拔除病株，立即烧毁。

（2）根腐病。主要危害幼苗。一般 6 月上旬开始，7—8 月发病严重。防治方法：严格检疫，严禁采用有病苗木造林；发现病株及时挖除烧毁，并用石灰消毒病穴。

（3）虫害。苗期有蝼蛄、地老虎等危害嫩茎，生长期主要有刺蛾、蓑蛾等危害。防治方法：人工捕杀；培育和释放天敌。

四、采收与加工

在 1—2 月采集未开放的花蕾，连梗采下，除去杂质，摊晒至半干时，收回室内堆放 1～2 天，使其"发汗"，然后晒至全干，即成商品。遇阴雨天可在烘房低温烘烤，以身干、花蕾完整、肉瓣紧密、香气浓郁者为佳。

金 银 花

金银花为忍冬科植物忍冬（*Lonicera japonica* Thunb.）的干燥花蕾或初开的花。又名双花、二宝花。具清热解毒、疏散风热的功效。主产于山东、河南、河北，全国大部分地区有产。其茎亦可入药，称忍冬藤，具清热解毒、疏风通络之功效。

一、形态特征

多年生半常绿缠绕灌木，茎枝长可达9米。茎中空，多分枝，老枝外皮浅紫色，光滑；新枝深紫红色，密生短柔毛。单叶对生，卵形或长卵形，嫩叶有短柔毛，背面灰绿色。花成对腋生，苞片2枚，叶状，花梗及花都有短柔毛；花冠初开时白色，经2～3天变为金黄色；花萼短小，5裂；花冠稍呈二唇形，筒部约与唇部等长，上唇4浅裂，下唇不裂，外面被柔毛或腺毛；雄蕊5枚，雌蕊1枚，花盛开时均伸出花冠外，子房下位，无毛。浆果球形，熟时黑色，有光泽。种子多数，椭圆形或三角状卵形，稍扁，黑色或棕色，有光泽。花期5—9月，果期7—10月。

二、生长习性

金银花喜温暖湿润气候，抗逆性强，耐寒又抗高温，但花芽分化适温为15℃左右，生长适温为20～30℃。耐涝，耐旱，耐盐碱。喜阳光充足，光照对植株生长发育影响很大，阳光充足能使植株生长发育茂盛而健壮，从而增加花产量。

种子发芽需较低温度，如在冰箱中置80天，发芽率可达80%左右。种子寿命为2～3年。

三、栽培技术

1. 选地、整地　金银花对土壤要求不严，但以土层深厚、疏松肥沃的腐殖质土壤为好。栽前每亩施农家肥4 000千克，深耕细耙，种子繁殖时，可作成宽1米的平畦，扦插繁殖时可不作畦。

2. 繁殖方法　以扦插繁殖为主，也可用种子繁殖。

（1）扦插繁殖。一般夏、秋阴雨天气进行，选择生长势旺、无病虫害的一至二年生枝条，截成 30～35 厘米长的插条，摘去下部叶片。在选好的地上按行距 160 厘米、株距 150 厘米挖穴，穴深 16 厘米，每穴插 5～6 根插条，分散开斜立于土中，地上露出 7～10 厘米。随剪随插，栽后填土压实并浇水。也可采用扦插育苗移栽法，以节省扦条，便于管理。

（2）种子繁殖。11 月采下成熟果实，放到水中搓洗，去净果肉和瘪籽，取出饱满种子晾干。翌年 4 月将种子放在 35～40℃ 的温水中浸泡 24 小时，取出拌种子量 2～3 倍湿沙催芽，待种子有 30％ 裂口时即可播种。放水浇透整好的畦，待表土稍松干时，平整畦面，按行距 20 厘米划浅沟，将种子均匀撒入沟内。覆土 1 厘米，再盖一层草，经常保持湿润。每亩用种子 1.5 千克左右。播后 10 余天即可出苗。秋后或翌春移栽，移栽方法同扦插繁殖。

3. 田间管理

（1）中耕除草、培土。栽植后要及时中耕除草，先深后浅，勿伤根部。每年早春和秋后封冻前要进行培土，防止根部外露。

（2）追肥。常结合培土进行。方法是在花墩周围开一条浅沟，将肥料撒于沟内，上面用土盖严。肥种以农家肥为主，配施少量化肥，施肥量可据花墩大小而定。一般多年生的大花墩，每墩可施农家肥 5～6 千克、复合肥 50～100 克。此外，采花后有条件的可追肥 1 次。

（3）整枝修剪。定植后的前两年，以原苗栽的主干为基础，选留 2～4 条发育健壮的主干，摘除顶梢，剪除其他枝条，抹尽边芽，反复多次，促进主干增粗定型，使整株的株型呈伞状。定型后，每年冬、夏两季进行修剪。冬剪主要掌握"旺枝轻剪，弱枝重剪，枯枝全剪，枝枝都剪"的原则，一般壮枝宜保留 8～10 对芽，弱枝保留 3～5 对芽，而细枝、弱枝、病枝、枯枝、缠绕枝、高杈枝要全部剪除。夏剪要轻，一般在前茬花采收后，长势旺的枝条剪去顶梢，以利新枝萌发，生长细弱、叶片发黄的、影响通风透光的小枝条应全部剪除。夏剪得当对二、三茬花有明显的增产作用。

4. 病虫害防治

（1）褐斑病。6—9 月发生，尤以高温多湿时发病严重，危害叶部。

防治方法：经常清除病枝落叶；增施磷、钾肥，提高植株抗病能力；发病初期用 1∶1∶200 波尔多液喷施。

（2）咖啡脊虎天牛。5—6 月始发，以幼虫蛀食枝干，尤以五年生以上的植株受害严重。防治方法：用糖醋液（糖∶醋∶水∶敌百虫＝1∶5∶4∶0.01）诱杀成虫；7—8 月释放天敌天牛肿腿蜂防治。

（3）金银花尺蠖。6—9 月发生，以幼虫咬食叶片。防治方法：冬季清洁田园；发现幼虫喷施 Bt。

四、采收与加工

一般在 5 月中、下旬采摘第 1 次花，6 月中、下旬采摘第 2 次花。当花蕾上部膨大但未开放，呈青白色时采收最为适宜。花采下后，应立即晾干或烘干。将花蕾放在晒盘内，厚度以 3～6 厘米为宜，以当天晾晒干为原则。如遇阴雨天应及时烘干，初烘时 30～35℃，烘 2 小时后，温度可升至 40℃左右，经 5～10 小时后，把温度升至 55℃左右，使花迅速干燥。烘干时不能用手或其他东西翻动，否则花易变黑，未干时不能停烘，否则将发热变质。忍冬藤于秋、冬割取嫩枝晒干即可。

曼 陀 罗

曼陀罗为茄科植物洋金花（*Datura metel* L.）的干燥花，习称洋金花，别名风茄花，有平喘镇咳、止痛镇痛的作用，其种子、全草皆可药用。主产于广东、广西、福建等长江以南地区，多为栽培。

一、形态特征

一年生草木，高 50～150 厘米，全体近无毛，幼枝常四棱形，略带紫色，茎基部木质化，上部二歧分枝。单叶互生，上部常对生，叶片卵形或宽卵形，先端尖，两侧不对称，全缘或波状，具叶柄。花单生叶腋或枝分叉处，花大、筒状、白色，萼片 5 枚、宿存，雄蕊 5 枚、贴在花冠筒，雌蕊 1 枚，柱头棒状。蒴果扁三角形、淡褐色。种子黑色、肾形。花期 6—8 月，果期 8—10 月。

二、生长习性

曼陀罗适应性较强，喜温暖湿润、向阳环境，怕涝。对土壤要求不甚严格，一般土壤均可种植，但以富含腐殖质和石灰质的土壤为好。

种子容易发芽，发芽适温为 15℃ 左右，发芽率约 40%，从出苗到开花约 60 天左右，霜后地上部枯萎，温度低于 2℃ 时全株死亡，年生育期约 200 天。

三、栽培技术

1. 选地、整地　选向阳、肥沃、排水良好的土地。冬前耕翻 30 厘米，结合耕翻每亩施入圈肥或土杂肥 2 000 千克，耙细整平。开春后再翻 1 次，打碎土块，整细耙平，作成宽 1.5 米的平畦。

2. 繁殖方法　用种子繁殖。于 4 月上旬，在畦上按行株距 60 厘米×50 厘米开 3 厘米深的穴，将种子撒入，每穴 5～6 粒，覆土 1 厘米，稍压，保湿。每亩用种量约 1 千克。若育苗移栽，宜在 5 月下旬移栽定植。

3. 田间管理

（1）中耕除草、培土。生长期中耕除草 2～3 次，浅锄表土，并在茎秆基部培土，以防茎秆倒伏。

（2）间苗、定苗。6 月上旬苗高 8～10 厘米时间苗，间去弱苗，每穴留 2 株，高约 15 厘米时定苗，每穴留 1 株。

（3）追肥。定苗后每亩施 2 000 千克圈肥，植株旁开穴施入或用尿素 10 千克拌水浇入。生长旺盛时可适当施入人畜粪水或过磷酸钙追肥。

4. 病虫害防治

（1）黑斑病。危害叶片。防治方法：收获后清园，烧毁病枝病叶。

（2）黄萎病。叶片侧脉间变黄，后逐渐转褐，从叶缘起枯死，叶脉仍保持绿色，叶片从下向上逐渐黄萎。防治方法：进行轮作。

（3）茄二十八星瓢虫。危害叶片，夏季易发。防治方法：用 90% 敌百虫原药 800 倍液喷雾防治；忌与茄科作物轮作。

（4）蚜虫。防治方法：用黄板诱蚜或用吡虫啉喷雾防治。

四、采收与加工

花期随开随收，每天早晨采摘 1 次，以含苞待放时好，连蒂摘下，阴干或晒干，也可微火烘干，扎成小把，折干率 6∶1，以花大、身干、不破碎、无霉变者为佳。

菊　　花

菊花为菊科植物菊花 [*Chrysanthemum × morifolium* （Ramat.） Hemsl.] 的干燥头状花序，又名白菊花。具养肝明目、疏风清热之功效。主产于浙江、江苏、安徽、湖北、四川等地。

一、形态特征

多年生草本，株高 60～150 厘米，全株密被白色茸毛。茎直立，基部木质化，上部多分枝，枝略具棱。单叶互生，具叶柄，叶片卵形或窄长圆形，边缘有缺刻及锯齿，基部心形。头状花序顶生或腋生，总苞半球形，绿色；舌状花着生于花序边缘，舌片白色、淡红色或淡紫色，无雄蕊，雌蕊 1 枚；管状花位于花序中央，两性，黄色，先端 5 裂，聚药雄蕊 5 枚，雌蕊 1 枚，子房下位。瘦果柱状，一般不发育。花期 9—11 月，果期 10—11 月。

二、生长习性

菊花为短日照植物，在短日照下能提早开花。喜阳光，忌荫蔽，较耐旱，怕涝。喜温暖湿润气候，但亦能耐寒，严冬季节根茎能在地下越冬。花能经受微霜，但幼苗生长和分枝、孕蕾期需较高的气温。最适生长温度为 20℃左右。

三、栽培技术

1. 选地、整地　旱地和稻田均可种植。但宜选择阳光充足、排水良好、肥沃的沙质壤土种植，pH 6～8，忌连作，低洼积水地不宜种植。每亩施入农家肥 4 000 千克、过磷酸钙 50 千克、豆饼 40 千克作基肥，深翻 30 厘米，耙细整平，作成宽 1.2～1.5 米的高畦。供扦插用的苗床应选地势平坦、排水良好的沙壤土，并搭好荫棚，以备遮阴。

2. 繁殖方法 可用分株繁殖和扦插繁殖，扦插繁殖生长势强、抗病性强、产量高，故目前生产上常用。

（1）分株繁殖。秋季采收菊花后，选留健壮植株的根蔸，上盖粪土保暖越冬。翌年 3—4 月，扒开粪土，并浇稀粪水，促进萌枝迅速生长。4—5 月，待苗高 15～25 厘米时，选择阴天，将根挖起；分株，选择粗壮和须根多的种苗，斩掉菊苗头，留下约 20 厘米长，按行距 40 厘米、株距 30 厘米开 6～10 厘米深的穴，每穴栽 1 株。栽后覆土压实，并及时浇水。

（2）扦插繁殖。4—5 月进行，选粗壮、无病虫害的新枝作插条，截成 10～12 厘米长，摘除下部叶片，插条下端切成斜面，切口蘸上黄泥浆，按株行距 8 厘米×15 厘米插入苗床，入土深度为插条的 1/2～2/3，随剪随插。插时苗床不宜过湿，否则易死苗，最适宜插条生根的温度为 15～18℃。插苗后，最好在上面盖一层稻草，并搭好荫棚，保持一定湿度，约 20 天就可生根，30～35 天后，苗高 20 厘米时即可移栽大田，方法同分株繁殖法。

3. 田间管理

（1）中耕除草。菊花缓苗后，以中耕除草为主，稍深锄，使表土干松，表土下稍湿润，促使根向下扎，并控制水肥，使地上部生长缓慢，俗称"蹲苗"。入伏后根部已发达，宜浅锄，以免伤根。

（2）追肥。菊花吸肥力强，需肥量大，一般追肥 2～3 次。第 1 次在打顶时结合培土进行，每亩施稀人粪尿 1 000 千克；第 2 次在现蕾前，每亩施入人粪尿 2 000 千克，配施过磷酸钙 15 千克，以利多开花，开大花。也可用 2% 过磷酸钙水溶液进行根外追肥。

（3）排灌。缓苗后要少浇水，6 月下旬后干旱要多浇水，尤其是孕蕾期前后，一定要保证有充足的水分；追肥后也要及时浇水。雨季应及时排出田间积水。

（4）打顶、培土。一般要打顶 1～3 次，促使多分枝，具体时间和次数据生长情况而定。一般第 1 次在 6 月初，剪去 10 厘米，留 30 厘米高；第 2 次在 6 月底；第 3 次不得迟于 7 月下旬。第 1 次打顶后，结合中耕除草在根际培土 15～18 厘米，增强根系，以防止倒伏。

4. 病虫害防治

（1）斑枯病。又名叶枯病。4 月中、下旬始发，危害叶片。防治方法：收花后，割去地上部植株集中烧毁；发病初期摘除病叶，并喷施 1∶1∶100 波尔多液。

（2）枯萎病。6 月上旬至 7 月上旬始发，开花后发病严重，危害全株并烂根。防治方法：选无病老根留种；轮作；作高畦，开深沟，降低湿度；拔除病株，并在病穴撒石灰粉。

（3）霜霉病。3 月始发，二次发病在 10 月，多雨时发病严重，危害地上部。防治方法：种苗用 40％三乙膦酸铝 300～400 倍液浸 10 分钟后栽种。

（4）根腐病。根系腐烂，呈干腐状或乱麻状，叶片枯黄凋萎，多发生在开花前后。防治方法：适当灌水，涝排旱灌，疏松土壤；用大蒜水灌病株根部、施速效肥有一定效果。

（5）病毒病。主要由蚜虫、绿盲蝽传染病害。植株幼嫩部皱缩、变形，出现"柳叶头""黄花叶"，很难治愈。防治方法：选无病株枝条、种子，利用根尖、茎尖无病毒组织培苗；早去"柳叶头"，利用侧枝开花，防治蚜虫。

（6）菊天牛。又名菊虎，5—7 月发生，以幼虫蛀食茎枝。防治方法：发现茎梢萎蔫时，于折断处下方约 4 厘米处摘除，集中销毁；5—7 月，早晨露水未干前捕杀在植株上的成虫。

四、采收与加工

种植当年 11 月上旬第 1 次采摘，约占总产量的 50％，隔 5～7 天采摘第 2 次，约占产量的 30％，再过 7 天采收第 3 次。采花标准为花瓣平直、有 80％的花心散开、花色结白。通常于晴天露水干后或午后将花头摘下。鲜花采回后，薄薄地摊晾半天，然后将晒瘪的花放入直径 33 厘米的小蒸笼内，厚度一般为 4 朵花高（约 1.6 厘米厚），放在盛水的铁锅上蒸，蒸时火力要均匀，保持笼内温度 90 ℃左右，蒸 3～5 分钟后取出。置竹帘上晾晒，日晒 3～4 天后翻花 1 次，然后置通风的室内摊晾，经 1 周后再晒干即可。

款 冬 花

款冬花为菊科植物款冬（*Tussilago farfara* L.）的干燥花蕾，具润肺止咳、消痰、下气之功效。主产于河南、甘肃、山西、陕西等地，河北、四川、湖南等地亦产。

一、形态特征

多年生草本，高 10～25 厘米。基生叶阔心形，具长柄，叶片圆心形，基部心形，边缘有波状疏齿，上面暗绿色，光滑无毛，下面密生白色茸毛，具掌状网脉，主脉 5～9 条。花茎数个，长 5～10 厘米，被白茸毛，具互生鳞片叶 10 余枚，淡紫褐色；花先叶开放，头状花序单一，顶生，黄色；边缘花多层舌状，雌性，中央花管状，雄性，雄蕊 5 枚，聚药雄蕊。瘦果长椭圆形，有明显纵棱，具冠毛。花期 2—3 月，果期 4—5 月。

二、生长习性

喜凉爽潮湿环境，耐严寒，较耐荫蔽，忌高温干旱，宜栽培于海拔 800 米以上的山区半阴坡地。

款冬在气温 9 ℃以上就能出苗，适宜生长温度为 16～24 ℃，超过 36 ℃就会枯萎死亡。3—8 月营养生长，花蕾从 9 月开始分化，10 月后花蕾形成，翌年 2 月花茎出土，开花结实。

成熟种子发芽率较高，但不宜室温贮藏，在室温条件下，3～4 个月丧失发芽能力。同时由于种子繁殖植株小、栽培年限长，生产中多采用根状茎繁殖。

三、栽培技术

1. 选地、整地　款冬对土壤适应性较强，但以土壤肥沃、比较潮湿、底层较紧的沙壤土为好，开好排水沟，施足基肥，坡地种植一般不作畦。

2. 繁殖方法　生产上采用根状茎繁殖。初冬或早春栽种，冬栽结合收获进行，春栽需将根茎沙藏。种栽应选粗壮多毛、色白、无病虫害的根状茎作种，剪成6~10厘米小段，其上要求有2~3个芽节。按行距30厘米左右开6~10厘米的深沟，按株距15~20厘米将根状茎摆在沟内，覆土压实。春栽温度适宜时，15天左右即可出苗。每亩需种茎30千克左右。

3. 田间管理

（1）中期除草。8月以前中耕不宜太深，在6—8月中耕时，同时进行根部培土，以防花蕾分化后长出土表变色，影响质量。

（2）肥水管理。一般在秋季结合中耕进行，以农家肥为主。款冬忌积水，但又喜潮湿，在栽培管理时应注意。

（3）植株调整。6—7月叶片生长旺盛、叶片过密时，可去除基部老叶、病叶，以利通风，9月上、中旬可割去老叶，只留3~4枚心叶，以促进花蕾生长。

4. 病虫害防治

（1）褐斑病。夏季田间湿度过大易发生此病，危害叶片。病斑近圆形，中央褐色，边缘紫红色。防治方法：做好雨后排水工作；发病初期喷施1∶1∶100波尔多液。

（2）菌核病。6—8月高温多湿时发生，严重时根系糜烂、植株枯萎。防治方法：注意轮作及排水工作；出苗后发现病株拔除并进行土壤消毒。

（3）蚜虫。夏季干旱时发生较为严重。防治方法：保护和利用食蚜蝇等天敌；喷施吡虫啉等内吸性杀虫剂。

四、采收与加工

11—12月在花蕾尚未出土时，挖出花蕾，如花蕾带有泥土，切勿水洗、擦搓，否则会变色，影响质量。收后的花蕾忌露霜及雨淋，应放在通风阴凉处阴干。在晾的过程中也不能用手翻动，待半干时筛去泥土、去净花梗，再晾至全干。以蕾大、肥壮、色紫红鲜艳、花梗短者为佳。木质老梗及已开花者不可供药用。

第七章
皮类中药材栽培

丹　皮

丹皮为毛茛科植物牡丹（*Paeonia suffruticosa* Andr.）的干燥根皮，有清热凉血、活血行瘀之功效。我国栽培广泛，主产于安徽、山东、河南、河北、陕西等地。

一、形态特征

多年生落叶小灌木，株高 0.8～1.5 米。茎短而粗，皮黑灰色。叶互生，常为二回三出复叶，顶生小叶 3 裂至中部，裂片上部 3 浅裂或不裂；侧生小叶 2 枚，浅裂或不裂。花单生于枝顶；萼片 5 枚，绿色；花瓣 5 枚，或为重瓣，白色、玫瑰色或黄色，花瓣顶端常凹缺，雄蕊多数；心皮 5 个。蓇葖果卵形。花期 4—5 月，果期 5—7 月。

二、生长习性

牡丹喜向阳、温暖湿润的环境，耐旱，怕高温，土壤以土层深厚、排水良好的沙质壤土为宜，盐碱地不宜种植。

种子有休眠特性，采收后先经 18～22 ℃的较高温度处理，再经 10～12 ℃的较低温度处理才能打破休眠。种子寿命为 1 年。

三、栽培技术

1. 品种选择　山东菏泽地区、河南洛阳地区的牡丹原系供观赏之用，按花的形态、颜色、开花期早晚培育出许多农家品种。安徽凤凰山牡丹花色不如菏泽牡丹，但丹皮较厚，产量较高，为药用优良品种。

2. 选地、整地 选向阳、排水良好、土层深厚、平坦的沙壤土地，施入腐熟杂粪，深翻，整平耙细作畦。前作以豆科植物为好。也可在路边或庭院种植。

3. 繁殖方法 大面积药用栽培时多用分株繁殖和种子繁殖两种方法。

（1）种子繁殖。牡丹种子从8月下旬开始成熟，应分批采收，采收后置室内阴凉条件下，促进后熟，待果荚裂开，种子脱出，即可进行播种，或在湿沙土中贮藏，晾干的种子不易发芽。播种前可用50℃温水浸种24～30小时，使种皮变软，吸水膨胀，促进萌发。安徽在8月上旬至10月下旬播种，山东在8月下旬至9月上旬播种。在北方，播种期不宜过迟，否则当年根少而短，越冬期间极易受冻。

播种方式有穴播和条播，生产量大多采用条播法。条播每亩用种量为25～35千克。一般采用高畦，宽1.2米，行距10厘米，开浅沟，每隔5厘米将1粒种子播入畦内，覆土3～5厘米。为防止干燥，可铺盖稻草。

播种2年后，于9—10月移栽，株行距均为30厘米，覆土过顶芽约3厘米。

（2）分株繁殖。8月下旬至10月收获时，剪下大、中根入药，细根不剪。从容易分株的地方剪开，分成2～4株，9—11月即可移栽，以早栽为好。种前深翻土地，施足基肥，按株行距25厘米×35厘米，每穴种1株，斜种成45°。

4. 田间管理

（1）中耕除草。生长期间常锄草松土，一年生的根系较浅，中耕宜浅，二、三年生可适当深锄。

（2）水肥管理。田间忌积水，春季返青前及夏季干旱时应进行灌溉。除施足基肥外，春、秋均应进行追肥，一般以农家肥和饼肥为主。

（3）摘花。春季现蕾后，及时进行摘蕾，防止养分损失。

5. 病虫害防治

（1）灰霉病。主要危害牡丹下部叶片，其他部分也可受害，阴雨潮湿时发病较重。防治方法：选择无病种苗，清洁田间。

（2）叶斑病。叶片上病斑圆形，直径2～3毫米，中部黄褐色，边缘紫红色。防治方法：同上。

（3）锈病。5—8月发生，危害叶片。防治方法：选排水良好地块，高畦种植；秋季枯萎后做好田间病残株处理工作，将病残株烧埋，减少越冬病菌。

（4）白绢病。土壤、肥料是本病的传染源，尤其以红薯、大豆为前茬时容易染病；开花前后、高温多雨时节发病严重。防治方法：与水稻或禾本科植物轮作；发现病株应带土挖出烧毁，病穴用石灰处理。

（5）根腐病。多发生于雨季，系雨水过多、地间积水时间过长造成，感病后根皮发黑，水渍状，继而扩散至全根而死亡。防治方法：选择地势高燥、排水良好的地块，作高畦；清洁田园，清除病株，防止病菌蔓延；叶斑病发病初期可喷施1：1：（120～140）波尔多液，每7～10天喷1次，连续3～4次。

（6）蛴螬、蝼蛄。防治方法：发生时可用毒饵诱杀。

四、采收与加工

分根繁殖3～4年采收，种子繁殖5～6年采收。10月将根挖出，取粗长的根切下，去净泥土，抽去木心，按粗细分级、晒干。还有一种加工方法是用竹刀或碗片刮去外皮，抽出木质部，晒干，产品称刮丹皮，一般每亩产量为200千克左右。

肉　　桂

肉桂为樟科植物肉桂（*Cinnamomum cassia* Presl）的干燥树皮，别名牡桂、简桂、玉桂。其树枝、幼果也可入药，分别为桂枝、桂子。桂皮为珍贵中药及调味品，有温肾补阳、散寒止痛的作用。从桂树枝叶蒸馏得到的桂油，是珍贵香料和多种有机香料的合成原料，并可药用。如今桂油已大量用于饮食行业。肉桂木材是家具良材。主产于广西、广东、福建、浙江和湖南，江西亦有栽培。大叶清化桂（*Cinnamomum cassia* BL. var. *macrophyllum* Chu. var. nov.）的树皮入药也为肉桂。

一、形态特征

常绿乔木，高 12～17 米。单叶互生；叶片长椭圆形或披针形，全缘，革质，主脉三出。圆锥花序顶生或腋生；花小，花被 6 枚，黄白色；雄蕊 9 枚；子房 1 室。浆果卵圆形，熟时紫黑色。花期 5—7 月，果熟期翌年 2～3 月。

二、生长习性

肉桂实生幼苗主根发达，侧根疏生，幼年阶段主茎较发达，侧枝生长慢。生长到 2～3 年后，树的高度逐渐加快增长，到近成熟期又逐渐减慢。实生植株 10～11 年开始结实。一般 100～120 年开始衰退。萌蘖植株初期生长迅速，70～80 年开始衰退，如在开花前采伐，进行矮林作业，能维持萌芽更新 10 多次，年龄可延续 100 多年。

肉桂花为虫媒花，正常情况下成果率高，为 25%～30%。秋季种子成熟时，发芽率可达 90% 以上，种子晾干或晒干后均易失去发芽能力。故生产上应随采随播或用低温沙藏。

肉桂性喜温暖湿润气候，适于热带与亚热带的温暖气候，忌积水，不耐干旱。

三、栽培技术

1. 选地、整地　苗圃地宜选排水良好、湿润肥沃、土层深厚、疏松的沙质壤土。坡向宜朝东南方，接近水源，以利干旱时抗旱。选定后要经 2～3 次犁耙，同时施入厩肥或堆肥等有机肥料，然后作成宽 1.0～1.2 米、高 15～20 厘米的高畦。肉桂林地应选在阳光充足、无寒风侵袭的东南坡地，以土层深厚、肥沃疏松、排水良好又无冲刷的山中部地带呈微酸性的沙壤土为好。

2. 繁殖方法

(1) 育苗。生产上主要采用此法。

播种育苗：播种最好随采随播。播前种子用 0.3% 甲醛浸种 30 秒。采用点播，行距 20～25 厘米，株距 6～9 厘米，覆土 2 厘米左右。每亩播种量为 16～18 千克。床面覆草保湿，每隔 4～5 天浇水 1 次。播后 20～30 天发芽出土后即可揭草，随即进行搭棚遮阴。一年生苗高 20 厘米、地径 0.5 厘米以上即可造林。

萌蘗促根法育苗：此法专供栽培大树所需的苗木。4 月上旬先在萌芽株中选择一至二年生、高 1.5～2.0 米、直径 2.0～3.5 厘米的萌蘗，在紧接地面处进行割皮处理，随即培土，促进生根。1 年后即可移栽。

（2）造林。造林时间以春分前后为宜。每亩施入猪粪 500 千克、过磷酸钙 50 千克。造林密度因矮林作业或乔木林作业的不同而异。矮林作业株距为 1.0～1.2 米，行距为 1.2～1.5 米，乔木林作业则株行距为（4～5）米×（5～6）米，栽植穴规格为 50 厘米×50 厘米×40 厘米。

3. 抚育管理　苗木定植后，要及时覆盖遮阴，栽后 2～3 年内可进行林粮间作或种植遮阴作物。夏、秋季注意锄草，冬季进行追肥。通过加强抚育管理，5 年即可采剥桂皮。

4. 病虫害防治

（1）根腐病。梅雨季节，在排水不良的苗圃地表现严重。防治方法：防止积水；及时发现病株并拔除烧毁，以生石灰消毒畦面。

（2）桂叶褐斑病。4—5 月发生，危害新叶。防治方法：可用波尔多液喷洒。

（3）肉桂木蛾。肉桂的主要害虫之一。防治方法：用白僵菌喷粉防治；结合剪枝剪除被害枝。

（4）卷叶虫。幼虫于夏、秋季将数枚叶卷缩成巢，潜伏其中，食害苗叶。防治方法：用敌百虫 1 000 倍液或 80％敌敌畏乳剂 1 500 倍液防治。

（5）肉桂褐色天牛。幼虫危害树干。防治方法：夏、秋季将铁丝插入树干幼虫蛀孔内，刺死幼虫；4 月初发现成虫进行人工捕杀。

四、采收与加工

矮林作业目的是采叶蒸油和生产桂通、桂心等产品。在造林 3～5 年后，平均每亩可采剥桂皮 40～50 千克，同时每年还可采收桂叶蒸油 1.5～1.7 千克。桂皮采剥时间以 3 下旬为宜，这时树皮易剥离，且发根萌芽快。

乔木林作业目的是培养桂皮、桂子和种子。造林后 15～20 年采伐剥桂皮，2—3 月采收的称春桂，品质差。7—8 月采收的称秋桂，品质好。7—8 月不易剥皮，可于 6 月下旬在树基部先剥去一圈树皮，既可增加韧皮部油分积累，又利于剥皮。

桂皮采收后应进行加工，加工规格有以下几种。

（1）全边桂。剥取 10 年以上的桂皮，两端削齐，夹在木制的凹凸板内，晒干。

（2）板桂。将桂皮夹在桂夹内，晒至 8～9 成干取出，纵横堆叠加压，干燥即成。

（3）官桂（桂通）。剥取五至六年生幼树的干皮和粗枝皮，晾晒 1～2 天，卷成筒状阴干即可。

杜　仲

杜仲为杜仲科植物杜仲（*Eucommia ulmoides* Oliv.）的干燥树皮，又名丝棉皮、丝连皮、玉丝皮。具补肝肾、强筋骨、安胎、降血压等功能。原产于中国，分布于长江流域，已有近千年栽培历史。现主产于贵州、四川、陕西、湖北、湖南、云南等地，一些邻近省区有栽培。

一、形态特征

落叶乔木，株高可达 20 米，树干挺直，胸径可达 40 厘米以上。树皮、枝、叶、果实折断时可见有坚韧而细密的银白色胶丝；树皮灰色、粗糙。单叶互生；叶片卵状椭圆形，长 7～15 厘米，宽 4～7 厘米，边缘有锯齿；幼叶两面被棕色柔毛，老叶仅下面沿叶脉被疏毛。花单性，雌雄异株，无花被，通常先于叶开放；雄蕊 6～10 枚，花丝极短，雌蕊 1 枚，心皮 2 个，1 室。翅果长椭圆形，扁而薄，先端下凹，黄褐色或棕褐色。种子 1 粒，长条形，略扁，黄褐色。花期 3—5 月，果期 9—11 月。

二、生长习性

杜仲根系发达，主根长可达 1.35 米，侧根、支根分布范围可达 9 米^2，但主要分布在地表层 5～30 厘米，并向湿润和肥沃处生长。植株萌芽力极强，休眠芽因受机械损伤常可萌发。树高生长速度初期较为缓慢，速生期出现在 10～20 年，20～35 年生长速度渐缓，其后几乎停滞。胸径生长速生期在 15～25 年，25～45 年渐缓，其后几乎停滞。树皮的生长过程基本上与胸径生长过程一致，树皮产量随树龄变化而变化，同时亦受环境条件影响。杜仲喜光，对土壤、气温要求不严，在气温-20℃时可安全越冬，但在湿润、温度较高的地区生长发育较快。南方冬季气温过高，缺乏冬眠所需的低温条件，对生长发育不利。

种子有一定的休眠特性，经8～10℃低温层积50～70天，发芽率可达90%左右。种子寿命较短，一般不超过1年。干燥后易失去发芽能力，故种子采收后宜立即播种。

三、栽培技术

1. 选地、整地　选土层深厚、疏松肥沃、土壤酸性至微碱性、排水良好的向阳缓坡地，深翻土壤，耙平，按株行距(2.0～2.5)米×3米挖穴，穴深30厘米，长、宽均为80厘米，穴内施入土杂肥2.5千克，饼肥0.2千克，骨粉或过磷酸钙0.2千克及火土灰等，与穴土拌匀备栽。苗床整细耙平后作成宽1.2米的畦。

2. 繁殖方法　可用种子、扦插、压条及嫁接繁殖。生产上以种子繁殖为主。

(1) 种子繁殖。宜选新鲜、饱满、黄褐色、有光泽的种子，于冬季(11—12月)或春季(2—3月)均温达10℃以上时播种。一般暖地宜冬播，寒地可秋播或春播，以满足种子萌发所需的低温条件。种子忌干燥，宜趁鲜播种。如需春播，则采种后应对种子进行层积处理，种子与湿沙的比例为1∶10。或于播种前，用20℃温水浸种2～3天，每天换水1～2次，待种子膨胀后取出，稍晒干后播种，可提高发芽率。采用条播，行距20～25厘米，每亩用种量为8～10千克。播种后盖草，保持土壤湿润，以利种子萌发。幼苗出土后，于阴天揭除盖草。每亩可产苗木3万～4万株。

(2) 嫩枝扦插繁殖。在春夏之交剪取一年生嫩枝，剪成长5～6厘米的插条，插入苗床，入土深2～3厘米，在土温21～25℃下，经15～30天即可生根。如用0.05毫升/升萘乙酸处理插条24小时，插条成活率可达80%以上。

(3) 根插繁殖。在苗木出圃时，修剪苗根，取径粗1～2厘米的根，剪成10～15厘米长的根段进行扦插，粗的一端微露地表，在断面下方可萌发新梢，成苗率可达95%以上。

（4）压条繁殖。春季选强壮枝条压入土中，深 15 厘米，待萌蘖抽生高达 7～10 厘米时，培土压实。经 15～30 天，萌蘖基部可发生新根。深秋或翌春挖起，将萌蘖一一分开即可定植。

（5）嫁接繁殖。用二年生苗作砧木，选优良母本树上一年生枝作接穗，于早春切接于砧木上，成活率可达 90％以上。

3. 田间管理

（1）苗期管理。种子出苗后注意中耕除草、浇水、施肥。幼苗忌烈日，要适当遮阴，旱季要及时喷灌防旱，雨季要注意防涝。结合中耕除草追肥 4～5 次，每次每亩施尿素 1.0～1.5 千克，或腐熟稀粪肥 3 000～4 000 千克。实生苗若树干弯曲，可于早春沿地表将地上部全部除去，促发新枝，从中选留 1 个壮旺挺直的新枝作为新干，其余全部除去。

（2）定植。一至二年生苗高达 1 米以上时，即可于落叶后至翌春萌芽前定植。每穴 1 株。幼树生长缓慢，宜加强抚育，每年春、夏季应进行中耕除草，并结合施肥。秋天或翌春要及时除去基生枝条，剪去交叉过密枝。对成年树也应酌情追肥。北方地区 8 月停止施肥，避免晚期生长过旺而降低抗寒性。

4. 病虫害防治

（1）立枯病。多发生在低温高湿和土壤黏重、苗过密、揭草过晚的苗床内。防治方法：整地时每亩撒 7～10 千克的硫酸亚铁粉或喷洒 40％甲醛溶液 3 千克，然后盖草，进行土壤消毒。

（2）根腐病。一般于 6—8 月多雨时易发生。防治方法：宜选择地势高、排水良好、土壤疏松的地块作苗圃。

（3）叶枯病。危害叶片，严重时叶片枯死。防治方法：清洁田园；生长期喷 1∶1∶100 波尔多液。

（4）角斑。危害叶片，一般 4～5 月开始发病，7—8 月为发病盛期。防治方法：加强抚育，增强树势；冬季清除落叶，减少病原菌；初发病时及时摘除病叶；发病后每隔 7～10 天喷施 1 次 1∶1∶100 波尔多液，连续 3～5 次。

（5）新皮褐腐病。6 月底开始发病，7—8 月为发病盛期。杜仲环剥在 1 月左右，再生新皮上出现米粒大小的褐色坏死斑，渐渐纵向扩大，变为深褐色，最后病变组织翘起，略反卷，病部流出茶褐色污液，发病严重时整株死亡。防治方法：掌握好环剥时期，环剥时不损伤木质部，环剥用具及部位应进行消毒；剥后喷施高脂膜，保护新皮形成和生长；发病初期及时刮除病变组织，使病部恢复健康。

（6）豹纹木蠹蛾。幼虫蛀害枝干，致使树势衰退。防治方法：冬季清洁田园；6月初，在成虫产卵前，用涂白剂涂刷树干。

（7）黄刺蛾、扁刺蛾、褐刺蛾。幼虫危害杜仲叶片，将叶吃成孔洞、缺口或不规则形状，严重时仅剩叶脉。在我国南方1年发生2～3代，北方1年发生1代，以老熟幼虫在枝上的茧里越冬。防治方法：消灭越冬虫茧；利用刺蛾成虫的趋光性进行灯光诱杀，避免产卵；释放赤眼蜂；用青虫菌（含孢子量100亿个/克）500倍液加少量90%敌百虫喷雾，杀灭幼虫。

（8）梦尼夜蛾。危害盛期为5月上、中旬；第2代于7—8月发生，危害盛期为7月中、下旬；第3代于8—10月发生，危害盛期为8月下旬至9月上旬。防治方法：营造混交林，控制该虫的危害与发生；破坏越冬场所，秋、冬季节翻挖林地即可消灭大部分越冬虫茧，降低虫口密度；在发生期使用溴氰菊酯毒笔在树干上画两个圈，间隔距离3～5厘米，消灭3龄以上幼虫；用敌·马乳油和Bt乳剂，超低量喷雾杀死幼虫；灯光诱杀成虫。

四、采收与加工

1. 采收 剥皮年限以树龄15～25年较为适宜，剥皮时期在4—6月树木生长旺盛时期，树皮容易剥落，也易于愈合再生。具体采收方法主要有以下几种。

（1）部分剥皮。即在树干离地面10～20厘米以上部位交错地剥落树干周围面积1/4～1/3的树皮，每年可更换部位，如此陆续局部剥皮。

（2）砍树剥皮。多在老树砍伐时采用，在齐地面处绕树干锯一环状切口，按商品规格向上再锯第2道切口，在两切口之间纵割环剥树皮，然后把树砍下，如法剥取，不合长度的和较粗树枝的皮剥下后作碎皮供药用。茎干的萌芽和再生能力强，砍伐后在树桩上能很快萌发新梢，育成新树。

（3）大面积环状剥皮。于6—7月高温湿润季节（气温25～30℃，相对湿度80%以上），在树干分枝处以下、离地面10厘米以上大面积环状剥取树皮。只要善于掌握剥皮的适宜时期和剥皮技术，那么，环剥部位的维管形成层及木质部母细胞可重新分裂，使新皮再生。所以，剥皮时不要损伤木质部，并尽量少损伤形成层，则树可保持活成。2～3年后，树皮可长成正常厚度，能继续依此法剥皮。此外，采叶入药时，可选五年生以上树，在10—11月叶将落前采摘，去叶柄后，晒干即成，折干率约3：1。

2. 加工　树皮采收后用沸水烫泡，展平，将皮的内面两两相对，层层重叠压紧，上下四周围草，使其"发汗"，约经1周，内皮呈暗紫色时可取出晒干，刮去表面粗皮，修切整齐即可，折干率（1.5～2.0）：1。

五、留种技术

选生长快、树皮厚、产量高、品质优、干形矮、抗性强的20～30年树龄的强壮雌株作母本树。雌株与雄株配植比例为10：1，对留种的母本树应加强管理。当果实成熟呈淡褐色且有光泽，种子呈白色时就应及时采收。如过早采收，种胚发育不全，发芽率低；过迟则果实易散落，遇雨易霉变。种子采收后宜置通风处阴干，忌烈日暴晒或烘干，以免丧失发芽力。

厚　　朴

厚朴为木兰科植物厚朴（*Magnolia officinalis* Rehd. et Wils.）和凹叶厚朴（*M. officinalis* Rehd. et Wils. var. *biloba* Rehd. et Wils.）的干燥树皮和根皮，厚朴又名川厚朴，凹叶厚朴又名庐山厚朴、温朴等。具温中、下气、燥湿、消痰功能。其花及果实也可入药，具理气、化湿功能。厚朴主产于四川、湖北、陕西、湖南等地；凹叶厚朴主产于浙江、江西、安徽、江苏、湖南等地。

一、形态特征

厚朴为落叶乔木，树高15～20米。树干通直，树皮灰棕色，具纵裂纹，内皮紫褐色或暗褐色。顶芽大，小枝具环状托叶痕。单叶互生于枝顶端，椭圆状倒卵形，叶缘微波状，叶背面有毛及白粉；叶柄较粗。花大，白色，与叶同时开放，单生枝顶；花被9～10枚，肉质；雄蕊多数，螺旋排列；心皮多数，螺旋排列于花托上。聚合膏葖果，圆柱状椭圆形或卵状椭圆形。种子红色，三角状倒卵形。花期 4—5 月，果熟期 10—11 月。

凹叶厚朴形态特征与上种相似，主要区别：凹叶厚朴为乔木或灌木；叶片倒卵形，先端 2 圆裂，裂深可达 2.0～3.5 厘米；花期 3—4 月，果熟期 9—11 月。

二、生长习性

由于种类不同，对环境条件的要求也不相同。厚朴喜凉爽湿润气候，高温不利于生长发育，宜在海拔 800～1 800 米的山区生长。凹叶厚朴喜温暖湿润气候，一般多在海拔 600 米以下的地方栽培。二者均为山地特有树种，耐寒，均为阳性树种，但幼苗怕强光。它们都是生长缓慢的树种，一年生苗高仅 30～40 厘米，幼树生长较快。厚朴 10 年树龄以下很少萌蘖；而凹叶厚朴萌蘖较多，特别是主干折断后，会形成灌木。

厚朴树龄 8 年以上才能开花结果，凹叶厚朴生长较快，5 年以上就能进入生育期。种子干燥后会显著降低发芽能力。低温层积 5 天左右能有效地解除种子的休眠。发芽适温为 20～25 ℃。

三、栽培技术

1. 选地、整地 以疏松、富含腐殖质、中性或微酸性的沙质壤土和壤土为好，山地黄壤、红黄壤也可种植，黏重、排水不良的土壤不宜种植。深翻整平，按株行距 3 米×4 米或 3 米×3 米开穴，穴深 40 厘米，长、宽均为 50 厘米，备栽。育苗地应选向阳、高燥、微酸性而肥沃的沙质壤土，其次为黄壤土和轻黏土。施足基肥，翻耕耙细整平，作成宽 1.2～1.5 米的畦。

2. 繁殖方法 主要以种子繁殖，也可用压条和扦插繁殖。

（1）种子繁殖。9—11 月果实成熟时采收种子，趁鲜播种，或用湿沙子贮放，至翌年春季播种。播前进行种子处理，浸种 48 小时后，用沙搓去种子表面的蜡质层；浸种 24～48 小时，盛竹箩内在水中用脚踩去蜡质层；浓茶水浸种 24～48 小时，搓去蜡质层。条播为主，行距为 25～30 厘米，粒距 5～7 厘米，播后覆土、盖草。也可采用撒播。每亩用种 15～20 千克。一般 3—4 月出苗，1～2 年后当苗高 30～50 厘米时即可移栽，时间在 10—11 月落叶后或 2—3 月萌芽前，每穴栽苗 1 株，浇水。

（2）压条繁殖。2 月或 11 月上旬选择生长 10 年以上成年树的萌蘖，横割断蘖茎一半，向切口相反方向弯曲，使茎纵裂，在裂缝中央夹一小石块，培土覆盖。翌年生多数根后割下定植。

（3）扦插繁殖。2 月选径粗 1 厘米左右的一至二年生枝条，剪成长约 20 厘米的插条，插于苗床中，苗期管理同种子繁殖，翌年移栽。

3. 田间管理　种子繁殖者出苗后要经常拔除杂草，并搭棚遮阴。每年追肥 1～2 次。多雨季节要防积水，以防烂根。定植后每年中耕除草 2 次，林地郁闭后一般仅冬季中耕除草，培土 1 次。结合中耕除草进行追肥，肥源以农家肥为主。幼树期除需压条繁殖外，应剪除萌蘖，以保证主干挺直、生长快。

4. 病虫害防治

（1）叶枯病。危害叶片。防治方法：清除病叶；发病初期用 1：1：100 波尔多液喷雾。

（2）根腐病。苗期易发，危害根部。防治方法：参见杜仲。

（3）立枯病。苗期多发。防治方法：参见杜仲。

（4）褐天牛。幼虫蛀食枝干。防治方法：捕杀成虫；树干刷涂白剂，防止成虫产卵。

（5）褐边绿刺蛾和褐刺蛾。幼虫咬食叶片。防治方法：可喷 Bt 乳剂 300 倍液毒杀。

（6）白蚁。危害根部。防治方法：可用灭蚁灵粉毒杀；或挖巢灭蚁。

四、采收与加工

厚朴 20 年以上才能剥皮，宜在 4—8 月生长旺盛时，砍树剥取干皮和枝皮，不进行更新的可挖根剥皮，然后 3～5 段卷叠成筒运回加工。厚朴皮先用沸水烫软，直立放屋内或木桶内，覆盖棉絮、麻袋等使之"发汗"，待皮内侧或横断面都变成紫褐色或棕褐色，并呈油润光泽时，将皮卷成筒状，用竹篾扎紧，暴晒干燥即成。凹叶厚朴皮只需置室内风干即成。定植 5～8 年后开始开花，如需收花，则于花将开放时采收花蕾，先蒸 10 多分钟，取出铺开晒干或烘干；也可以置沸水中烫一下再干燥。

留种技术

厚朴种子一般在 10—11 月，当果皮裂开露出红色种子时，将果采回，选饱满、无病虫害的籽粒与湿细沙混合，置室内挖好的窖内，上盖细土。如在室外挖窖贮藏，应注意覆盖避雨，以防雨水流入窖内造成烂种。翌年早春取出播种。

黄　柏

黄柏为芸香科植物川黄檗（*Phellodendron chinense* Schneid.）和黄檗（*P. amurense* Rupr.）的干燥树皮。前者习称川黄柏，后者习称关黄柏。具清热解毒、泻火燥湿等功能。川黄柏主产于四川、湖北、贵州、云南、江西、浙江等地；关黄柏主产于东北和华北地区。

一、形态特征

川黄柏为落叶乔木，高 10～12 米。树皮暗灰棕色，幼枝皮暗棕褐色或紫棕色，皮开裂，有白色皮孔，树皮无加厚的木栓层。叶对生，奇数羽状复叶，小叶通常 7～15 枚，长圆形至长卵形，先端渐尖，基部平截或圆形，上面暗绿色，仅中脉被毛，下面浅绿色，有长柔毛。花单性，淡黄色，顶生圆锥花序。花瓣 5～8 枚，雄花有雄蕊 5～6 枚，雌花有退化雄蕊 5～6 枚，雌蕊 1 枚，子房上位，柱头 5 裂。浆果状核果肉质，圆球形，黑色，密集成团。种子 4～6 粒，卵状长圆形或半椭圆形，褐色或黑褐色。花期 5—6 月，果期 6—10 月。

关黄柏与上种的主要区别为树具有加厚的木栓层。小叶 5～13 枚，卵状披针形或近卵形，边缘有明显的钝锯齿及缘毛。花瓣 5 枚；雄蕊 5 枚；雌花内有退化雄蕊，呈鳞片状。花期 5—7 月，果期 6—9 月。

二、生长习性

黄柏对气候适应性强，苗期稍能耐荫，成年树喜阳光。野生种多见于避风山间谷地，混生在阔叶林中。喜深厚肥沃土壤，喜潮湿，喜肥，怕涝，耐寒，尤其是关黄柏比川黄柏耐严寒。黄柏幼苗忌高温、干旱。

黄柏种子具休眠特性，低温层积 2～3 个月能打破其休眠。

三、栽培技术

1. 选地、整地 黄柏为阳性树种，山区、平原均可种植，但以土层深厚、便于排灌、腐殖质含量较高的地方为佳，零星种植可在沟边路旁、房前屋后、土壤比较肥沃潮湿的地方。在选好的地上按穴距 3～4 米开穴，穴深 30～60 厘米，长、宽均为 80 厘米，每穴施入农家肥 5～10 千克作基肥。育苗地宜选地势比较平坦、排灌方便、肥沃湿润的地方，每亩施农家肥 3 000 千克作基肥，深翻 20～25 厘米，充分细碎整平后，作成宽 1.2～1.5 米的畦。

2. 繁殖方法 主要用种子繁殖，也可用分根繁殖。

（1）种子繁殖。春播或秋播。春播宜早不宜晚，一般在 3 月上、中旬，播前用 40 ℃温水浸种 1 天，然后进行低温或冷冻层积处理 50～60 天，待种子裂口后，按行距 30 厘米开沟条播。播后覆土，搂平稍加镇压、浇水。秋播在 11—12 月进行，播前 20 天湿润种子，至种皮变软后播种。每亩用种量为 2～3 千克。一般 4～5 月出苗，培育 1～2 年后，当苗高 40～70 厘米时，即可移栽。时间在冬季落叶后至翌年新芽萌动前，将幼苗带土挖出，剪去根部下端过长部分，每穴栽 1 株，填土一半时，将树苗轻轻往上提，使根部舒展后再填土至平，踏实、浇水。

（2）分根繁殖。在休眠期间，选择直径 1 厘米左右的嫩根窖藏，至翌年春解冻后扒出，截成 15～20 厘米长的小段，斜插于土中，上端不能露出地面，插后浇水。也可随刨随插。1 年后即可成苗移栽。

3. 田间管理

（1）间苗、定苗。苗齐后应拔除弱苗和过密苗。一般在苗高 7～10 厘米时，按株距 3～4 厘米间苗，苗高 17～20 厘米时，按株距 7～10 厘米定苗。

（2）中耕除草。一般在播种后至出苗前除草 1 次，出苗后至郁闭前中耕除草 2 次。定植当年和以后两年内，每年夏、秋两季应中耕除草 2～3 次；3～4 年后树已长大，只需每隔 2～3 年在夏季中耕除草 1 次，疏松土层，并将杂草翻入土内。

（3）追肥。育苗期结合间苗、中耕除草应追肥 2～3 次，每次施入畜粪水 2 000～3 000 千克。夏季在封行前也可追施 1 次。定植后于每年入冬前施 1 次农家肥，每株沟施 10～15 千克。

（4）排灌。播种后出苗期间及定植半个月以内应经常浇水，以保持土壤湿润，夏季高温也应及时浇水降温，以利幼苗生长。郁闭后可适当少浇或不浇。多雨积水时应及时排除，以防烂根。

4. 病虫害防治

（1）锈病。5—6 月始发，危害叶片。防治方法：发病初期用敌锈钠 400 倍液喷雾。

（2）轮纹病。主要危害黄柏的叶片。防治方法：可喷施 1∶1∶160 波尔多液。

（3）褐斑病。主要危害黄柏的叶片。发病期叶片上病斑为圆形，直径 1～3 毫米，灰褐色，边缘明显为暗褐色，病斑两面均生有淡黑色霉状物，即病原菌的子实体。病菌以菌丝体在病叶、枯叶中越冬。防治方法：一般以预防为主，秋季落叶后彻底清除落叶、病枝，集中烧毁；植株发病时喷施 1∶1∶600 波尔多液。

（4）花椒凤蝶。5—8 月发生，危害幼苗叶片。防治方法：利用天敌，即寄生蜂抑制凤蝶发生；在幼龄期用 Bt 乳剂 300 倍液喷施。

四、采收与加工

黄柏定植 15～20 年后即可采收，时间在 5 月上旬至 6 月下旬，砍树剥皮。也可采取只剥去一部分树皮，让原树继续生长，以后再剥的办法，这样可连续剥皮，但再生树皮质量和产量不如第 1 次剥的树皮。剥下的树皮趁鲜刮去粗皮，至显黄色为度，晒至半干，重叠成堆，用石板压平，再晒干即可。产品以身干、色鲜黄、粗皮净、皮厚者为佳。

五、留种技术

选生长快、高产、优质的 15 年以上的成年树留种，于 10—11 月果实呈黑色时采收，采收后堆放于屋角或木桶里，盖上稻草，经 10～15 天后取出，把果皮捣烂，搓出种子，放水里淘洗，去掉果皮、果肉和空壳后，阴干或晒干，于干燥通风处贮藏。

第八章
菌类中药材栽培

灵　芝

> 　　灵芝为灵芝菌科真菌紫芝［*Ganoderma japonicum*（Fr.）Lloyd］和赤芝［*G. lucidum*（Leyss. ex Fr.）Karst.］的干燥全株，又名木灵芝、菌灵芝、红芝等。具养心安神、补气益血、止咳平喘之功效。产地分布较广，但以南方各省区为主。

一、形态特征

　　紫芝为一年生或多年生真菌。菌丝体无色透明，有分隔和分支，表面常分泌出白色草酸钙结晶。子实体分菌盖、菌柄和子实层。成熟子实体木栓化。菌盖多为肾形，菌柄侧生；菌盖及菌柄有黑色皮壳，皮壳角质化，有光泽，菌盖上面有环状棱纹和辐射皱纹，下面菌肉连着紧密排列、相互平行的菌管，管内产生担子层，菌肉锈褐色；菌管硬，管口圆，颜色与菌肉相同。担孢子着生在担子上，卵形，褐色，具双壁，内有一核及一大油滴。

　　赤芝与上种相似，但菌盖皮壳黄色至红褐色，菌柄紫褐色，菌肉近白色至淡褐色，菌管管口初期为白色，后期为褐色。

二、生长习性

　　野生灵芝多见于夏、秋两季，常生长在林内阔叶树的木桩旁或生长于腐木上。灵芝为腐生真菌，菌丝生长初期只能吸收利用一些低碳水化合物单糖，随后很快通过其自身产生的各种酶类来分解、转化、吸收、利用纤维素、半纤维素、木质素及一定量的矿物元素，所以可在多种腐木上生长。

灵芝生长喜高温高湿。菌丝生长温度为4～39℃，但以24～30℃生长快。子实体在20℃以上才能分化发育，24～28℃时发育迅速。菌丝生长要求基质含水量为150％～200％，子实体分化发育要求空气相对湿度为85％～90％，最低不能低于70％。空气二氧化碳的含量对菌盖和菌柄的分化和伸长有很大的影响，如通气不良，二氧化碳多，则菌盖不分化或发育不正常，但有利于菌柄的伸长；降低空气中二氧化碳的含量，菌盖就能重新发育。孢子发育及菌丝生长不需光照，但子实体分化及发育需要散射光，并有向光性。其菌管有明显的向地性。菌丝体在pH 3.5～7.5的基质中均可生长，但以pH 5～6生长较好。

三、栽培技术

1. 繁殖方法　主要用无性繁殖。在更新菌种和培养优良母种时，可用担孢子进行繁殖。人工栽培灵芝的方法有瓶栽、段木栽及露地栽，但以瓶栽为主。

2. 菌种准备　以组织分离法获得，即将野生或人工栽培的正在生长发育的新鲜子实体的一部分用75％乙醇进行表面消毒后，用无菌操作法把它切成3～5毫米^{2}的小块，取5块左右放置于平板培养基上，或取1块放在试管斜面培养基上。在25～28℃下培养3～4天，就会发现小块组织的周围有白色菌丝长出。此时挑选纯白无杂的菌丝移植到新的斜面培养基上，继续培养5天左右，即得灵芝母种。每支母种可转接新斜面20支为原种。母种分离及原种培养的培养基成分为：马铃薯（去皮）200克切片加水煮沸半小时后去渣，蔗糖20克，磷酸二氢钾3克，硫酸镁1.5克，维生素B1 10毫克，琼脂20克，加水至1 000毫升。如无马铃薯，可用50克麦麸代替，且可不加维生素B1。除上述培养基外，还可用PSA或PDA培养基。

3. 瓶栽灵芝

（1）制备培养基。用锯木屑和麦麸制备，重量比为3：1。常采用阔叶树的木屑，以硬木为好，没有木屑可用蔗渣、棉籽壳或玉米芯渣等。按比例拌匀后加水，以手握指缝有水而不滴下为度。

（2）装瓶及制种子皿。将配好的料装入750毫升的广口瓶或蘑菇瓶，压实，使上下均匀，装至距瓶口 3～5 厘米再压实，然后用直径近 1 厘米的竹棒，在瓶中央从上到下扎一孔洞，旋转抽出。扎洞利于灭菌彻底和菌丝蔓延，瓶口塞棉塞加防潮纸，或盖耐高压塑料瓶盖，用两层牛皮纸包上亦可。灭菌要求在 11.76×10^4 帕压强下灭菌 1 小时。

种子皿制备：将麦麸与水按重量比 1：2 配合，混合后装入培养皿中，稍压平即可。10 克麦麸可装一个直径为 9 厘米的培养皿。灭菌同上。

（3）接种。在无菌条件下，将培养好的斜面原种，用接种针挑取大豆大小带培养基的一块菌丝，放置在麦麸皿中央，将菌种稍往下压与麦麸紧密接触，置 26℃下培养 1 周，白色菌丝就几乎充满全皿，即可作栽培种用。一个培养皿的菌丝可接 25～30 瓶。栽培瓶接种时，用镊子从皿中夹取约 1 厘米^2 的一块菌丝麦麸，迅速放入瓶中孔洞处，包好瓶塞即可进行发菌培养。在没有麦麸种时，可用斜面原种，也可用没长出子实体或已出过子实体的栽培瓶下边的菌丝体作种。

（4）培养。可分两个阶段，最好设两个培养室。第 1 个培养室只要求适宜菌丝生长的温度 24～30℃，无光。瓶子均竖放，经 10 天后菌丝除向瓶内延伸 5～6 厘米外，在瓶内培养基表面形成白色疙瘩状突起物，即子实体原基。此时应去盖拔塞换入第 2 个培养室，可横放。培养室除需温度 24～28℃外，还要求空气相对湿度在 75%～85%，此外还要求有一定的散射光和适当通风换气，以保证有足够的氧气供应，使灵芝正常分化出菌盖和产生担孢子。换气要缓慢进行，以免温度骤变引起灵芝畸形。

4. 病虫害防治

（1）杂菌。有青霉、毛霉及根霉，有时还有曲霉污染，在无菌操作不严或高温高湿的第 2 个培养室久不换气时易出现。防治方法：培养基灭菌要彻底，严格无菌操作；适当通风降低相对湿度；轻度感染的可局部清除后重新灭菌再接种，严重者则淘汰。

（2）蕈蚊。防治方法：可用浸透敌敌畏的纱布条挂于室内熏蒸。

四、采收与加工

瓶栽灵芝接种后 45～60 天即可采收。当菌盖不再出现白色边缘，原白色边缘也变成赤褐色，菌盖下面的管孔开始向外喷射担孢子时，即已成熟，应及时采收。采收时从菌柄下端拧下整个子实体，摊晾干燥；

或低温烘干，温度不要超过 55 ℃，并要通风，以防闷热发霉。充分干燥后放入塑料袋中封藏。如采收孢子粉，则可在培养架子实体下方放干净塑料布或光滑干净纸张，用板刷收集，如用套袋法（将开始产生孢子的子实体包起来）会收得较多孢子粉。孢子粉经晾晒干燥后，放入塑料袋保存。

茯　苓

茯苓为多孔菌科真菌茯苓 [*Poria cocos*（Schw.）Wolf] 的干燥菌核，又名茯菟、云苓、茯灵、松薯、松苓等。具利水渗湿、健脾宁心之功效。主产于云南、广西、福建、安徽及河南、湖北等地区。

一、形态特征

多年生真菌，由菌丝组成不规则块装菌核，表面呈瘤状皱缩，淡灰棕色或黑褐色。菌核大小不等，直径 10～30 厘米或更大。在同一块菌核内部，可能部分呈白色，部分呈淡红色，粉粒状。新鲜时质软，干后坚硬。子实体平伏产生于菌核表面，形如蜂窝，高 3～8 厘米，初白色，老后淡棕色，管口多角形，壁薄。孢子近圆柱形，有一歪尖，壁表平滑、透明无色。

二、生长习性

茯苓适应能力强，野生茯苓分布较广，海拔 50～2 800 米均可生长，但以海拔 600～900 米分布较多。多生长在干燥、向阳、坡度 10°～35°、有松林分布的微酸性沙质壤土层中，一般埋土深度为 50～80 厘米。茯苓为兼性寄生真菌，其菌丝既能靠侵害活的树根生存，又能吸取死树的营养而生存。喜欢寄生于松树的根部，依靠其菌丝在树根和树干中蔓延生长，分解、吸收松木养分和水分作为营养来源。茯苓为好气性真菌，只有在通气良好的情况下，才能很好生长。

茯苓菌丝生长温度为 18～35 ℃，以 25～30 ℃生长最快且健壮，35 ℃以上时菌丝容易老化，10 ℃以下生长十分缓慢，0 ℃以下处于休眠状态。子实体在 24～26 ℃时发育最迅速，并能产生大量孢子，当空气相对湿度为 70％～85％时，孢子大量散发，20 ℃以下时子实体生长受限制，孢子不能散发。对水分的要求是寄主（树根或段木）的含水量在 50％～60％，土壤含水量以 25％～30％为最好。

三、栽培技术

茯苓栽培方式较多，用段木、树根及松针（松叶加上短枝条）均可。目前生产区主要是利用茯苓菌丝为引子（菌种），接种到松木上，菌丝在松木中生长一段时期后，便结成菌核。

1. 选苓场和备料

（1）选苓场。宜选海拔 600～900 米的山坡，坡度 15°～30°，要求背风向阳、土质偏沙、中性及微酸性、排水良好的地块。清除草根、树根、石块等杂物，然后顺坡挖窖，窖深 60～80 厘米，长和宽据段木多少及长短而定，一般长 90 厘米，窖间距为 20～30 厘米。苓场四周开好排水沟。

（2）备料。于头年秋、冬砍伐马尾松，砍后剃枝，并依松木大小将树皮相间纵削为 3～10 条，俗称"剥皮留筋"。削面宽 3 厘米，深入木质部 0.5 厘米，使松木易于干燥并流出松脂。削好的松木就地架起，使其充分干燥。当松木断口停止排脂、敲着有清脆响声时，再锯成 65～80 厘米长的段木，置通风透光处备用。约至 6 月把段木排入窖内，每窖排 1 段到数段，粗细搭配，分层放置，准备接种。

2. 菌种准备 菌种也叫引子，分菌丝引、肉引和木引。现多用菌丝引。

（1）菌丝引。是经人工纯培养的茯苓菌丝，菌丝母种用组织分离法分得，但最好用茯苓孢子制种，方法是将 8～9 千克的鲜菌核置盛水容器上，离水约 2 厘米，室温 24～26 ℃，空气湿度 85％以上，光线明亮，仅 1 天后菌核近水面就出现白色蜂窝状子实体。20 天后子实体可大量弹射孢子。此时即可无菌操作切取子实体 1 厘米^2，用 S 形铁丝钩吊挂在 PDA 培养基上，28 ℃培养，24 小时后，孢子萌发为白菌丝，经纯化培养即得母种。母种可用 PDA 培养基斜面扩大为原种。将原种再接到栽培种培养基上，25～28 ℃条件下培养 1 个月后，菌丝充满培养基各部，即得供接段木用的栽培种。栽培种培养基的重量组成为：松木屑

（76）：麸皮（22）：石膏粉（1）：蔗糖（1），水适量，使含水量在65%左右。拌匀后装入广口瓶和聚丙烯塑料袋中，常规灭菌后接入原种。

（2）肉引。为新鲜茯苓的切片。选用新挖的个体，中等大小（每个250～1000克）、浆汁足的壮苓为好。

（3）木引。指肉引接种的木料，即带有菌丝的段木。5月上旬，选取质地泡松、直径9～10厘米的干松树，剥皮留筋后锯成50厘米长的段木。接种用新挖的鲜苓，一般10千克段木的窖用鲜苓0.5～0.7千克。用头引法接种，即把苓种片贴在段木上端靠皮处，覆土3厘米，至8月上旬就可挖出。选黄白色、筋皮下有明显菌丝、具茯苓香气者作木引。

3. 接种和管理

（1）菌丝引接种。选晴天，将窖内中段木、细段木的上端削尖，然后将栽培种瓶或袋倒插在尖端。接种后及时覆土3厘米。也可把栽培种从瓶中或袋中倒出，集中接在段木上端锯口处，加盖一层木片及树叶，覆土。

（2）肉引接种。据段木粗细采取上二下三或上一下二分层放置。接种时用干净刀剖开苓种，将苓肉面紧贴段木，苓皮朝外，边接边剖。接种量据地区、气候等条件而定，一般50千克段木用250～1000克苓种。

（3）木引接种。将选作种用的段木挖出锯成两节，一般窖用木引1～2节。接种时把木引和段木头对头接拢即可。

接种季节随地区而异，气温高的地区在4月上旬进行，气温低则可于5月上旬至6月接种。接菌后3～5天菌丝萌发生长，蔓延开要10天。此期要特别防治白蚁危害。接种后3～4个月可结苓，结苓时不要撬动段木，以防折断菌丝。结苓期茯苓生长快，地面常出现裂缝，应及时补土填缝并除去杂草。

4. 病虫害防治

（1）菌核软腐病。主要危害正在生长的菌核。霉菌污染培养料后吸收其营养，茯苓菌核皮色变黑，菌肉疏松软腐，严重者渗出黄棕色黏液，失去药用和食用价值。防治方法：接种前栽培场要翻晒多次；段木要清洁干净，发现有少量杂菌污染时，应铲除掉或用70%乙醇杀灭，若污染严重，则予以淘汰；选择晴天栽培接种；保持苓场通风、干燥，经常清沟排渍，防止窖内积水；发现菌核发生软腐等现象，应提前采收或剔除，苓窖用石灰消毒。

（2）黑翅大白蚁。蛀食松木段，使之不长茯苓而严重减产。防治方法：选苓场时避开蚁源；清除腐烂树根；苓地周围挖一道深 50 厘米、宽 40 厘米的封闭环形防蚁沟，沟内撒石灰粉或将臭椿树埋于窖旁；引进白蚁天敌蚀蚁菌；在苓场四周设诱蚁坑，埋入松木或蔗渣，诱白蚁入坑，每月检查 1 次，见蚁就杀死。

（3）茯苓虱。成虫、若虫群集潜栖在茯苓栽培窖内，刺吸蛀蚀菌种、菌丝层及菌核内的汁液，受害部位出现变色斑块，并携带霉菌，招致病害，影响茯苓菌种成活及菌核生长。防治方法：尽量远离、回避茯苓虱越冬繁衍的场地；接种后立即用尼龙网将栽培窖面掩罩，然后覆土；茯苓虱多群聚于培养料菌丝层附近，采收季节可在采收菌核的同时，用桶收集虫群，然后用水溺杀，减少虫数；菌核成熟后要全部挖起，采收干净，并将栽培后的培养料全部搬离栽培场，切忌将腐朽的培养料堆弃在原栽培场内，使茯苓虱继续滋生、蔓延。

四、采收与加工

当茯苓外皮呈黄褐色时即可采挖，如黄白色则未成熟，如发黑则已过熟。选晴天采挖，刷去泥沙，堆在室内分层排好，底层及面上各加一层稻草，使之"发汗"，每隔 3 天翻动 1 次。等水分干了、苓皮起皱时可削去外皮，即为茯苓皮。里边切成厚薄均匀的块片，粉红色为赤茯苓，白色为茯苓片，中心有木心者即为茯神。也可不切片，水分干后再晾晒干即为个茯苓。

猪　苓

猪苓［*Polyporus umbellatus*（Pers.）Fries］别名野猪苓、猪屎苓、鸡屎苓，属担子菌亚门、层菌纲、无隔担子菌亚纲、非褶菌目、多孔菌科、多孔菌属。猪苓含有猪苓多糖和麦角甾醇等。以菌核入药。有利水、渗湿等作用，近年发现其对乙型肝炎有一定疗效。自古以来猪苓都靠采挖野生种供药用，自然资源少，而药用量增大，供求矛盾日趋突出，近年山西、陕西、甘肃等地相继把野生种变家种，且获得成功。

一、形态特征

猪苓菌核生于地下，呈长形块状或不规则球形，稍扁，有的分枝呈姜状。表面灰黑色，凹凸不平，有皱纹或瘤状突起。干燥后坚而不实，断面呈白色或淡褐色，半木质化、质轻、略带弹性。子实体从地下菌核生出，菌柄呈多次分枝，每枝顶端有一伞状或漏斗状肉质菌盖，直径1~4厘米，中央呈脐状，表面近白色至淡褐色，边缘薄而锐，且常常内卷，俗称千层蘑菇、猪苓花。菌肉薄、白色，为孔状菌，孢子卵圆形，光滑，成熟时从菌盖下面孔中弹出。子实体大小不等，大者直径达39厘米，高37厘米，有小菌盖1 000多个，小者直径1.6厘米，高2.3厘米，单耳状，其大小与地下的菌核大小无关。

二、生长习性

1. 生长与发育

（1）猪苓生长发育与蜜环菌的关系。1954年，川村清一在研究中发现，在猪苓的菌核中有蜜环菌菌丝的侵入。

（2）猪苓菌核的生长发育。从猪苓菌核体上萌发的新苓，最初为白色毛点，用手触摸极易脱落，1个菌核上有这样的毛点40余个，随毛点的不断长大变厚，相近的白点汇聚在一起时，逐步形成白毛菌核。在一个生长期内最大者可达18厘米³，多为7厘米³左右。新生苓仅占总穴数的15.7%，从重量来看，新苓占母苓总重的1.8%，由此可见，野生猪苓的繁殖能力是很低的。

猪苓的菌核外观可分为深褐、灰黄、洁白3种颜色，习惯性称为黑苓、灰苓、白苓。一般认为黑苓是三年或三年以上的老苓，灰苓是二年生苓，白苓是当年新生苓。菌核的颜色只能作为鉴定猪苓生长年限的参考，而不能作为唯一的依据。

2. 生长发育对环境条件的要求

（1）地形、地势。野生猪苓多分布在海拔1 000~2 200米的次生林中。而云南省的点苍山，海拔2 700~3 400米的高山谷地也有分布，认为与当地受孟加拉湾海洋性气候影响有关。各地条件不同，坡向分布也有差异，一般东南及西南坡向分布较多，坡度在20°~60°山坡均有分布。

（2）植被。猪苓主要生于林下树根周围，常见树种有柞、桦、槭、橡、榆、杨、柳、枫、女贞等阔叶树，或分布于针阔混交林、灌木林及竹林内，以次生林为最多。

（3）土壤。在山林中腐殖质土层、黄土层或沙壤土层中均有猪苓生长，但以疏松的腐殖土层中为多，pH 4.2～6.6。土壤肥沃，则菌核大，分叉少，称猪屎苓；土质瘠薄，则结苓小，分叉多，甚至呈饼状，称鸡屎苓。同一窝中猪屎苓分布在下层，鸡屎苓分布在上层。

（4）温度。猪苓对温度的要求比较严格。在陕西汉中地区，地下 5 厘米处的地温在 8～9℃时猪苓开始生长，平均地温在 12℃左右时新苓已经增大，月平均地温 14～20℃时新苓萌发最多，增长最快，22～25℃ 时形成子实体，进入短期夏眠，秋末冬初，当地下 5 厘米处地温降至 8℃以下时，则进入冬眠期。

（5）水分。猪苓对水分需求较少，土壤含水量在 30％～50％时，适于猪苓生长。

三、栽培技术

猪苓的栽培方法较多，但目前采用固定菌床栽培与活动菌材伴栽，这两种方法较好，接菌率高，春栽当年即可生长新苓。

1. 培养菌枝、菌材与菌床

（1）培养菌枝。选直径 1～2 厘米的阔叶树枝条或砍菌材时砍下的枝条用来培育菌枝。一年四季都可培养，但以 3—8 月为好。北方地区应在 4 月中旬至 6 月初进行。南方气温高，在 3 月下旬至 5 月开始培育。先将树枝削去细枝、树叶，斜砍成 7～10 厘米小段，然后将树枝浸泡在 0.25％硝酸铵溶液中 10 分钟，以便蜜环菌生长。挖深 30 厘米、长 60 厘米、宽 60 厘米的坑，先在坑底平铺一薄层树叶，然后摆放两层树枝，覆盖一薄层腐殖土（以盖严树枝为准）。采挖野生蜜环菌索，或选无杂菌污染已培养好的菌枝或菌材用作菌种，摆在树枝上，覆土后在菌种上再摆两层树枝，用相同方法培养 6～7 层，最后覆土 6～10 厘米，并覆一层树叶保湿。需培养 40 天左右。

（2）培养菌材及菌床。一般阔叶树都可用来培养蜜环菌，但以木质坚实的壳斗科植物最好，如槲栎、板栗、栓皮栎等树种。选择直径 5～10 厘米的树干，锯成 40～60 厘米长的树棒，在树棒上每隔 3～5 厘米砍一鱼鳞口，砍透树皮，至木质部。

培养菌材：挖深50～60厘米的坑，大小据培养菌材数量而定，一般以100～200根树棒为宜。底铺一层树叶，平摆树棒一层，两根树棒间加入菌枝2～3段，用土填好空隙，用此法摆放4～5层，顶上覆土10厘米厚。

培养菌床：一般在6—8月培养菌床。挖深30厘米、长60厘米、宽60厘米的坑，坑底先铺一薄层树叶，摆新鲜木材3～5根，棒间放菌枝2～3段，盖一薄层沙土，用此法培养上层。穴不宜过大，每穴5～10根菌材为宜，然后盖土10厘米。

2. 选种 栽培猪苓用菌核作种，以灰褐色、压有弹性、断面菌丝色白、嫩的鲜苓作种。白苓栽后腐烂，不能作种，黑苓生殖能力差，也不宜作种。

3. 栽培时间 可在封冻前或翌年初春解冻后4—5月栽培。

4. 栽培方法

（1）菌材伴栽。挖边长50厘米、深40厘米的穴。穴厚铺一层树叶，放入3根已培养好的菌材，材间间隔2～3厘米，将作种菌核放在菌材之间蜜环菌旺盛的地方，用树叶填满菌材间空隙，依法摆放土层，再盖一层树叶，上面覆土10厘米。

（2）固定菌床栽培。栽培时挖开已培养好的菌床，取出上层菌棒、下层菌材不动，在材间接入菌核后，用树叶填满材间空隙，用菌材伴栽法栽上层，覆土10厘米。

5. 病虫害防治 猪苓较容易感染杂菌，还有白蚁、鼠类等啃咬。防治方法：栽培前在窖内均匀撒放药剂防治鼠害；覆盖在栽培窖顶部的树枝、树叶、杂草、秸秆等宜喷施90%敌百虫1 000倍液杀虫；收获猪苓时须更换有杂菌的树棒、菌枝、菌材，并用高锰酸钾溶液浸泡5小时以上；白蚁可用白蚁粉拌土诱杀；栽种猪苓每一生长周期结束，猪苓收获后更换一次穴位；栽培点宜为远离人口聚集区、自然生态环境良好的区域，可设置隔离设施，以免遭到人畜破坏。

四、采收与加工

栽培后第3、第4年秋季收获，挖出栽培穴中全部菌材和菌核，选灰褐色、核体松软的菌核留作种苓，色黑变硬的老核应除去泥沙，晒干入药。

猴　　头

猴头菌 [*Hericium erinaceus* （Bull.）Pers.] 属担子菌纲、无隔担子菌亚纲、多孔菌目、齿菌科。由于它的子实体形如猴子的头，故别名猴头。猴头菌是我国名贵的食用菌，它的肉质细嫩可口，人们把猴头菌、熊掌、海参、鱼翅列为四大名菜，素有山珍之誉。除食用外，猴头菌在很早以前就被人们当作药物。经临床证明，猴头菌对胃溃疡、十二指肠溃疡、慢性胃炎以及贲门癌、食道癌均有较好疗效。目前全国大多数地区进行了猴头菌的培养，其中规模最大的是上海、浙江、江苏、吉林等地，以满足国内外市场的需求。

一、形态特征

子实体块状，直径4～20厘米，柄基很短，肉质软和。子实体鲜时白色，干燥后变为淡黄色或黄褐色。菌刺覆盖整个子实体，刺长3～5厘米，呈圆柱形，刺端下垂如同猴子的毛，整个子实体似猴子脑袋，刺粗1～2毫米，子实层生于刺表面。孢子球形至近球形，直径5～6微米，表面光滑，白色。

二、生长习性

1. 生长发育及其对环境条件的要求

（1）营养。猴头菌驯化栽培成功后，可利用的碳源相当广泛，如锯木屑、甘蔗渣、棉籽壳（药用猴头菌忌用）、玉米芯和粉碎的稻草等。培养基含氮量以0.6%为宜。自然界树皮中氮含量较心材高，可满足其生长需要。人工培养时可在培养料中加入麦麸或米糠。猴头菌生长也需要磷、钾、锌、铜、铁等营养元素来提高菌丝的生理活性。此外，还需要一定量的维生素，尤其是维生素 B_1。一般从米糠等培养料中能得到满足。

（2）温度。猴头菌为中温性真菌。菌丝生长温度范围是6～30℃，最适生长温度为25℃左右，温度过高菌丝生长细而稀，超过35℃菌丝完全停止生长。子实体形成温度以15～20℃最适宜，低于14℃子实体变红，并随温度下降而颜色加深。温度高，则子实体的刺长，球块小、松，且常常形成分枝状。25℃时原基分化数量也明显降低，30℃不能形成原基。

（3）湿度。猴头菌生活的基质含水量和其基质的松紧度密切相关。培养基质地坚实的要求较低含水量，含水40%即可，如椴木。反之要求较高的含水量，如蔗渣基质，含水则以65%～70%为宜。菌丝生长期间，空气相对湿度不宜超过65%。猴头菌原基形成后，控制湿度为85%～95%。如低于90%，子实体表面开始失水干萎，刺较短，生长缓慢、产量低。如果湿度超过95%，又会因通气不良致使子实体畸形，多数表现为刺短，子实体分枝状，球块小，严重时不形成球块。

（4）空气。猴头菌是一种好氧菌类，对二氧化碳浓度十分敏感。菌丝生长阶段一般能忍受0.3%～1.0%甚至更高浓度的二氧化碳含量。子实体生长阶段对二氧化碳的含量极为敏感。通风不良时，子实体不易分化或柄拉长，并会产生分枝，刺弯凹成畸形，甚至影响到球心发育，形成珊瑚状分枝。一般子实体生长时，二氧化碳含量以不超过0.1%为好。

（5）光照。菌丝体生长阶段不需要光。而子实体分化发育阶段需要有微弱光照，有助于子实体正常形成，光照强度为10～50勒克斯。

（6）酸碱度。基质的最适pH为4。当pH大于7.5时，菌丝难以生长。在琼脂培养基中通常用苹果酸或柠檬酸酸化。在代料栽培配制培养基时，按最适pH提高1～2，即pH 5～6为宜。

2. 生活史　猴头是由担孢子萌发出单核初级菌丝后，不同极性的单核菌丝相互配合形成双核菌丝。双核菌丝在培养基质中充分生长发育，有适宜条件就分化出新的子实体并产生担孢子。

三、栽培技术

1. 栽培季节及类型品种

（1）栽培季节。目前大多是利用春、秋两季自然气温适宜时进行栽培。长江中下游地区春栽在3—6月，秋栽以9月上旬至11月中、下旬为宜。

（2）类型品种。猴头菌属常见的有以下3种类型。

猴头菌［*Hercium erinaceus*（Bull.）Pers.］，是著名的山珍之一，

可药用，其提取物对癌症有一定的疗效。分布于云南、贵州、四川、广西、浙江、甘肃、山西、东北等地。

格状猴头菌［*Hericium clathroides*（Pall）ex. Fr. Pers.］别名假猴头菌、分枝猴头菌，子实体通常比猴头菌要大、味美。分布在云南、四川、吉林。

珊瑚状猴头菌［*Hericium coralloides*（Scop. ex Fr.）Pers. ex Gray］别名玉髯、红猴头，子实体分枝，刺丛生。可食，味美，也可药用，并有抗癌活性。分布于云南、四川、贵州、新疆等。

2. 培养基　目前生产上常用的培养基配方有以下几种。

（1）棉籽壳 78%，谷壳 10%，麦麸 10%，石膏粉 1%，碳酸钙 1%。

（2）棉籽壳 100%，或另加 1%石膏粉。

（3）甘蔗渣 78%，麦麸 10%，米糠 10%，石膏粉 2%。

（4）锯木屑 78%，米糠 10%，麦麸 10%，石膏 2%。

（5）玉米芯 78%，麦麸 20%，蔗糖 1%，石膏 1%。

3. 栽培方法　猴头菌有食用、药用两种。目前药用猴头菌生产以菌丝体工厂化培养为主。食用猴头菌生产主要是代料栽培，以瓶栽和袋栽为主。

（1）瓶栽。选择配方进行配料，然后装瓶，培养料装至距瓶口 2 厘米左右处，中部打接种孔。采用两点接种法，即接种孔及料表面，以便上下同时发菌，使瓶内菌丝生长均匀，出菇大，产量高。

（2）袋栽。具有降低生产成本、简化栽培工具的优点。与瓶栽相比，生长周期可缩短 15 天左右。目前国内袋栽猴头菌有袋口套环栽培法和卧式袋栽法两种方式。

袋口套环栽培法：采用长 50 厘米、宽 17 厘米、厚 0.06 毫米的聚丙烯塑料袋作容器。培养料含水量要比瓶栽低一些。装料时逐渐压实，然后在袋口套上塑料环，代替瓶口的作用。再用聚丙烯薄膜或牛皮纸封口，灭菌接种。

卧式袋栽法：将长 50 厘米的聚丙烯塑料膜做成筒形袋。装料后两头均用线扎口，并在火焰上熔封。用打孔器在袋侧面等距离打 4~5 个孔，孔径 1.2~1.5 厘米，孔深 1.5~2.0 厘米，将胶布贴在接种孔上，然后灭菌接种。

4. 栽培管理

（1）菌丝培养。培养温度为 $25\sim28\,^{\circ}\mathrm{C}$，瓶栽 20 天左右菌丝可以发到瓶底。袋栽培养 $15\sim18$ 天，即两个接种穴菌丝开始接触时，应揭除胶布，以改善通气状况，约 1 个月后袋内菌丝长满。

（2）出菇管理。当菌丝长至料中 2/3、原基已有蚕豆粒大小时开始催蕾，（瓶要竖立并去掉封口纸）盖上湿报纸，保持空气湿度 80% 左右，$50\sim400$ 勒克斯微弱散光，通风良好，温度调至 $18\sim22\,^{\circ}\mathrm{C}$。

（3）子实体发育期。当幼菇长出瓶口 $1\sim2$ 厘米高时便进入出菇期管理。室温 $18\sim22\,^{\circ}\mathrm{C}$，空气湿度 $85\%\sim90\%$，切忌直接向子实体喷水，否则会影响菇的质量。

5. 病虫害防治

（1）虫害防治。虫害以预防为主，大棚周围杂草及其他垃圾要清理干净，棚周撒生石灰，通风口放置蘸有杀虫剂的布条或棉球，防虫、防菌蚊和菌蝇。大棚周围 5 天左右喷洒 1 遍溴氰菊酯杀虫。

（2）病害防治。发菌期间和生长期间发现感染杂菌菌袋，一律用蘸有杀菌剂的布条掩盖感染处，将菌袋搬离生产区进行深埋或者将感染部位挖出后深埋，或在感染部位撒生石灰，再将菌袋搬入菇棚继续出菇。

四、采收与加工

在子实体充分长大而菌刺尚未形成，或菌刺虽已形成但长度在 $0.5\sim1.0$ 厘米，尚未大量弹射孢子时采收。此时子实体洁白，含水量较高，风味纯正，没有苦味或仅有轻微苦味。采收时菌柄留 $1\sim2$ 厘米。